熱輻射実験と量子概念の誕生

小長谷大介

北海道大学出版会

Interaction of Experimental Programs and the Origin of Energy Quantum:
Development of Experimental Research on Heat Radiation in Germany at the
End of the 19th Century
©2012 by Daisuke Konagaya
All rights reserved. No part of this publication may be reproduced or transmitted in any form or by any means, electronic or mechanical, including photocopy, recording, or any information storage and retrieval system, without permission in writing from the authors.

Hokkaido University Press, Sapporo, Japan
ISBN978-4-8329-8203-1
Printed in Japan

はじめに

「本格的な物理実験の研究は料理に似たところがあるという」。この言葉は，専門分野に物理学を選ぶ女子学生が少ないことについて書いた笹尾真実子氏の文章のなかにある[1]。料理と物理学の関係づけは，圧力鍋や電子レンジなどの調理の手段や，煮る・焼くなどの調理法を物理的にとらえる際によく見られる[2]。だが，笹尾氏の言葉は，そこから「新鮮な材料(ブレークスルーとなるアイディア)，綿密な計画，用意周到な準備，よく手入れをされた料理器具(実験装置)，繊細な舌(計測装置)，そしてじっくりと味わうこと(解析)が不可欠」といった具合に料理と物理実験の方法論の近しさを訴えているのである。

これらの言葉を目にしたとき，本書の原型となった筆者の学位論文のことが頭に浮かんだ。東京工業大学に提出した学位論文の作成時に，複数の実験科学者たちが同じ実験課題にもかかわらず多様な機器や異なる方法で実験研究を進めていく一連の手続きを，何かよい概念で表現できないか，考えあぐねていた際，指導教授の山崎正勝先生から，「レシピ」という言葉を使ったらどうかと助言された。「レシピ」と聞くと，料理の調理法という意味を真っ先にイメージするかもしれない。だが，薬の処方箋，物の製法や配合法，目的を遂げる方法や秘訣といった意味もある。これらの意味合いを込めて，山崎先生は助言してくれたと思う。結局，筆者は「レシピ」を採用せず，本書にあるとおり，「実験プログラム」という言葉を使用した。それは，化学の機器分析をヒントにした考えからであった。しかし，いま笹尾氏の言葉も合わせて考えると，「レシピ」というのは，料理や物理も超えたなんとも心地よいハーモニーのとれた言葉と思える。それにともない，山崎先生の助言の重みも改めて感じている。

このように，料理と物理実験の近しさや「レシピ」の話を最初に記したの

は，自省の念からであるのに加えて，本書の扱う100年以上前のドイツでの物理実験の話を，できるならば，現代科学との関連や，科学以外の分野との関係づけ，さらには日常生活の出来事との相関性などを思いめぐらせて読んでもらいたいという願いからである。物理実験といった科学的行為は，「科学」という特殊な閉じた世界で展開されているのではなく，さまざまな文化や考え方を負う人間や地域が関与して行われているのであり，そこには日常で味わう感覚が何気なく潜んでいる。同じ料理であっても，所が変わり，人が変われば，独特なレシピがあり，多くの人を楽しませるように，同じ課題をかかげる物理実験でも，関与する科学者の哲学や考え方，行われる場所の土地柄などで進め方や手続きに違いが見られ，そのことが実験結果を大きく左右するのである。このように，できるだけ「科学」もしくは「物理学」だけに固執しない柔らかい思考で，本書を読んでいただければ幸いである。

　本書は，原子核や電子などのミクロな物理現象を説明するのに不可欠な量子概念の誕生と実験研究との関係を扱っている。量子概念は，1900年に理論物理学者プランクによって生み出されたが，理論家だけがその誕生に携わったのではない。その誕生は，熱輻射という赤外線領域を主体とする光を，精確に測定・実験できるようになったことの結果でもあった。本書は，広く知られてない19世紀末ドイツの熱輻射実験の展開を描出し，実験研究側から見た，量子概念の誕生までの物語を語っている。また，熱輻射実験の展開を考察する際に，実験機器に着目した分析も行っている。機器類への分析は，機器の改良・開発，装置の工夫を扱うゆえに当時の科学が置かれた実際的状況を明確に浮き上がらせ，科学史上のイベントを，技術，産業，経済などの諸活動や関連する思想との幅広い学際的文脈へ導き，さらに，コンピュータの多用や巨大機器を必要とする現代科学のあり方を考える材料も与えている。

　本書の扱うドイツ科学の19世紀末は，実験機器製造の大半を科学者自身でなく専門業者が担うようになる時代であり，科学研究における機器のもつ価値が一段と高くなりつつある時代であり，高価な科学研究と，ナショナリズムの台頭する当時の国際情勢とが相まって，科学の政治化や巨大化が色濃

くなり始める時代でもあった。この時代に，ドイツで，ドイツの物理学者が中心となり，熱輻射研究が発展し，1900年の量子概念の萌芽を生み出したのは，決して偶然ではない。熱輻射は，熱を伝える光であり，電磁波であるため，熱輻射研究には，分光学，電磁気学に加えて，熱，光，電気を精確にとらえる度量衡的基盤が必要であった。19世紀後半のドイツ（プロイセンを中心とする現在のドイツ領にあたる諸国）では，それ以前に進めてきた産業振興や高等教育政策を背景にして，ガラス製造や精密分光機器製造に関連する分光学研究，当時の新興産業国ドイツが促進していた度量衡研究や電気研究などが発展していたのである。

こうした背景をふまえながら，本書は，各実験家・実験グループが，何らかの目的をもって，機器の改良・開発を行い，目的に沿った実験機器の使い方を採り，同種の熱輻射測定器でも，どのようなスペクトルをターゲットにするかで改良・開発の方向性を変え，熱輻射を生み出す方法も変えていたことに注目した。例えば，19世紀末の熱輻射実験では，輻射源に白金製空洞，スペクトル分光のために蛍石またはカリ岩塩のプリズム，輻射測定器にボロメーターをあてるのが標準的な機器構成（機器の組み合わせ）であったが，ベルリンにいたルーベンスは，マクスウェルの電磁理論の広い波長範囲への適用を狙い，従来の研究対象よりも長い赤外波長の輻射線の測定を目的として，分光する方法や測定器に別種のものを採用していた。

本書は，このような実験目的，実験機器，機器構成に着目して，19世紀末ドイツの熱輻射実験の展開を考察し，以下の主要な三つの実験プログラムを見出している。実験プログラムとは，一定の目的をもつ実験研究の一連の構成を意味する。

(i)可視・赤外分光学研究を契機に，輻射法則の導出・検証を目指し，実験機器の開発・改良を通して熱輻射実験の精度を高めていく，ハノーファー工科大学のパッシェンの実験プログラム。(ii)標準研究を目的として，標準測定のための機器の開発・改良，理想的な光源・熱源の探求を介して熱輻射実験の高精度化に携わる，ベルリンの帝国物理工学研究所のルンマーらの実験プログラム。(iii)マクスウェル理論の赤外部領域への適用を目指し，実験

機器の開発・改良を進め，遠赤外線の研究の一環で熱輻射実験に関与する，ベルリン大学およびベルリン工科大学のルーベンスらの実験プログラムである。

　本書は，最終的に，三つの異なる実験プログラム内で，異なる実験機器や機器構成の開発・研究が進む一方，機器の改良の方法や同類の機器構成の扱いを介して，部分的に実験プログラム間の横断的な交わりが存在した結果，不可視の熱輻射現象を広範囲に，高感度でとらえる実験が生まれてくる展開を示している。また，これらの展開の描出を通して，1900年の量子概念の萌芽に至る歴史を，実験および実験機器の研究の発展を中心に語り直すことで，新しい科学的概念の誕生と実験研究の関わりを示そうとしている。

　本書は，序章を含む8章から構成されている。序章では，19世紀末ドイツの熱輻射研究に関する先行研究の理論偏重の傾向，その傾向に対する本書の姿勢を表している。その姿勢とは，熱輻射の実験的発展およびその過程に着目し，量子概念の誕生と実験研究の強い結びつきを示そうとするものである。また，本書の考察にとっての重要な用語・概念，「熱輻射」，「輻射法則」，「実験」，種々の「機器」，機器の組み合わせを表す「機器構成」，一定の目的をもつ実験研究の一連の構成を表す「実験プログラム」に説明を与えている。

　第1章では，19世紀末の熱輻射実験の前史を見るために，1890年代の熱輻射研究の中心地ドイツの実験研究がどのような背景をもっていたかを考えている。そこには，19世紀後半ドイツの電磁気学研究の動向，ヘルムホルツ学派の研究動向，電気産業界や帝国物理工学研究所の設立などを含めたドイツ産業界の動向が見出される。また，1890年代の熱輻射実験において，研究の目的，実験データ，実験機器および機器構成に関する重要な先行材料を提供するアメリカのラングレーの研究もあわせて見ている。

　第2章では，19世紀末ドイツにおける熱輻射実験の発展過程の前期段階を明らかにするために，ルンマー，ルーベンス，パッシェンの1890年前後の研究を中心に見ている。1890年代のドイツでは，その他の実験家も熱輻

射測定に取り組んでいたが，上記の実験家が1890年代を通して熱輻射研究を主導したので，三者の研究に絞っている。1890年代初頭で注目すべき点は，1890年代後半の熱輻射測定に有効な基本構成をパッシェンが他の実験家に先駆けて構築したこと，その基本構成が異なる目的をもつ実験家たちの研究成果から形成されていたことである。

　第3章では，19世紀末ドイツにおける熱輻射実験の発展過程の中期段階を明らかにするために，ルーベンスとパッシェンの1890年代中葉の研究を見ている。そこでは，熱輻射の全輻射量と温度の関係，気体輻射の存在の是非，プリズムの分散式の検証に関するパッシェンの研究，分散式の検証に関するルーベンスの研究が扱われる。この時期の注目すべき点は，異なる目的をもつパッシェンとルーベンスのプリズム分散研究がうまくかみ合い，分散の基準化が進展したことである。

　第4章では，19世紀末ドイツにおける熱輻射実験の発展過程の後期段階を明らかにするために，ルンマー，ルーベンス，パッシェンの1890年代後半-1900年の研究を中心に見ている。1890年代後半に入ると，それまで異なる目的をもった三者の実験家の研究が輻射法則導出・検証へ方向づけされるようになる。だが，三者は，それまでの各過程を反映して，異なる実験プログラムを採りながら当該研究に取り組み，異なる波長範囲の熱輻射エネルギー分布のデータを相補的に提出した。これが1890年代後半-1900年の注目する点である。

　第5章では，1880年代末-1900年のドイツにおける熱輻射実験の発展過程を概観して，「目的」，「機器」，「機器構成」という三点に注目しながら，「実験プログラム」の展開を考察している。そこには，異なる目的をもつ研究が同一の課題に収斂されていく過程，異なる目的に向けて開発された実験機器が同一の課題のために活用されていく過程，同一の課題の研究においてであるが異なる実験機器が開発・採用されていく過程，異なる目的のために準備された機器構成が同一の課題の研究に向けて洗練されていく過程，同一の課題の研究においてであるが異なる機器構成が調整・採用されていく過程などが見出されるのである。これらの諸過程を総合的にとらえながら，三者の実

験プログラムの相違や交流による発展の仕方を示している。

　第6章では，上記で分析した熱輻射実験の発展が，理論研究の展開にとってどのような位置づけをもつかを考え，19世紀末のプランクの熱輻射論の研究方法が，当時の実験研究の展開といかに深く結びついていたかを示している。「エネルギー要素(のちのエネルギー量子)」導出に関わるプランク分布式の提出は，1900年10月にルーベンスからの実験結果の報告がきっかけに行われたが，このような状況を生んだのは，プランクの理論研究の方法そのものが当時の最新の実験結果を反映する仕掛けを含んでいたからである。1890年代後半-1901年を通じて構築されたプランクの熱輻射論を分析して，関連するローゼンフェルト，ダリゴルらの先行研究の見解も参照し検証を行い，プランクの研究方法を明らかにする。そして，プランクの理論的方法にとっていかに実験研究の動向が重要だったかを示している。

　終章では，19世紀末ドイツの熱輻射実験の研究が，実験目的，多種の機器および機器構成の開発・研究を介した，複数の実験プログラムを交えた展開によって，広範で高精度の実験データを提供するだけでなく，プランクの特異な理論的方法を介して熱輻射論の基盤の一部となっていたことを示し，エネルギー量子誕生の実験的基盤を明らかにしたことを述べている。これらの点をふまえ，19世紀末ドイツでどうして熱輻射研究が興隆したかという問い，どうしてドイツで革命的な「エネルギー量子」概念が生まれ得たかという問いに対する一つの回答を試みている。

　本書は，2009年2月に東京工業大学大学院に提出した学位論文がもとになっている。執筆の過程では，多くの方々からご指導，ご協力いただいた。学位論文の主査であり筆者の指導教員の山崎正勝名誉教授，審査に携わっていただいた阿部正紀名誉教授，細谷暁夫教授，梶雅範准教授，中島秀人教授，審査を受ける前の筆者に貴重なご意見をくださった北海道大学名誉教授の高田誠二先生，東京工業大学の木本忠昭名誉教授，藁谷敏晴教授に深く謝意を表したい。また，資料収集に際しては，龍谷大学深草図書館，東京工業大学附属図書館，ベルリンのマックス・プランク協会附属アーカイブ，ミュンヘ

ンのドイツ博物館附属アーカイブ，ベルリンのドイツ国立図書館の手稿部門の関係者，ドイツ在住の永瀬ライマー桂子氏から多大なご協力をいただいた．深く感謝する．さらに，ここに記していない多くの先生，先輩・後輩，同僚，友人たちにも深く謝意を表したい．最後に，本書の出版をすすめてくださった梶雅範先生，本書の編集に尽力くださった北海道大学出版会の成田和男氏と添田之美氏に，あらためて深く感謝したい．

なお，本書の刊行にあたっては，日本学術振興会より「平成23年度科学研究費助成事業（科学研究費補助金（研究成果公開促進費））」の援助をいただいている．

 2011年12月20日 京都にて

小長谷大介

[注と文献]

[1] 笹尾真実子「女性教員が物理を教えると…」『大学の物理教育』第17巻第2号(2011年), 54-55頁.

[2] 料理の手段や方法を物理学的に説明している例として，以下の文献がある．近角聡信『日常の物理事典』東京堂出版, 1994年；『続　日常の物理事典』東京堂出版, 2000年．また他に，小長谷大介「IHコンロの原理」；小山田圭一「気化熱と冷却」(ともに山崎正勝・小林学編『学校で習った「理科」をおもしろく読む本』JIPMソリューション, 2010年, 128-139頁に所収).

主要実験科学者の略歴

プリングスハイムの写真はアメリカ物理学協会より，また，他の四者の写真はドイツ博物館の厚意による。

- パッシェン (Friedrich Paschen, 1865-1947)
  1888 年：クントの下で学位取得 (シュトラスブルク大学)
  1888-91 年：ミュンスター・アカデミーでヒットルフの助手
  1891 年：ハノーファー工科大学のカイザーの助手
  1895 年：ハノーファー工科大学の専任講師 (写真学・物理学)
  1901 年：チュービンゲン大学教授
  1924-33 年：帝国物理工学研究所 (以下，PTR) 所長

- ルンマー (Otto Lummer, 1860-1925)
  1884 年：ヘルムホルツの下で学位取得 (ベルリン大学)
  1884-87 年：ベルリン大学助手
  1887-89 年：PTR 助手
  1889-1904 年：PTR 教授 (物理部・光研究室)
  1904 年：ブレスラウ大学教授

- ルーベンス (Heinrich Rubens, 1865-1922)
  1889 年：クントの下で学位取得 (ベルリン大学)
  1890 年：ベルリン大学助手
  1895 年：ベルリン工科大学員外教授
  1900 年：ベルリン工科大学教授
  1906 年：ベルリン大学教授

- プリングスハイム (Ernst Pringsheim, 1859-1917)
  1882 年：ヘルムホルツの下で学位取得 (ベルリン大学)
  1886 年：ベルリン大学私講師
  1896-1905 年：ベルリン大学教授
  1905 年：ブレスラウ大学教授

- クールバウム (Ferdinand Kurlbaum, 1857-1927)
  1887 年：カイザーの下で学位取得 (ベルリン大学)
  1891 年：PTR 研究員 (物理部・光研究室)
  1904 年：ベルリン工科大学教授

目　次

はじめに　i
主要実験科学者の略歴　viii

序章　課題の設定 …………………………………………… 1

1. 先行研究と本書の課題　2
2. 新しい科学史研究との調和　9
3. 重要な用語および概念の説明　10
4. 実験の「目的」,「機器」,「機器構成」,「実験プログラム」を分析する理由　16
5. 本書の構成　18

注と文献　21

第1章　19世紀末の熱輻射実験の前史とラングレーの研究の登場 …………………………………… 25

1. 1880年代以前の光と熱線の研究展開　26
2. 1880年代以前の光と熱線の測定手段　30
3. ラングレーによるボロメーター利用の方法の登場　32
4. ラングレーの測定結果と1880年代末の分布式　36
5. 熱輻射実験の背景(1)——電磁波の研究　38
6. 熱輻射実験の背景(2)——ヘルムホルツ学派の研究動向　41
7. 熱輻射実験の背景(3)——電気都市ベルリンとPTR設立　42
8. 小　括　44

注と文献　46

第2章　熱輻射分布測定に向けた新たな機器構成の登場
　　　　――集約点としてのパッシェンの熱輻射実験 …………… 51

1. ルンマーらのボロメーター開発　54
2. ヴィーンの白金‐白金ロジウム合金熱電対の研究　59
3. ルーベンスのボロメーター製作　61
4. ルーベンスのボロメーターの応用と開発　64
5. ルーベンスのガルヴァノメーター開発　68
6. パッシェンのガルヴァノメーター開発　78
7. パッシェンの熱輻射分布測定の開始　82
8. 小　　括　90
注と文献　94

第3章　熱輻射分布測定のための基礎研究の拡充
　　　　――分散をめぐる新たな成果 ……………………………… 101

1. 分散をめぐるパッシェンの研究展開　102
　1.1　輻射強度と温度の関係の研究　102
　1.2　気体輻射の研究　104
　1.3　分散式の研究　108
2. 分散をめぐるルーベンスの研究展開　112
　2.1　ブリオ分散式の検証とラングレーの方法の採用　112
　2.2　ケテラー分散式の検証と肯定　116
3. 小　　括　119
注と文献　122

第4章 熱輻射分布法則の導出・検証における実験研究の交流 ………………………… 125

 1. パッシェンの熱輻射分布の実験研究 126
  1.1 ヴィーン変位則への探究 126
  1.2 ヴィーン変位則の提出 128
  1.3 ヴィーン分布式の提出 130
 2. ヴィーンとルンマーによる空洞輻射源の実施提案 134
 3. ルーベンスらのラジオメーター開発と残留線研究 135
  3.1 ラジオメーター開発 135
  3.2 残留線の長波長研究 137
 4. パッシェンによる固体輻射源と空洞輻射源の取り扱い 142
  4.1 固体輻射源の実験 142
  4.2 ルンマーらの空洞輻射源に対する評価 145
 5. ルーベンスの長波長研究における実験機器・機器構成の模索と確立 147
  5.1 残留線利用の方法の優位性 147
  5.2 熱電対列の開発 148
  5.3 脱プリズム機器構成の確立 151
 6. ルンマーらの空洞輻射源の開発 153
  6.1 空洞輻射源開発の初段階 153
  6.2 空洞輻射源の確立 156
 7. パッシェンの空洞輻射源の採用 158
 8. ルンマーらによる空洞輻射の分布測定への導入 165
 9. ルーベンスの分布法則検証への転機 169
 10. ヴィーン法則の問題点 172
 11. ルーベンスによる長波長領域の分布法則の検証 178
 12. パッシェンの分布法則の有効範囲の定量化 183
 13. パッシェン,ルンマー,ルーベンスらの1901年以降の研究 185

14. 小括(1)——三者の研究の方向性と機器構成　189

15. 小括(2)——三者の交流　193

注と文献　195

第5章　目的・機器・機器構成をめぐる動向と実験プログラムの相違と交流 …………………… 203

1. 熱輻射実験の「始動」・「準備」・「確立」期　204
2. 三方向の実験研究における「目的」の変遷　206
   - 2.1　始動期における「目的」の動向　207
   - 2.2　準備期における「目的」の動向　209
   - 2.3　確立期における「目的」の動向　211
   - 2.4　実験「目的」の動向　215
3. 三方向の実験研究における「機器」の選択・開発・研究　216
   - 3.1　ボロメーター　217
   - 3.2　ガルヴァノメーター　220
   - 3.3　ラジオメーター，熱電対列　223
   - 3.4　熱　電　対　225
   - 3.5　分光系機器　226
   - 3.6　固体輻射源，固体-空洞折衷型輻射源　228
   - 3.7　空洞輻射源　230
   - 3.8　「機器」の研究動向　232
4. 三方向の実験研究における「機器構成」の変遷　234
   - 4.1　「輻射源-プリズム-ボロメーター」の基本構成の発展とその成果　235
   - 4.2　「輻射源-反射物質-熱電対列」の基本構成に至る過程とその成果　238
   - 4.3　「機器構成」の動向　244
5. 三方向の「実験プログラム」の相違と交流　247

6. 小　　括　253
　　注と文献　255

第6章　実験研究の展開におけるプランク熱輻射論 …………… 257

1. 熱力学研究から熱輻射研究への移行　259
2. 1899年5月論文における電磁的エントロピーの導入　261
    2.1　共鳴子による熱輻射論　261
    2.2　自然輻射の導入　262
    2.3　電磁的エントロピーの導入　264
    2.4　ヴィーン分布式の導出　265
    2.5　1899年5月論文の特徴　266
3. エントロピー式の起源に関する先行研究　267
    3.1　ローゼンフェルトらの見解　267
    3.2　ダリゴルの見解　269
    3.3　ダリゴルの見解の問題点　271
4. 1899年5月論文，1900年3月論文における逆算の方法　273
    4.1　1900年3月論文のエントロピー S の導出の証明　273
    4.2　エントロピー S の導出の検証　274
    4.3　1899年5月論文の方法　277
    4.4　1900年3月論文の役割とその結果　278
5. 1900年10月以降の論文の方法　281
    5.1　1900年10月論文の新分布式　281
    5.2　1900年12月論文の方法的示唆　282
    5.3　1901年論文の熱輻射論　284
    5.4　1901年論文の役割　287
    5.5　1901年論文の方法　288
6. プランク熱輻射論の方法とその独自性　288
    6.1　1899年5月論文の方法と1901年論文の方法　289

6.2　プランク熱輻射論の方法　　290
　　　6.3　理論科学者の輻射分布式を導く方法　　291
　　　6.4　実験科学者の輻射分布式を導く方法　　293
　　　6.5　プランクの方法——演繹-帰納，理論-実験の協調　　294
　7. 熱輻射実験の展開とプランク熱輻射論　　296
　8. 実験研究の展開からエネルギー量子誕生を考える　　298
　9. 小　　括　　301
　　注と文献　　304

終章　結　　論 ……………………………………………………… 309

引用・参考文献一覧　　319
索　　引　　341

序章　課題の設定

1. 先行研究と本書の課題
2. 新しい科学史研究との調和
3. 重要な用語および概念の説明
4. 実験の「目的」,「機器」,「機器構成」,「実験プログラム」を分析する理由
5. 本書の構成

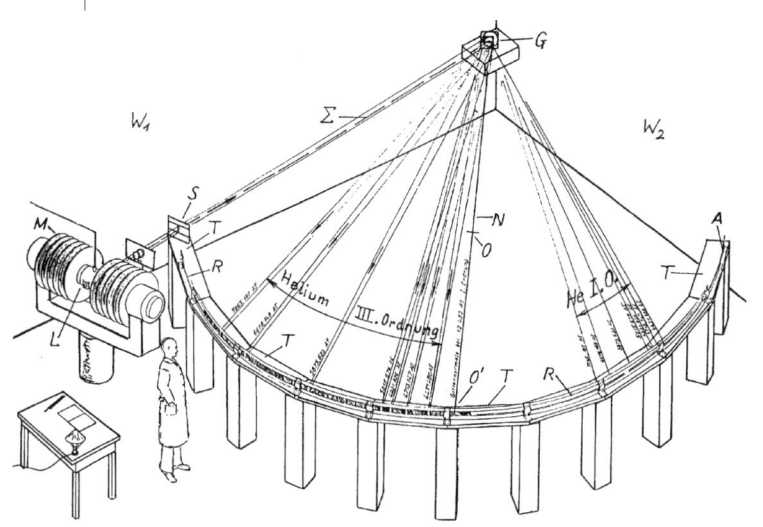

20 世紀初頭のチュービンゲン大学のパッシェンの研究ラボ：「ローランド部屋」。
L が光源, S はスリット, G が回折格子, R-R は円形カメラである。
出典：Robert Bezler, „Zur Geschichte des großen Rowland-Gitters am Physikalischen Institut der Universität Tübingen. Mit einem Dokumentenhang," *Bausteine zur Tübinger Universitätsgeschichte*, Folge 3 (1987): 141-178. 図版は p. 144。

19 世紀末ドイツの熱輻射研究に関する先行研究は理論偏重だったのに対して，本書は，実験研究を主体に歴史分析を行い，新しい科学的概念の誕生と実験研究の関わりを示すことを目的としている。

熱輻射とは，熱を伝える光であり，電磁波である。電磁波は，波長の長さによって，電波，マイクロ波，赤外線，可視光などと呼ばれ，そのなかでも，熱輻射は赤外線を主とする電磁波である。19世紀終わりのドイツにおいて，この熱輻射の研究を通して，それまでになかった新しい科学概念が生まれた。それは「エネルギー量子」という概念である。自然界に存在するエネルギーはどのような値も自由に取れるのではなく，細かく観ると，一定のエネルギー値のかたまりを積み上げたり，抜き取ったりするように値を取るのである。こうしたエネルギーをめぐる概念の発見は，その後，量子論を生み出し，量子論は20世紀科学の土台となった。

　この量子概念がどのようにして19世紀末ドイツの熱輻射研究から生まれたのであろうか。これが本書の扱う主題である。さらに，もう一つの主題は実験研究への視点である。新しい概念の発見というと，科学者や物理学のなかでも理論研究者の成果と思われがちだが，新しい概念を提出せざるを得ない状況に追い込んだ実験データは，熱輻射の実験研究の積み重ねの結果であった。また，熱輻射の実験研究の系譜を見ると，どうして熱輻射実験が19世紀末ドイツで集中的に研究されたかという問いにも，ある程度答えることができる。本書は，実験科学を中心に据えて，量子概念の誕生物語を語るのである。

1. 先行研究と本書の課題

　熱輻射研究に関する科学史研究の多くは，これまで量子概念やその誕生にからむプランク分布式の理論的起源を探ることを主題としてきた。プランク分布式とは，1900年に，ドイツの理論物理学者プランク (Max Planck, 1858-1947) によって導出された，熱輻射のエネルギー分布を表す式である。

　例えば，物理学史家クライン (Martin J. Klein) が1962年論文で取り組んだ問いは，プランクは，レイリー卿 (John William Strutt, 3rd Bron Rayleigh, 1842-1919) が「古典物理学の不可避の結果として得た輻射分布法則に気づいていたのか」，そして「プランクが，エネルギー量子を用いたエントロピーの統

計計算において，どのようにボルツマン(Ludwig Boltzmann, 1844-1906)の方法から逸脱したのか」であり[1]，彼はエネルギー等分配則から距離を置く「プランク自身の研究とそれが行われた文脈」に沿ってそれに答えた。また，クラインは，1966年論文で，エネルギー要素(エネルギー量子)導入後のプランクについても，ボルツマンの確率論的解釈と「量子」の理解の関係がどのように考えられていたかを追った[2]。同じ1966年には，辻哲夫が，熱力学第一法則と第二法則に関係する「保存的作用による非可逆過程の解明という課題」を，プランク熱輻射論の主な狙いとみなす見解を発表した[3]。辻は，熱力学的方法を採ったものの，それを途中で断念し，気体分子運動論的方法を取り入れたヴィーン(Wilhelm Wien, 1864-1928)の方法と，プランクの方法の違いを明らかにした。科学史家クーン(Thomas S. Kuhn)は，1978年の著作で，熱力学第二法則を電気力学と調和させようとする当初のプランクの熱輻射研究に，ボルツマンの原子論的アプローチが導入されたことがエネルギー量子誕生に結びついたことを示した[4]。さらに，井上隆義は1996年に，プランクの1890年前後の物理化学研究における非平衡問題への取り組みと，1890年代半ば以降の熱輻射研究との深い関係に触れて，プランクの熱輻射研究への固有な道程を明らかにした[5]。

　すでに高林武彦は1962年の『自然』11月号，12月号に「マックス・プランク」と題する論文を発表し，熱輻射の理論研究におけるプランクの特徴を示していた[6]。その特徴は四つあった。一つは，「空洞輻射という本質的に純粋で絶対的な問題に意識的に取り組んだことであった。実際熱輻射はプランクが信じたように物質の特性によらない絶対的・普遍的なものであり，このような問題の徹底的な追求によってこそ，はじめて革命的な原理である量子を確実につかまえることになったのである」。二つ目は，「プランクが熱力学の立場を迂回したうえで，これを基礎づけるものとしてエントロピーと確率をつなぐ原理にすすんだこと，そしてこれらを最後まで保持したことである」。三つ目は，「振動子という幸いなモデルの選択である」。四つ目は，「プランクが理論家にふさわしく，ヴィーンなどに比して，問題のオーソドックスな正面攻撃をしていったこと，しかもそのさい彼があまり統計力学の玄人

でなかったこと，そして一般にあまりにクリティカルにすぎなかった」ことであった[7]。クリティカルに過ぎずというのは，プランクが「古典論の矛盾（レーリー発散）をとらえて，意識的に古典論を破ろうしたのではなく，むしろ気がついたら古典論を破っていた，という成行き」を意味していた。高林は，大雑把ながら，当時の物理学界の動向とプランクの研究の違いを端的に示した。高林は，さらに「以上あげたほかにもプランクの成功に関してはいろんな理由や条件があるが，特に忘れてはならないことは，…(中略)…ベルリンが大学，PTR，TH をあげてこの一見地味な熱輻射の問題や，これに関連する方面に研究を集中しており，ことにそこで精度の高い測定が進行していたことである」と述べたものの[8]，その本格的な研究に立ち入ることはなかった。

　これらの理論分析に傾斜した先行研究の問題は，フランクリン(Allan Franklin)らの引用によく表現されている。フランクリンは，『実験の無視』(1986年)の序文で，熱輻射研究に携わった実験科学者のルンマー(Otto Lummer, 1860-1925)とプリングスハイム(Ernst Pringsheim, 1859-1917)は「死んでいる」と記した[9]。この記述は，熱輻射に関する科学史では，理論の流れが主に取り上げられ，プランクら理論科学者の仕事が強調されてきたのに対して，実験科学者たちの仕事はほとんど目を向けられることなく歴史的に瀕死状態にあることを表していた。また，ピパード卿(Sir Brian Pippard)は，『20世紀の物理学』(1995年)の「黒体放射」の項目において，その「理論がどのように発展したかの完全な記述は」，クラインとクーンが「与えているので，われわれはここでは実験に絞って」述べると書いていた[10]。ピパード卿が紹介した実験内容は，ラングレー(Samuel Pierpont Langley, 1834-1906)のボロメーター開発，ホルボルン(Ludwig Holborn, 1860-1926)とヴィーンの熱電対の温度目盛研究，ヴィーンとルンマーの空洞熱輻射源の提案，1890年代末のルンマーとプリングスハイムの熱輻射測定の実験構成に寄与したパッシェン(Friedrich Paschen, 1865-1947)の蛍石プリズムの分散に関する研究だった。フランクリンとピパード卿の引用は，世紀転換期の熱輻射研究に関する従来の科学史研究が，理論と実験を非対称に扱ってきたことを物語っている。

だが，理論史的展開を扱うだけではない先行研究も若干存在した。天野清は 1943 年の著作で，「量子論は，マックス・プランクが黒体輻射の実験的事実を説明するために量子仮説を導き入れたところに誕生したと説かれるとき，黒体輻射はどうして実験されるものか，なぜ量子仮説が必要なのか」と問いかけ，「量子論の起源が科学史の重要問題を如何に豊富に含蓄して居るか」という広い問題意識をもっていた[11]。彼の記述には，ドイツガス・水道連盟が「標準蠟燭とヘフネル燈との精密な比較」の仕事を，帝国物理工学研究所 (Physikalisch-Technische Reichsanstalt，以下 PTR と略) に「依頼した」ことや，「輻射研究の最初の動機」が PTR「工学部の光度単位の構成に関するものであった」ことが触れられ，当時のドイツの産業状況と熱輻射研究の関連が指摘されていた[12]。ケイハン(David Cahan)は 1989 年に，PTR の誕生と初期の発展史を描くなかで，「産業的関心が，PTR による黒体輻射研究の背景となっていたこと」を示した[13]。これらは，19 世紀末の熱輻射研究を社会史的に扱ったといえるだろう。

　天野清は，広い問題意識の下，ボルツマン，ヴィーン，プランクらの理論研究とともに，パッシェン，ルーベンス(Heinrich Rubens, 1865-1922)らの熱輻射実験の研究動向にも触れて，近世初期に端を発するヨーロッパの陶磁器研究と深いつながりをもつベルリン王立磁器製造所と，熱輻射実験のインフラとの関係にも言及していた[14]。天野のような，熱輻射の理論研究と実験研究の流れを並列的に描出した研究には，カングロー(Hans Kangro)の著作(1970 年)もある[15]。彼の著作は，産業界の影響という視点から距離を置き，熱輻射研究の主役があくまで科学者であることを意図して，純粋科学としての熱輻射研究の理論的および実験的展開を詳細に描いている。そこには，イギリスのティンダル(John Tyndall, 1820-1893)，フランスのクロヴァ(André Crova, 1833-1907)，アメリカのラングレーらによる 1880 年代以前の熱輻射測定から始まり，1880 年代後半のロシアのミヘルゾン(Vladimir Alexandrovich Michelson, 1860-1927)やドイツのヴェーバー(Heinrich Friedrich Weber, 1843-1912)らによる熱輻射分布式の研究，そして，1890 年代以降のドイツのルーベンス，パッシェン，ルンマーらの実験研究，ヴィーン，プランクらの理論研究が時

代順に描かれていた。PTRでの実験についても，カングローの見解を反映し，「産業的関心」から一線を画する形で詳述されていた。

さらに最近になり，熱輻射の実験研究だけを取り上げる研究もわずかながら現れている。ホフマン(Dieter Hoffmann)は2001年に，ベルリンのPTRで活躍したルンマーらによる実験研究およびその技術に注目した論文を発表し，レトガース(Andrea Loettgers)は2003年に，アメリカ人天文物理学者ラングレーのボロメーター開発の全体像を描いた論文を発表した[16]。ホフマンらの研究は，特定の実験科学者の成果を見るにとどまっているが，熱輻射研究の実験面に光をあてたという点で重要である。

19世紀末の熱輻射研究に関する先行研究を概観すると，関連する科学史研究の大半が理論史的分析に向けられながらも，実験面を取り上げる科学史研究も若干存在していた。それらの実験研究の取り扱い方はさまざまであった。

天野は，どちらかというと，個々の実験研究者の仕事に深入りせず，熱輻射研究の全体的流れを描くことに主眼を置いて，当該研究と当時の社会的背景との関係もわかりやすく提示している。カングローの研究は，熱輻射研究に関わるできる限り多くの理論研究者・実験研究者の仕事を詳述しているが，各研究者の研究内容を列挙することに終始した感が強く，科学者間・研究結果間の関連性や相互交流などの熱輻射研究の全体像に関わる点にはほとんど触れていない。ケイハンの研究は，ドイツ産業界の要請がPTR経由で熱輻射研究を促進した事例を示しているが，PTRの歴史を描くという目的から，制度史的色彩が強く，実験研究の内容にまで踏み込むことはしていない。ホフマン，レトガースの研究は，ルンマー，ラングレーという科学者個人の仕事に関して詳しいながら，他の科学者との相対比較や相互交流という点の考察には十分ではなく，実験研究全体の発展やその状況を示すものではない。各先行研究には，個別の実験研究の内容を詳述するなどの長所が見られるものの，個々の研究間の関係や相互交流，それらがからむ実験研究の全体像を示すものはなかった。

また，先行研究の大半を占める理論史的分析によってつくり上げられた実

験の扱い方の問題点も見られる。例えば，クラインは1962年の論文で，プランクとレイリー分布式との関係，プランクの理論的方法とボルツマンの方法の関係を考察する際，二つの実験関連事項に触れた。一つは，ヴィーン分布式の計算値と実測値の深刻なズレを示した，1899年のルンマーとプリングスハイムによる実験結果，もう一つは，プランク分布式の案出を促した，1900年のルーベンスとクールバウム(Ferdinand Kurlbaum, 1857-1927)による残留線の実験結果である[17]。両者の実験結果は，ヴィーン式からプランク式への重要な契機となったため触れられたが，クラインは理論的結果の検証材料として，彼らの実験結果に言及したに過ぎない。この触れ方は，理論研究の進展に直接からむいくつかの実験結果に注目するが，実験研究がどのように行われたかは考えないものだった。これが従来の大半の先行研究における実験の象徴的な扱い方である。多くの先行研究では，熱輻射の実験研究は理論的結果の検証役としてのみ登場し，実験結果に至るまでの文脈からは切り離されていた。

　しかし，19世紀末に熱輻射のエネルギー分布の測定に携わっていた実験科学者たちは，理論研究で得られた輻射法則の確証だけを目標としていたわけではなく，独自の目的，問題意識をもっていた。1890年代を通してエネルギー分布を測定したハノーファーのパッシェンは，所属先の上司の可視・赤外分光学研究に関わるなかで，熱輻射のエネルギー分布に関心をもち，その測定に携わった。1899年末-1900年初めにかけてヴィーンのエネルギー分布法則と実験結果の不一致を見出したベルリンのルンマーは，所属先の光度標準研究とからめて，光測定器や光源の開発・研究を行い，それらの開発の完成度を検証する意味でエネルギー分布測定の実験データを詳しく追っていた。1900年末にプランク分布法則を確証したベルリンのルーベンスは，マクスウェル(James Clerk Maxwell, 1831-1879)の理論(マクスウェル理論)の遠赤外領域における検証を意識して，長波長の輻射線の検出や光学的性質の検証を行うなかで，エネルギー分布測定と出会っていた。実験研究者たちの各々の研究内容やそれを取り巻く諸環境に目を向けると，彼らの実験研究は単なる熱輻射論の検証役ではなく，多様な意図をあわせもつ活動群だったことが

わかる。

　また，目的や過程が異なるパッシェン，ルンマーらの研究間にあっても，熱輻射現象やその波長スペクトルの測定を扱うという点で共通点があり，それらの研究間では，測定機器や実験のための機器構成(機器の組み合わせ)に関する相互交流も見られた。1892年にルンマーとクールバウムが携わった輻射測定器の検出素子(白金)の加工法は，その後のパッシェンやルーベンスらの研究にも導入され，輻射線の検出効果を高めた。1894-95年にパッシェンとルーベンスが別々に行った各種プリズムの分散式の確証研究は，1899年のルンマーのエネルギー分布測定に活用され，プリズム使用に関する重要な先行研究となった。さらに，1890年代前半に採用したパッシェンの熱輻射実験の基本構成は，プリングスハイムが赤外線測定で採用した機器構成，ルンマーらの検出素子の加工法，ルーベンスらの開発したガルヴァノメーター(微弱電流計)，ルーベンスの金属選択反射の研究結果などが利用されることでつくり上げられていた。この基本構成は，後のルンマーらの実験にも採用された。多様な意図をもつ実験活動は，ときに相互交流して，熱輻射の実験研究の発展を促していた。

　熱輻射実験の多彩さ，その変化に富んだ発展の仕方は，先行研究では十分に描かれてこなかった。したがって，本書は，熱輻射研究における実験活動の発展，そこでの複数の意図をもつ「実験プログラム」の存在とそれらの相互交流に注目する。「実験プログラム」とは，簡単にいえば，実験家もしくは実験グループによる，一定の目的をもつ実験研究の一連の構成を意味する。

　実験活動への考察にあたっては，熱輻射実験で主に活躍した実験家とその共同研究者を取り上げ，彼らがどのような目的で熱輻射実験に携わり，その目的に合わせてどのような機器を開発・採用し，実験のための機器構成の採用・調整を進めたかを見ていく。目的に関しては，熱輻射実験に至るまでの過程の異なる各実験家独自の目的に注目する。実験機器および機器構成に関しては，実験家たちの研究は一様ではなく，それぞれ異なる目的をもち，異なる研究環境にあったことから，相異なる「実験プログラム」を採用し，その違いが各実験家の採用する機器や機器構成にも反映していた点に注目する。

また，実験家間において，共通する実験機器・機器構成を扱うが観点を違えて改良・開発を進める状況が存在した点にも注目する。さらに，上記の点を総合的に考察して，複数の実験プログラム間の相互交流が，当該実験の精度の向上，測定範囲の広範化をもたらす原動力となり，「エネルギー量子」導出の重要な研究背景だったことを述べる。

本書は，先行研究の諸成果を活用して，熱輻射実験における個別の研究内容に触れながらも，個々の研究間の相対比較・相互連関への考察を行い，熱輻射実験の全体像を描くことを試みる。さらに，実験研究における複数のタイプの研究関与者の存在とその相互交流を鍵にして，熱輻射実験の全体像を示し，従来認識されていなかった革命的概念の誕生と実験活動の連関を明らかにしようとするものである。

2. 新しい科学史研究との調和

科学的概念の動向に着目する旧来の典型的な科学史に対して，現在の科学史研究には，いくつかの新しい潮流がある。実験活動に注目する研究，研究グループのもつ伝統や文化の相互交流に注目する研究はその一部として挙げられる[18]。

前者に関する研究は，1980年代前後の研究，とりわけハッキング(Ian Hacking)の『表現と介入』(1983年)以降に盛んになった[19]。ハッキングは，科学哲学が「余りにも理論の哲学になって」しまい，それまでの自然科学の歴史が「ほとんどいつでも理論の歴史として書かれている」状況を問題視した[20]。ハッキングの1992年論文によれば，ポパー(Karl Popper)の「反証」やクーンの「革命」などによって，理論に過度な関心が集まったとされる[21]。この状況に対して，ハッキングは「実験科学がもっと真剣な考察の対象となる」必要があると訴え，実験活動「それ自身の生活」様式を明らかにしようとした[22]。この流れのなかで，ベアード(Davis Baird)の『物のかたちをした知識』(2004年)に見られるような，実験活動の構成要素である機器に着目する研究も現れている[23]。

伝統や文化の相互交流の研究については，実験活動への注目とも関わり，主にギャリソン(Peter Galison)の『イメージ＆ロジック』(1997年)を契機に盛んになっている[24]。ギャリソンの当初の問題意識は，従来の物理学史研究が20世紀中葉以降の新しい時代の物理学を扱っていないこと，それらの新しい物理学の研究現場は機器で占められているのに，それに対応した分析が不十分であることにあった[25]。ギャリソンは，機器の多く占める高エネルギー物理学の実験研究を題材に分析を行い，当該分野の実験機器に関する伝統には，像で観察結果を把握する「イメージ派」とエレクトロニクス論理回路で測定結果を処理する「ロジック派」があり，各伝統の発達と1980年代の両者の結合が高エネルギー物理学を大きく発展させたと主張した[26]。ギャリソンは，この事例を通して，実験研究の発展における各グループのもつ伝統とその相互交流の重要性を論じた。ギャリソンの研究に代表される流れは，日本においても，1990年前後の国立天文台・東京大学のモザイクCCDカメラの開発における，高エネルギー実験物理学から天文学へ分野を渡った研究者の役割に関する田島俊之・杉山滋郎の科学社会学的研究を生み出した[27]。この流れの延長線上には，19-20世紀転換期の長距離電話線の研究をめぐる工学的アプローチと科学的アプローチの合流に関するクラハ(Helge Kragh)の研究などもあると思われる[28]。

本書は，19世紀末の熱輻射研究を題材にして，実験家の考えや実験機器の研究・開発を扱い，当時の実験研究の内実を伝え，また，実験家もしくは実験グループの実験プログラムの相互交流を通して，実験研究間の関係性を考察している。こうした分析による本研究は，最近の科学史研究の動向と調和して，新しい科学的概念の誕生過程における実験研究の関わり方を論じる事例研究として位置づけることができる。

3. 重要な用語および概念の説明

本書での考察において，重要な用語および概念をここで説明しておきたい。まず，本書の分析対象となっている熱輻射研究の「熱輻射」についてである。

「熱輻射」は，現在，熱放射とも呼ばれる現象であり，物体が「その温度に応じてその表面から電磁波を放射する」現象を指す[29]。熱の移動の仕方には，熱伝導，熱伝達，熱輻射(もしくは熱放射)の三種類がある。熱伝導は「原子，分子あるいは自由電子がエネルギーの運搬を担って，気体や液体では原子や分子の運動と衝突により，また固体では格子の振動と自由電子の運動により熱が伝わるもの」であり，とりわけ，固体や静止した液体，気体内部での熱の移動を熱伝導，「固体の表面にそれと温度の異なる流体(気体，液体)が接する場合，固体表面と流体の間で流体の運動に連動した熱の移動」を熱伝達という[30]。上記の熱伝導の厳密な定義に従えば，熱伝達も熱伝導に入ることになる。それらに対して，「電磁波(あるいは光)の形で熱がやりとりされ」，「分子の振動と回転(温度が関与する熱運動)が関係している」ものを熱輻射という。

熱輻射は，電磁波によるやりとりのため，「媒体のない真空中でも生じる点に特色がある」。そして，熱輻射において「重要な波長領域は可視領域から赤外および遠赤外領域の光」である[31]。このような熱輻射が電磁波のなかでどのような位置づけにあるのかを表す図を次頁に示す(図序.1 では熱放射(熱線)と表記されている)。

次に，本書中で使う「熱輻射研究」は，「熱輻射」現象全般を扱う研究ではなく，「熱平衡にある輻射に関する諸法則」，とりわけ輻射のエネルギー密度と波長(または振動数)と温度の関係を与える輻射法則を対象とする限定的な研究を指すとしたい[32]。「熱平衡にある輻射」は黒体輻射と呼ばれることもある。この「熱平衡にある輻射」を扱う法則を精確に知ることは，例えば，図序.2 のグラフのように，太陽光に関する理想的な輻射法則を表すエネルギー密度分布(グラフ③)と，実測されたエネルギー密度分布(グラフ①と②)との違いを理解することになり，熱輻射(電磁波)に関する研究にとって重要な道標となる。また，本書中ではエネルギー密度分布を，エネルギー分布ないし単に分布としている。

普遍的な輻射法則は，1900 年にドイツのプランクが提出したエネルギー分布式によって表現された。本書中では，この式は，プランク分布式，プラ

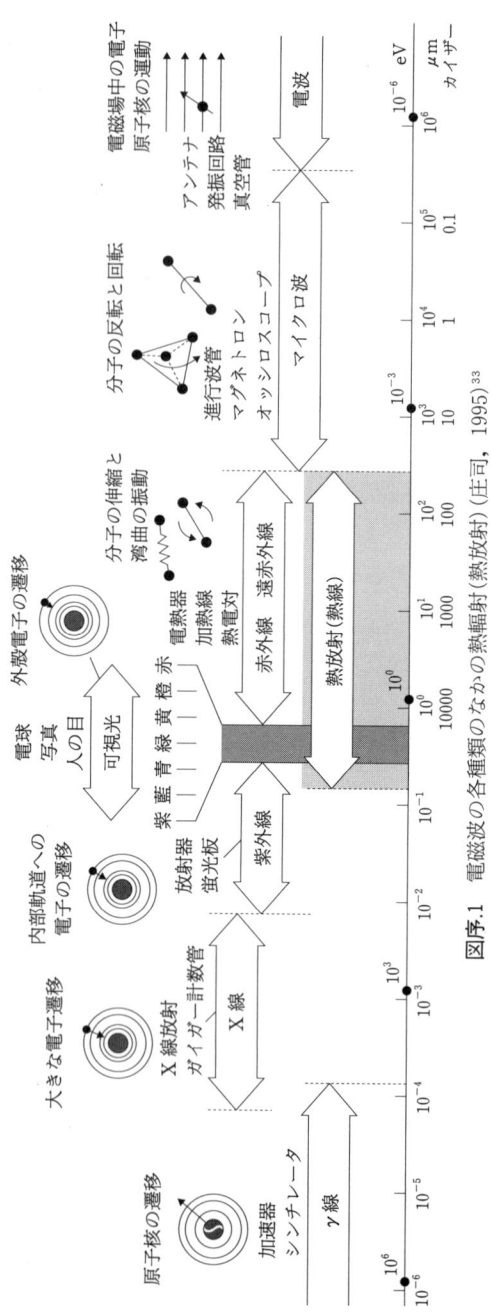

図序.1 電磁波の各種類のなかの熱輻射（熱放射）（庄司，1995）[33]

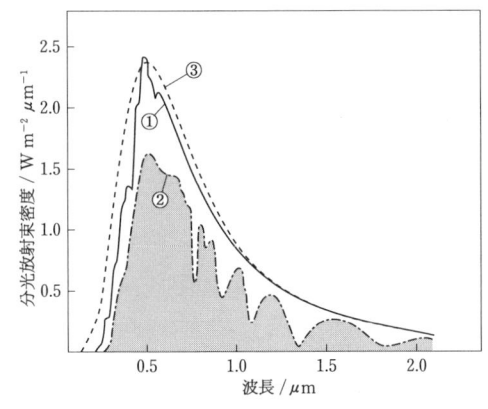

①大気圏外の太陽光スペクトル
②地表上の太陽光スペクトル
③6,000 K の黒体放射スペクトル

図序.2 太陽光スペクトルに関する 3 種類のグラフ(山下,1988)[34]。③が太陽光の輻射法則を指す。

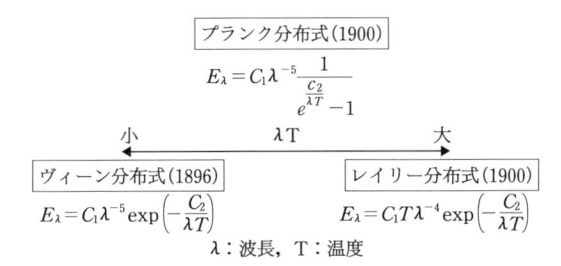

プランク分布式(1900)
$$E_\lambda = C_1 \lambda^{-5} \frac{1}{e^{\frac{C_2}{\lambda T}} - 1}$$

小　　　　　　　λT　　　　　　　大

ヴィーン分布式(1896)
$$E_\lambda = C_1 \lambda^{-5} \exp\left(-\frac{C_2}{\lambda T}\right)$$

レイリー分布式(1900)
$$E_\lambda = C_1 T \lambda^{-4} \exp\left(-\frac{C_2}{\lambda T}\right)$$

λ：波長，T：温度

図序.3 1900 年におけるプランク分布式，ヴィーン分布式，レイリー分布式の関係[35]

ンク法則(分布法則,輻射法則)等で記されている。そして，プランク分布式は，結果的に，その式の提出以前に知られていた，1896 年にドイツのヴィーンが提出したヴィーン分布式(もしくはヴィーン法則)と，1900 年にイギリスのレイリー卿が提出したレイリー分布式(のちのレイリー-ジーンズ法則とは異なる)の折衷式となっている。ヴィーン分布式は，輻射のなかでも短い波長をもつ輻射線，もしくは波長と温度の積が小さい場合の輻射線を扱うときに有効な式であり，他方，レイリー分布式は，長い波長をもつ輻射線，もしくは波長と温度の積が大きい場合の輻射線を扱うときに有効な式である。プランク式(プランク法則)，ヴィーン式(ヴィーン法則)，レイリー式は，本書全般にわたっ

て扱われるので，あらかじめこれらの式の関係を上の表で確認しておく．

　本書で主な分析対象となる熱輻射実験に関連して，「実験」と「測定」の関係について述べておく．実験はどちらかというと理論で説明されていない現象を探る活動であり，測定は既存の理論で説明されている現象の観察精度を上げる活動とする見方がある．しかし，ここでは，そのような区別は用いず，実験研究の構成要素として測定も実験に含まれるとしたい[36]．

　本書では熱輻射実験を分析する際，実験の目的，実験機器，その機器構成を分析材料とする．実験機器は，具体的にいうと，白金製の輻射源，分光するプリズム・回折格子，輻射計としてのボロメーター，ラジオメーターなど，実験を行うために必要な機器全般を指す．熱輻射実験のための機器は，おおよそ，輻射を発生させるための輻射源，発生させた輻射を輻射線に分光する機器，分光された輻射線を測定する計測器の三つに大別される．ここでは，これら三種の各構成部分を「輻射源」，「分光系」，「輻射測定器」と総称する[37]．

　「輻射源」については，1890年代前半までよく使われた白金や酸化鉄そのものを加熱して「輻射源」とするタイプ，1890年代末から一般的に使われるようになった白金などで覆われた空洞を加熱して「輻射源」とするタイプ，さらには，空洞の中心に白金などの加熱物体を置いて，空洞内を加熱するタイプの「輻射源」が存在していた．本書では，この三タイプの輻射源を，固体そのものを加熱して輻射源としているという意味で「固体輻射源」，加熱した空洞を利用しているという意味で「空洞輻射源」，固体式と空洞式の折衷型を採用しているという意味で「折衷型輻射源」とそれぞれ総称する．

　これらの「輻射源」，分光に関連する機器の「分光系」，輻射線を測定する「輻射測定器」を組み合わせたものを「構成」といい，各々に何らかの種類の機器を定めて組み合わせたものを「機器構成」と呼ぶ．例えば，白金製空洞輻射源-蛍石プリズム-ボロメーターという組み合わせは「機器構成」の一種である．また，「白金製空洞輻射源-蛍石プリズム-ボロメーター」と「磁器製空洞輻射源-カリ岩塩プリズム-ボロメーター」は，異なる構成部分をもっているが，「空洞輻射源-プリズム-ボロメーター」という「基本構成」

は同じであると考える[38]。

　本書では，このように定義された「機器」，「構成」に基づいて，熱輻射実験における機器，機器構成という用語を用いる。これらに実験の目的を加えて，本書の熱輻射実験の分析材料とする。

　また，本書では，実験研究の分析内容に関わる重要な概念として「実験プログラム」という用語が使われている。「実験プログラム」とは，機器分析でいうところの「分析設計」に相当する。「分析設計」は，「何か新しい問題が与えられたとき，まず目的を明確にし，それに適する新しい機器分析法を開発設計し，それに基づいて化学情報を有効に取り出すまでの一連の過程」を示す言葉である[39]。「分析設計」では，機器分析の専門用語としての色彩が強いと思われ，科学分野全体に適用可能な表現として「実験プログラム」という言葉を使用する。「実験プログラム」を定義すれば，一定の目的をふまえ，それに適う手段・方法を模索し，その手段・方法に応じた機器の選定・開発，機器の組み合わせ(機器構成)の考察・試行を実施し，機器の機能に問題があればそれを解決し，機器構成の調整を経て，実験結果を得るという一連の過程となる。

　ちなみに，「プログラム」という言葉は，ラカトシュ(Imre Lakatos)の「研究プログラム」(research programme)との関連を想像するかもしれない。彼のそれは「数世紀の間持続するかもしれないし，八〇年間忘却の淵に沈み，その後全く新たな事実なり考えなりを吹き込まれて甦るかもしれないといった，発展する理論の系列のこと」である。だが，本書中の「実験プログラム」は理論的文脈から距離を置いた概念になっている。一般的な「研究プログラム」(research program)は，「理論的な考えと実験上の考えとをある明確な仕方で結合させて，それを用いてある問題に特定のやり方で取り組むことを表す」ので，それと比較するならば，「実験プログラム」はより実験寄りで，「仕方」や「やり方」をより具体化したものである[40]。

4. 実験の「目的」,「機器」,「機器構成」,「実験プログラム」を分析する理由

ベアードが「第二次化学革命」と評した[41],機器の操作や機器による分析が研究活動の大半を占める状況は,加速器やPCR装置にも見られるように,化学分野に限らない科学活動全体の流れである。だが,赤外線の分光分析を含む機器分析は,分析方法の内容が似ているという点,機器に依存する割合が高い点で,19世紀末の熱輻射の実験研究と重なる部分が多い。こうした点をふまえて,本書の分析対象は,化学の機器分析における,「ある試料を機器分析法により分析しようとする際」の「考えるべき筋道」と関連づけられている[42]。

例えば,『機器分析(三訂版)』では,図序.4のような筋道の概略が示されている[43]。この図は,おおまかな機器分析の流れの各段階を示す。「まず目的を正確に把握し,次に目的を具体的に明確化する」最初の段階,「この目的に従って,ある機器分析方法を計画する」次の段階,「この方法を具体的に

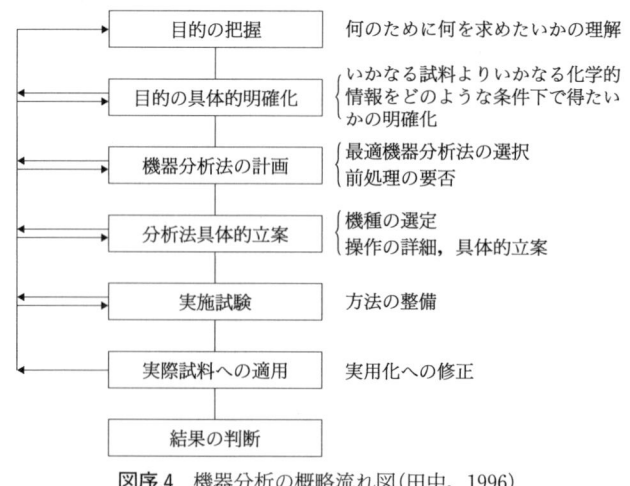

目的の把握	何のために何を求めたいかの理解
目的の具体的明確化	いかなる試料よりいかなる化学的情報をどのような条件下で得たいかの明確化
機器分析法の計画	最適機器分析法の選択 前処理の要否
分析法具体的立案	機種の選定 操作の詳細,具体的立案
実施試験	方法の整備
実際試料への適用	実用化への修正
結果の判断	

図序.4 機器分析の概略流れ図(田中,1996)

立案する」段階，その立案「に基づき実際に思った通りにその機器分析でできるか否か，標準物質などを使って試験」し，「再びその方法の評価を行い」，「予想通りに行けば」，「実用化試験を行う」段階となる。「実地をやってみると思わぬ障害が起こることが往々」にあり，「この際は運用設計を一部変更して再検討する必要もでてくる」。「このようにして得られたデータから運用の評価を行い，よければ最終判断を」行うに至る。機器分析法が確立している状況にあるかないかの違いはあるものの，1890年代の熱輻射実験にとって，この機器分析の手順は類似点も多く参考になる。

　実験科学者パッシェンは，1890年代前半に熱輻射のエネルギー分布の精確な測定と分布法則の導出を目標に定め，当時の最先端の機器を組み合わせて一つの機器構成をつくり上げた。だが，構成の各部位に誤差原因があり，1890年代半ばを通してその解消に取り組んだ。実験のための基本構成が定まった後は，各機器の機能向上を進めながら，熱輻射実験を繰り返して，エネルギー分布から見出される輻射法則の検証を追究した。別の実験科学者ルンマーは，光度標準を求める目的をもち，それに適う手段を模索して，光度を測る測定器，光源・熱源の輻射源の開発を行った。さらに，より厳密な標準を探るために，シュテファン-ボルツマン法則，ヴィーン変位則，熱輻射分布法則の検証に向けた機器構成をつくり上げ，その調整を行い，検証に対応できる実験を可能にした。また，ルーベンスは，マクスウェル理論の遠赤外部への適用を目的として遠赤外線の測定を行い，赤外線をとらえる種々の測定器，分光系機器を試し，それらの選定・開発を進め，選んだ機器を組み込んだ機器構成を採用した。彼は，基本構成を固定するのではなく，さまざまな種類の機器を入れ換えて機器構成を整備し，目的に適った実験を実現していった。19世紀末の熱輻射実験におけるパッシェン，ルンマー，ルーベンスらの実験の進め方の各段階は，分析機器の手順における目的の段階，計画・立案の段階，試行・修正・実用の段階におおよそあてはまると思われる。

　本書では，このような機器分析の手順と1890年代の熱輻射実験の進め方の類似点に注目して，熱輻射実験に対する考察を行っていく。考察においては，手順における初期の段階で動因となる実験の「目的」，中期・後期の段

階で計画・立案，試行・修正・実用の主な対象となる「機器」，「機器構成」に加えて，それらを包括し手順全体を表す「実験プログラム」をからませていく。

5. 本書の構成

　序章を終えるにあたって，本書の構成を示しておく。これから，19世紀にわたる熱輻射実験の前史を第1章で触れたのち，19世紀末ドイツの熱輻射実験の発展過程を扱うが，本書はその発展段階に応じた章分けをしている。

　一つ目の段階(始動期)は1880年代末-93年である。その時期，パッシェン(ハノーファー工科大学)は，輻射法則を実験的に導くために，高い精度の熱輻射実験を求め始めた。彼の実験研究は，光度標準研究のために進められたルンマー(ベルリン・PTR)らの輻射測定器の検出素子の改良，温度標準研究に向けた高温度測定のためのヴィーン(ベルリン・PTR)らの熱電対の活用，太陽光の赤外部波長測定のために考案されたプリングスハイム(ベルリン大学)の機器構成，マクスウェル理論の赤外部波長に対する実証を意識した赤外線測定にかかるルーベンス(ベルリン大学)の検流計の改良など，他の目的のための研究とその成果を参考もしくは基礎にして始められていた。結果的に，この時期のパッシェンの研究は，1890年代ドイツの熱輻射実験を本格的に始動させる役割を果たすのである。この始動期の展開は第2章に描かれている。

　二つ目の段階(準備期)は1893-95年である。その時期，パッシェンは，高精度の熱輻射実験を求めて，二酸化炭素および水蒸気の吸収スペクトルの解明，蛍石プリズムの分散データの再検討を行っていた。ルーベンスは，蛍石プリズムに加えて，岩塩，石英，カリ岩塩などのプリズムの分散データを集め，マクスウェル理論に関係するヘルムホルツ(Hermann von Helmholtz, 1821-1894)の電磁理論の有効性を調べていた。また，ルンマーとヴィーンは，光度および温度標準の研究のための理想的な熱源を得るべく，空洞熱輻射源を提案した。彼らの研究内容は，各々の異なる目的のためであったが，熱輻射測定の誤差原因の理解や，安定的な輻射測定の考察に役立ち，1890年代末

に実現する高精度の熱輻射実験に重要な道具立てを与えることになった。この時期の各研究成果は，その後の熱輻射実験の準備を整えることに寄与していた。この準備期の展開は第3章に描かれている。

　三つ目の段階(確立期)は 1896-1900 年である。その時期，パッシェンは，輻射法則のための実験をほぼ同じ機器構成で繰り返し行い，実験的にヴィーン分布法則を得ていた。ルンマーらは，理想的な光源・熱源を求めて，円筒形の空洞輻射源で輻射測定を行い，理想的な輻射源を追求することを第一としながら，輻射法則に関する実験を進めていた。ルーベンスらは，赤外領域における電磁理論の検証を行うために，新しい分光手段や輻射検出器を採用して，新たな機器構成による長波長の輻射実験に成功していた。パッシェン，ルンマー，ルーベンスらの主要な三方向の実験研究は，異なる目的をもちつつ，同じく「熱輻射」を対象としながら，輻射法則の実験的導出，空洞輻射源の検討・導入，新しい機器構成による長波長測定の実現などを通して，補い合いながら高精度の熱輻射実験の確立に寄与し，さらに，短波長から長波長に及ぶ熱輻射の実験データの提供においても相補的に貢献した。この確立期の展開は第4章に描かれている。

　第5章では，これらの始動期，準備期，確立期で展開された内容を，「目的」，「機器」，「機器構成」，「実験プログラム」という視点で整理し直している。改めていうと，「実験プログラム」は，実験家や実験グループの状況や考えに従い，別個の「目的」をもち，「機器」の選択・開発・研究に関わり，それらに基づいて，「機器構成」を選択・試行・採用し，実験目的に向けた実験データや実験結果を提出する，もしくは実験データに問題がある場合は，機器や機器構成に変更・調整を加えて，再度，実験結果の提出を試みるという，一連の過程を意味する。第5章では，19世紀末ドイツの熱輻射実験およびそれに関係した実験家・実験グループに対して，上記の視点に基づき考察を行っている。この考察の結果，同時期，同地域で研究対象を同じくする場合でも，異なる実験「目的」，異なる「機器」・「機器構成」の採用などを通して，各「実験プログラム」の違いが見られる一方で，「目的」「機器」「機器構成」の一部を介して異なる「実験プログラム」間に共通項が生み出

され，それによって，複数の「実験プログラム」間に相互交流が生まれることを明らかにしている。これらを通して，熱輻射実験の研究が，理論検証に依拠するだけではない自律的な活動であり，かつ，異なる実験プログラムが込められた多彩な活動群であることを示している。

第6章では，1900年の「エネルギー要素」導出を成し遂げる，プランクの熱輻射の理論研究を，実験的文脈にのせて考察している。プランク熱輻射論は，電気力学を基礎にして，仮想的に，輻射場と振動子が電磁的エネルギーをやりとりして非平衡から平衡状態に至る過程を考え，電磁的エントロピーなる概念を導入することで熱力学的考察を適用し，最終的にはボルツマンの気体分子運動論の確率論的考察も駆使して形成されている。注目すべきは，電磁的エントロピーの式が理論的理由づけなく導入され，その実質的な理由が当時の実験結果を反映する理論的結論を示すためだったという点である。この仕掛けによって，プランクは1899-1900年初めにかけて，ヴィーン分布法則を，そして1900年末にはプランク分布法則を理論的結果として求めた。つまり，プランクの理論的方法は実験研究の動向を取り込むよう工夫されており，その動向に柔軟に対応できるようになっていた。熱輻射実験の各実験プログラムは，マクスウェルの電磁理論やキルヒホフ(Gustav Robert Kirchhoff, 1824-1887)の理論などに依拠する面をもつが，他方，実験研究側が主体となり，プランク熱輻射論の基盤を与える面ももっていたのである。

終章では，19世紀末ドイツの熱輻射に関する実験研究の展開を，プランクの理論研究の方法と合わせて考え，結論を述べている。実験研究の展開においては，主要な三つの実験プログラムが見出される。その一つは，可視・赤外分光学研究を契機に，輻射法則の導出・検証を目指し，実験機器の開発・改良を通して熱輻射実験の精度を高めていくパッシェンの実験プログラムである。二つ目は，標準研究を目的として，標準測定のための機器の開発・改良，理想的な光源・熱源の探求を介して熱輻射実験の高精度化に携わるルンマーらの実験プログラムである。三つ目は，マクスウェル理論の赤外部領域への適用を目指し，実験機器の開発・改良を進め，遠赤外線の研究の一環で熱輻射実験に関与するルーベンスらの実験プログラムである。これら

の実験プログラムは，主要な目的を違えていながら，測定対象やそれに関連する諸課題を部分的に同じくして，熱輻射測定のための機器や機器構成の開発・改良を通して，ときに交流することもあった。さらに，その結果，波長領域に合わせた高感度の輻射測定器や，高精度実験のための機器構成が生み出され，波長領域の異なる実験データの集積によって広範な実験結果を提供し合う展開がもたらされたのである。これらの実験研究の動向を，うまく理論に取り込む仕掛けをプランク熱輻射論がもち合わせ，最先端の実験研究と理論研究の共鳴が生まれることで，1900年の革命的概念が出現し得た，と本書は見ている。

　以下，第1章，第2章，第3章，第4章を通して，19世紀末ドイツの熱輻射研究の前史，始動期，準備期，確立期の展開を見たのち，実験家および実験グループの目的，実験機器，機器構成，そして各実験プログラムを考え，熱輻射実験の展開の見取り図を構築していこう。

[注と文献]

[1] Klein(1962), pp. 459-60.
[2] Klein(1966).
[3] 辻(1966年), 39頁.
[4] Kuhn(1987). この著書の主眼は，1900年を過ぎてもしばらくの間いかに物理学者のなかに量子概念が受容されていなかったかという点である．ちなみに，クーンの本の初版は1978年であるが，本書では，新たな後書きが加えられた1987年版に依拠している．
[5] 井上(1996). 詳細は本書第6章1節を参照．
[6] 高林(1988), 9-56頁．
[7] 高林(1988), 47-50頁．
[8] 高林(1988), 51頁．PTRは帝国物理工学研究所，THは工科大学を指す．PTR (Physikalisch-Technische Reichsanstalt)は，帝国物理技術研究所または国立物理工学研究所と訳されることがあるが，ここでは帝国物理工学研究所としている．また，TH (Technische Hochschule)は高等技術学校や工業高等専門学校と訳されることもあるが，工科大学(Technische Universität)が直接対応する用語はTUとしても，THは内容的には工科大学であるから，ここではTHも工科大学としている．
[9] Franklin(1986), p. 1.
[10] 20世紀の物理学(1999a) 24頁；Klein(1962)；Kuhn(1987).
[11] 天野(1943), はしがきII-V．
[12] 天野(1943), 21-22頁．
[13] David(1989), p. 145.

[14] 天野(1943), 57頁.
[15] Kangro(1970b). 高田誠二氏は, 天野とカングローの文献の諸見解を比較するなかで, 「カングローはPTRの物理部門の仕事の独立性, 自主性を論証しようとしているかに思われ」ると述べている. 高田(1972), 87頁.
[16] Hoffmann(2001); Loettgers(2003).
[17] Klein(1962), p. 464.
[18] 橋本(1993); 中島(1997), とくに「結論」, 257-266頁.
[19] Hacking(1983); ハッキング(1986). 文中では触れていないが, ラトゥール(Bruno Latour)らの人類学的視点による研究も実験活動への関心を高めたことはいうまでもない. Latour(1979).
[20] ハッキング(1986), 244頁.
[21] Hacking(1992), pp. 29-64.
[22] ハッキング(1986), 244頁.
[23] ベアード(2005); Baird(2004). また, 2008年のブロムバーグ(Joan Lisa Bromberg)の論文は, N. ボーアの相補性概念を例証するための1980年代の実験を扱いながら, 量子論の基礎づけに関する研究での科学的機器の役割を考察している(Bromberg(2008)). さらに, 2008年のヨーロッパ科学史学会の国際会議における「スタイルと実験的実践」セッションでは, ハッキングの視点とフレック(Ludwik Fleck)の「思考スタイル」(styles of thought)を結びつけて,「実験スタイル」(style of experimenting)を議論しようとする試みも行われたが, これも実験活動に注目する研究の流れに入ると思われる(ESHS(2008), p. 73).
[24] Galison(1997).
[25] Galison(1997); Galison(1987).
[26] ギャリソンの研究の紹介として, 以下の文献が参考になる. 山崎正勝(2002); 金森(2002), 204頁.
[27] 田島(2002).
[28] ESHS(2008), p. 4.
[29] 物理学辞典(1992), 1561頁.
[30] 庄司(1995), 3頁.
[31] 庄司(1995), 3-7頁.
[32] 物理学辞典(1992), 2005頁. 輻射法則については, 物体の輻射能と吸収能に関するキルヒホッフ法則, 輻射の全エネルギーに関するシュテファン-ボルツマン法則などを含めた形で意味することもあるので, ここでは輻射エネルギー密度・波長(または振動数)・温度の関係を表す法則としておきたい.
[33] 庄司(1995), 186頁.
[34] 田中(1993), 4頁.
[35] 現在知られているレイリー-ジーンズ分布式もしくはレイリー-ジーンズ法則は, エクスポネンシャルの部分がない. 本書第6章2節に, 現在知られるレイリー-ジーンズ法則の式が示されている(ただし, 波長 λ ではなく振動数 ν での表記)
[36] 実験と測定の区分については, 以下の文献を参照した. Jungnickel(1986b), p. 120.
[37] 構成部分の各総称については, 高田誠二氏からご助言いただいた. また, 「分光系」については, 機器分析で, 集光する機器系統を「集光系」としているので, その名称のつけ方を参考にした. 田中(1996), 145頁.
[38] 「構成」, 「機器構成」, 「基本構成」の用語は, 田中(1996)を参考にした.

[39] 田中(1996), 13頁.
[40] 「研究プログラム」(research programme)と「研究プログラム」(research program)の意味については,下記を参考にした. ハッキング(1986), 188-189頁.
[41] ベアード(2005), 149頁. 第一次化学革命は, 18世紀における錬金術的化学から近代化学への革命を指す.
[42] 田中(1996), 12頁.
[43] 田中(1996), 12-13頁.

第1章　19世紀末の熱輻射実験の前史とラングレーの研究の登場

1. 1880年代以前の光と熱線の研究展開
2. 1880年代以前の光と熱線の測定手段
3. ラングレーによるボロメーター利用の方法の登場
4. ラングレーの測定結果と1880年代末の分布式
5. 熱輻射実験の背景(1)——電磁波の研究
6. 熱輻射実験の背景(2)——ヘルムホルツ学派の研究動向
7. 熱輻射実験の背景(3)——電気都市ベルリンとPTR設立
8. 小　　括

フンボルト大学(旧ベルリン大学)前に立つヘルムホルツ像(2001年8月4日に筆者撮影)

本章では，19世紀末の熱輻射研究の中心地ドイツの実験研究がどのような前史・背景をもって行われるに至ったかを確認するとともに，ドイツにおける熱輻射実験の重要な背景の一つとなったアメリカの天文学者ラングレーの研究とその成果にも注目する。

本書では，19世紀末ドイツの熱輻射実験を主題にして，先行研究に見られるような，理論研究の検証役として実験研究をみなすのではなく，実験研究独自の文脈のなかで熱輻射実験が発展していたことに目を向ける。そのために，本章では，19世紀末の熱輻射研究の中心地ドイツの実験研究がどのような前史・背景をもって行われるに至ったかを確認するとともにドイツにおける熱輻射実験の重要な背景の一つとなったアメリカの天文学者ラングレーの研究とその成果にも注目する。

1. 1880年代以前の光と熱線の研究展開

本節では，19世紀末の熱輻射実験の前段として，19世紀における熱輻射関連の実験研究を鳥瞰する。

1790年にピクテ(Marc-Auguste Pictet, 1752-1825)は，熱さや冷たさの輻射の実験を行い，輻射熱には伝導熱と違って大きな直進性があるとして，輻射熱を伝導熱から区別した[1]。1800年になると，ハーシェル(William Herschel, 1738-1822)が光にともなう輻射熱とその強弱を温度計で示し，「熱作用が最も強いのはスペクトルで赤の外側にある不可視光線であることを発見した」[2]。光と輻射熱の関係を追うことによって，光線の新しい種類，赤外線が発見された。光線の種類の研究については，1801年，リッター(Johann Wilhelm Ritter, 1776-1810)が塩化銀の変色を手がかりに紫外線を発見したことに加え，光学機器製造技術者フラウンホーファー(Joseph Fraunhofer, 1787-1826)がいっそうの多様さを見出した。彼は1815年に，「色消しレンズをつくる基礎としてのガラスの屈折率と分散の測定のために太陽光のスペクトルを調べていて」，暗線を発見し，主要な色を区切る8本の線にアルファベットのAからHの名前をあて，B-H線間に574本の線を見出した。また，D線がろうそくの炎のスペクトル中の輝線と一致することを認識し，さらに，これらのスペクトル研究のために回折格子も開発した[3]。このように，18世紀末から19世紀初めにかけて，光と輻射熱，光と物質の各関係が明らかになり，熱輻射現象も含めた光の研究のための有効な道具立てが与えられた。

19世紀前半には，光のスペクトルと物質の関係，そのスペクトルの性質に関する基礎的研究が行われた。1834年にブリュースター(Sir David Brewster, 1781-1868)は，「発煙硝酸を通した太陽光のスペクトル中に暗い線とバンドを見出し，そのような線を化学分析に使うことを考え」，同じ時期，ミラー(William Hallowes Miller, 1801-1880)は「ナトリウムの輝線と太陽スペクトルのD線が精確に一致することを確かめた」。1849年にフーコー(Léon Foucault, 1819-1868)は「アーク燈の炭素棒の先にソーダを塗りつけたものによって，まずD線と同じ位置に輝線を得た。ところが，その部分に太陽光を通すと，太陽スペクトル中のD線はいちじるしく暗さをました。これらの結果からフーコーは，同じアーク[燈：引用者]がD線を発するとともに，同時によそからきたD線を吸収する，と結論した」[4]。

19世紀半ばになると，ブンゼン(Robert Bunsen, 1811-1899)とキルヒホフの研究が現れた。「焔色反応の実験」をしていたブンゼンと「フラウンホーファー線の研究」をしていたキルヒホフは1858-59年にかけて共同実験を始めた[5]。「当時，物質がそれぞれの固有の線スペクトルを持つことは，おおよそ知られていた」が，「種々の物質から放射される線スペクトルに二重輝線が含まれていたので，線スペクトルによる元素の同定方法は，まだ確立していなかった」。このような状況のなかで，彼らの最初の研究は，「分光器」と「アルカリ金属などの純粋な塩化物を作る」ことであり，純粋なスペクトル源，スペクトルを分光する道具を得るための研究が行われた[6]。キルヒホフは1859年10月に「太陽スペクトルについて」と題する報告にあたり，ナトリウムによる輝線スペクトルとフラウンホーファー線を重ねることを考え，さらに，太陽光の強弱によって重なる部分の輝線スペクトルの変化を観察した。彼は，太陽光の入射強度を大きくしていくと，ある強さ以上では輝線が暗線に変わること，その暗線が太陽スペクトルのものより暗いことを見出した。この結果を確かめるために，キルヒホフは「酸水素炎を石灰に吹きつけるときに発生する」ドラモンド光とアルコールランプ光によって同種の実験を実施して，同様な結果を得た。この一連の実験結果から，「輝線スペクトルとフラウンホーファー線は全く同じ成因からなること」が「初めて証明さ

れたのである」[7]。

キルヒホフは，1859年12月の「光と熱の放射と吸収の間の関係について」と題する報告で，「同一温度において，同一波長の輻射線についての輻射能と吸収能の比は，すべての物体について一定である」とする法則を提出した。それは彼の名前で知られるキルヒホフの法則となった。彼は理論的考察にあたり，「ある波長の光のみを放射し，それと同じ波長の光のみを吸収する白熱体」と「すべての波長の輻射線を完全に反射する鏡」を仮定して，力学的熱理論の基本法則であるエネルギー保存則を適用して法則を証明した。「白熱体」については，ブンゼンバーナーの「焔の中で存在するナトリウムなどの蒸気」がその例として観察されており，「可視光線領域において観察されたこの物体と同様のものが，熱線領域においても存在する」とキルヒホフは考えたのだった[8]。彼の輻射線に関する法則の提出は，1844年から1854年にかけてのデュザン(Paul-Quentin Desains, 1817-1885)とド・ラ・プロヴァステ(H. F. de la Provostay)の共同研究により，「19世紀前半になされた熱線の放射と吸収の諸研究が確認されそして集大成された」歴史的状況を反映しながら[9]，熱線に関する成果を，波長概念を導入して光線にまで拡張した[10]。キルヒホフとブンゼンは，スペクトル研究を通して，物質の組成を明らかにする新たな化学分析方法を基礎づけ，その成果は分光学や天体物理学の発展に寄与した。

19世紀後半を通しては，スペクトル線の規則性に関する研究が行われ，各元素の諸データが蓄積されていた。例えば，1871年にストーニー(George Johnstone Stoney, 1826-1911)は，「音における倍音と水素のスペクトル線とに類似性を考えて，水素の第1，第2，第4番目の線はそれぞれ，波長131,274.14Åの基本振動の20，27，32倍音であると指摘した」。1881年にシュスター(Arthur Schuster, 1851-1934)は，ナトリウム，銅，マグネシウム，バリウム，鉄の「おもなスペクトル線について」，「スペクトルが偶発的に配置していることを示した」[11]。これらは，19世紀末にレイリーが振動体モデルとスペクトル線の規則性を結びつけて考えたように，音の振動とスペクトル線の関連性に注目する試みであった。

1880年前後にかけて，リヴィング(George Downing Liveing, 1827-1924)とドゥワー(James Dewar, 1842-1923)はより体系的な研究を行った。「スペクトル線の反転の研究をはじめていた」リヴィングらは，1879年にナトリウムとカリウムに関するスペクトル線図を報告するなかで，「2重線が繰り返し現れ，しかも鋭い2重線とぼんやりひろがった2重線とが大体交互に現れること」，「いくつかの波長をのぞいて大部分の波長は単純な倍音関係をもってはいない」ことを示した。さらに，1883年になると，「15種類の金属のスペクトルを発表」して，「多重線の繰り返し，波長の減少にともなう多重線間の距離の減少，より鋭い多重線とぼやけた多重線の交互の出現と波長の減少にともなう鋭さと強度の減少，の3点を，各元素のスペクトル線の特徴」とした。また，ハートリー(Walter Noel Hartley, 1845-1913)は1883年にマグネシウム，亜鉛，カドミウムの「各々について，波数ではかったときの多重線の成分間の間隔は一定である」ことを指摘した[12]。

バルマー(Johann Balmer, 1825-1898)は1885年に，4本の水素スペクトル線に注目し，「それらの波長がそれぞれ簡単な整数比と共通の基本数との積で表されるようなその共通の基本定数を」探して，定数 h＝3645.6×10⁻⁸cm とともに以下の式を得た。

$$\lambda = h \cdot \frac{m^2}{m^2 - n^2} \tag{1.1}$$

ここで，λ は波長，m, n は整数である。それから，バルマーはこの式を実験結果と比較した。その比較対象となったデータは，フォーゲル(Herman Carl Vogel)，ハギンズ(Sir William Huggins, 1824-1910)が白色星の観測から得た「紫部および紫外部における水素スペクトル線の観測結果」であった[13]。

バルマーの式の一般化は，H. カイザー(Heinrich Kayser, 1853-1940)とルンゲ(Carl Runge, 1856-1927)，リュードベリ(Johannes Rydberg, 1854-1919)によって進められた。カイザーとルンゲは，1880年代末にまず鉄のスペクトル，炭およびシアンのスペクトル帯の研究[14]，それからアルカリ金属のスペクトルの研究を進めて，その報告を1890年に行った。彼らは，リヴィング，ドゥワーらの示唆に従い，スペクトル線を「比較的鋭く非常に反転されやすいグ

ループを主系列，広がった線のうち，よりつよく両側に広がり明るい方を第1副系列，他を第2副系列」に区分してから，バルマー式をより一般化した次式を提出した[15]。

$$\lambda^{-1} = A + B \cdot n^{-2} + C \cdot n^{-4} \tag{1.2}$$

ここで，λ は波長，n は整数，A，B，C は各系列の固有の定数を表す。この式によって，おおよその諸元素の各系列を与えることができた。さらに，カイザーとルンゲは，第II族のスペクトルの研究(1891年)，銅，銀，金のスペクトルの研究(1892年)，アルミニウム，インジウム，タリウムのスペクトル研究(1893年)と順々にその研究対象を拡げていった[16]。

リュードベリは「I，II，III族元素についてえられていたスペクトル線をもとに」スペクトル法則を導いた。彼の仕事の特徴は，「多重線の分岐に注意をはらっていること」，「異なった系列を関係づけようとしたこと」であった。後者の特徴については，主系列と第二副系列(鋭系列)の関係を表す式を提出した[17]。この式に基づいて，1896年にリュードベリ-シュスターの法則が導かれた[18]。

1885年のバルマー式提出が契機となったスペクトル公式を求める探究は，1890年代のスペクトル系列の特徴をおおよそ表すリュードベリ式とカイザー-ルンゲ式の提出，さらに「新しい希ガス類元素や放射性元素の発見」を経て[19]，新しい段階へ入った。20世紀初頭になると，経験的な各公式をまとめて説明づけるリッツ(Walther Ritz, 1878-1909)の結合原理の研究が現れ，ボーア(Niels Bohr, 1885-1962)の研究への道筋が準備されていった。

2. 1880年代以前の光と熱線の測定手段

19世紀後半のスペクトル研究には，種々の観測機器の発達が不可欠であった。光からスペクトルを得るための分光器には，17世紀以来プリズムが一般的だったが，先に触れたように，19世紀初めにフラウンホーファーの手によって回折格子が開発された。彼は1821年に「回折現象を詳しく調

べ」,「回折図形から波長を求める関係式を導き,主な暗線の波長を決定した」。彼は,当初「細い針金を等間隔に並べた」回折格子をつくったが,「いっそう大きな分散を得るために,ガラス板にはりつけた金の薄膜にダイヤモンドで多数の平行な線を引いたものを」開発した[20]。また,「ダイヤモンドのエッジを利用して,ガラスに直接線を引いた」格子や,「黒い樹脂で覆ったガラスの表面に線を引くこと」による「反射格子の作成」も試みた[21]。19世紀中葉になると,プロシアのノバート(Friedrich Adolph Nobert, 1806-1881)の透過格子,アメリカのラザフォード(Lewis M. Rutherford, 1816-1892)による回折格子が現れた。ラザフォードの回折格子は,彼の罫線作成機の開発によって,「1インチに3万本の格子」をもち,「当時の最高のプリズムに匹敵する分解能をもっていた」[22]。1880年代初め,アメリカのローランド(Henry Augustus Rowland, 1848-1901)は,「溝の間隔を調整する高度に均一なネジ」をもつ罫線作成機を駆使して回折格子をつくり,かつ回折格子を凹面にしたものを作成した。凹面格子は,「光線を平行にしたり集中させたりするレンズ」を「使わずにスペクトルを焦点に集めることを」可能にするなど,スペクトル観察時の操作を簡略化した[23]。ローランドはこの回折格子(ローランド回折格子)を使い,太陽光スペクトルの可視部線図づくりに携わった[24]。

　19世紀に入り,熱線と光線を統合した形でのスペクトル研究が行われるようになったが,その発展には光のわずかな強弱を感知する機器が鍵となっていた。1800年のハーシェルの赤外線発見には,スペクトルに分けた光線の熱作用を測る温度計が重要な役割を担っていた。1821年に熱電効果を発見したゼーベック(Thomas J. Seebeck, 1770-1831)は,この効果を熱測定に利用することを考え,異なる温度にあるときに電位差の違いを生む2種類の金属(最初,ビスマスと銅)から構成される熱電対を初めて製作した[25]。フィレンツェのノビリ(Leopoldo Nobili, 1784-1835)は1829年から複数の熱電対を直列に連結した熱電対列の研究を始め,1831-39年の間,メローニ(Macedonio Melloni, 1798-1854)と共同研究を進めた[26]。1831年9月,ノビリとメローニはフランス科学アカデミーで熱輻射研究のための熱電対列について発表した。「この熱電対は差動温度計よりもはるかに敏感で,1m先の手のひらの熱を

探知することができた」[27]。メローニは，1839-53年にナポリで研究を継続するなかで，熱線と光線が物理的に同一であることを例証し，1846年に月からの熱線を探知した[28]。さらに1850年には，熱輻射にも可視光線と同様，「色にあたる種別」があることを示した[29]。

3. ラングレーによるボロメーター利用の方法の登場

1880年になると，アメリカのアレガニー天文台のラングレーは[30]，熱電対列とは異なる輻射計を開発した。それは「ボロメーター」と呼ばれるものだった[31]。1870年代後半，ラングレーは，1858年にフライブルクのミュラー(Johann Müller, 1809-1875)，1872年にハイデルベルクのヘルムホルツの助手ラマンスキー(Sergei Lamansky)が試みていた，「回折格子の使用による，太陽スペクトルの輻射エネルギー分布の測定」に取り組んでいた[32]。ラマンスキーらの試みはいくつかの理由で失敗していた。回折格子のスペクトルの輻射強度は一次スペクトルでさえ，プリズムによるスペクトルの10分の1程度であり，回折格子のスペクトル強度は極めて小さかったのである。また，長波長になると，輻射強度はさらに減少し，二次以降の複数のスペクトルの重なりも強度測定を困難にしていた[33]。

当初，太陽光スペクトルのエネルギー分布測定に取り組むラングレーの測定手段は熱電対列だった。それは，当時，光スペクトルのエネルギー強度を測定する一般的な測定器だった[34]。1860年代に，ティンダルは熱電対列を使用して，電灯のカーボンや太陽光のスペクトルの強度分布測定を実施した。ラングレーと同時期に太陽スペクトルの強度分布測定を行っていたフランスのクロヴァも熱電対列を使用していた[35]。熱電対列は，スペクトルの強度分布測定の標準的な測定器だったが，弱い強度に十分に対応できなかった[36]。ラングレーは「高い感度で安定的に」行うための新しい測定機器を探るなかで，ボロメーターに行き着いた[37]。

ボロメーターは，1851年にスウェーデンの物理学者スワンベルク(Adolph Ferdinand Svanberg, 1806-1857)によって構想されていたが，約30年を経てラ

ングレーに注目され初めて製作された[38]。ボロメーターは，ホイートストン・ブリッジ回路中の抵抗部分の金属細片を検出素子として，そこに輻射線を照射し，微弱電流計であるガルヴァノメーターによって金属細片に流れる電流を測り，電流の流れ具合によって照射された輻射量を測定する機器であった。ラングレーは，当初，検出素子に「セレニウム，カーボン・フィラメントを用いて常に実験しようとしていたが，その一方で検出素子のためにさまざまな金属を」試して，白金製検出素子を採用していた[39]。

　ラングレーのボロメーターにはいくつかの問題があった。そのなかで最大の問題は，「外気温度による変化，電極に結びつけられたバッテリーによってホイーストン・ブリッジに供給された電流の変化」であり，ラングレーが「ドリフト」と呼ぶものだった[40]。彼のボロメーター開発は，その後，18年間つづき，「ボロメーターのデザインの変更，改良，装置全体の部品の交換」，「障害要因の探知と除去」などが試みつづけられた。ボロメーターはその開発が困難だけでなく，効果的に使用するのにも「多くの訓練，経験，技能が求められた」。ヘルムホルツの学生イザークセン(Daniel Isaachsen)は，1886年8月にラングレーに一つの報告を送っていた。そのなかで，イザークセンは「彼の実験で生じたあらゆる問題を詳しく記述し，最後に，ボロメーターによって有効なデータをとることはできない」としていた。1900年以前に，器機メーカーのウィリアム・グルノー(William Grunow)は「たった六つのボロメーターしか売っていなかった」[41]。不人気の理由は，「繊細な器機の扱いの難しさ」だった[42]。おそらく，ラングレーが最初にボロメーターを製作した後，グルノーに依頼したのは，その「繊細」のためだったのだろう[43]。

　このボロメーターを利用したラングレーの機器構成は次のようであった。この1886年時の機器構成では，アーク灯が光源nとなっている。アーク灯とは，「アーク放電の発光を利用した光源」である[44]。Bはボロメーター，Gは凹面格子，Lは岩塩レンズ，Pはフリントガラスプリズムまたは岩塩プリズムである。このような構成下で彼は，光源nからの輻射線をGで分光し，その輻射線をLで集光した後，Pを通して波長を測り，最終的にボロメー

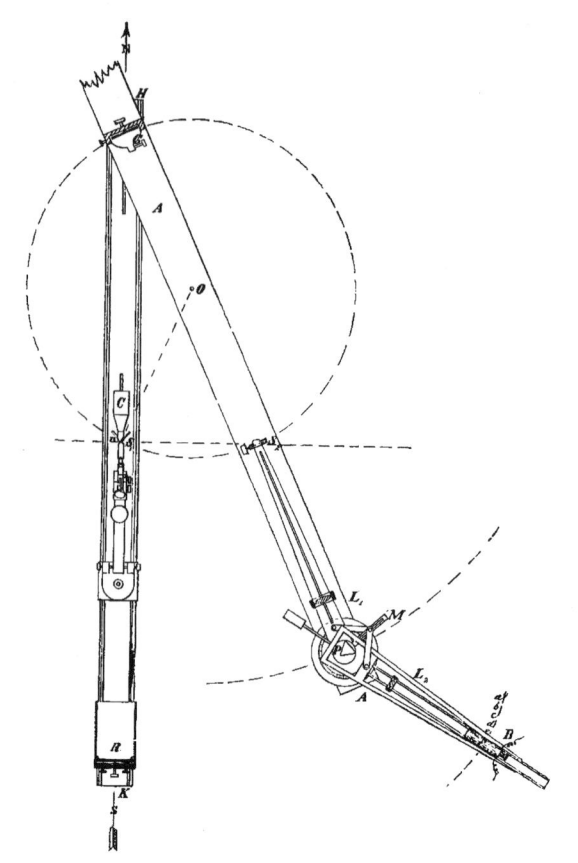

図 1.1　ラングレーの 1886 年論文で示された機器構成(Langley, 1886)[45]

ターで輻射強度を測ったのである。彼の機器構成は，分光系にプリズム，回折格子，輻射測定器に最新のボロメーターを組み合わせたものだった。

　ラングレーは，1880 年代を通して，ボロメーター，回折格子，プリズムを駆使して，太陽光スペクトルの観測データを集め，当時知られていた分散式を確かめた。彼は，レテンバハー(Jacob Ferdinand Redtenbacher, 1809-1863)，コーシー(Augustin-Louis Cauchy, 1789-1857)，ブリオ(Charles Briot, 1817-1882)の分散式から得られる値と実測値を比較して，これらの式はいずれも太陽光ス

ペクトルの「可視部では有効であるけれども，赤外部では」「十分な一致をみない」と結論づけた[46]。また，太陽光スペクトルの遠赤外部にまで及ぶ広範な分散のデータをとり，プリズムの角度と輻射強度によるのではなく，波長と輻射強度によるノーマル・スペクトルのエネルギー分布曲線グラフを提出した。さらに，1900年には，ローランド回折格子による太陽光スペクトルの観測結果を，1.1-5.3 μm 間波長の赤外部のスペクトル線図としてまとめ上げた[47]。

1880年代までの熱輻射線の測定手段に関わる成果を結集したラングレーの実験による測定結果には，独創的な三つの点があった[48]。一つ目は，太陽光スペクトルの大気による吸収を調べるなかで，「地上の大気が太陽からの輻射にどのような影響を与えているのか」，「その地球上の生命体との関係はどのようなものか」が問われていたことである。二つ目は，ボロメーターの感度や安定性の改良に向けた，ボロメーターの基準化のために，太陽光だけでなく人工輻射源のスペクトルも測定していたことである。彼の人工輻射源には，アーク灯や，水を満たした銅製キューブ（レスリー・キューブ）をブンゼンバーナーによって熱したものなどがあった。三つ目は，2.7 μm 以上の長い波長のスペクトルを透過しないという岩塩の性質を，太陽光スペクトルを観測するなかで見出したことであった[49]。この一つ目は，彼の研究の視点を表し，二つ目，三つ目は，彼の実験研究からの成果として，精密な彼の測定を表していた。

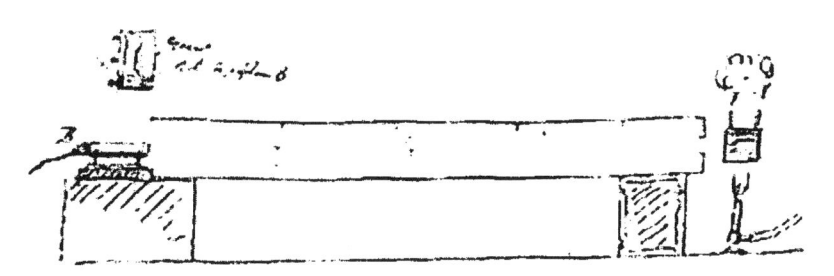

図1.2　ラングレーによる機器構成のスケッチ（1885年）（Loettgers, 2003）[50]

4. ラングレーの測定結果と 1880 年代末の分布式

ラングレーが 1880 年代に得た測定データは，1880 年代末の熱輻射のエネルギー分布式を求める研究において重要な役割を担った。その時期に分布式を導いたミヘルゾンとヴェーバーは，ともにラングレーのデータを利用していた。

ミヘルゾンはロシア出身でモスクワ大学卒業後，1887-89 年にベルリン大学に留学していた[51]。留学中の彼は，「ラングレーの太陽スペクトルに関する実験結果にもとづいて輻射エネルギーの波長分布式を理論的に導くという課題」に取り組み[52]，1887 年にその成果を発表した[53]。彼は，「固体によって放出されたスペクトルの絶対的な連続性は，その原子の振動の完全な不規則性によってのみ説明することができる。異なる周期をもつ単振動の輻射エネルギーの分布に関する議論は，それゆえに，確率の計算として理解すべきである」と考えていた[54]。

ミヘルゾンは次のような仮説をたてた。まず，「多数個の分子がある場合のマクスウェルの速度分布則は固体に対しても」成り立ち，そして，「1 個の分子によって励起される振動の周期 τ は，分子の進行速度 v と式 $\tau = \dfrac{4\rho}{v}$ によって関係する」というものだった[55]。ここで ρ は定数を表している。さらに，「1 個の分子から放出される輻射の強度は，おなじ振動周期の分子の数，さらに温度の不定関数や，また運動エネルギーの未知関数に比例する」としていた。ここでの運動エネルギーの関数は，マクスウェルの速度分布則に関する仮説によって分子速度 v の二乗のべき指数に制限される。これらの仮説を前提条件として，ミヘルゾンは，輻射の波長 λ と $\lambda + d\lambda$ 間のエネルギー強度を次式のように得た。

$$E_\lambda d\lambda = C_1 T^{-\frac{3}{2}} f(T) \exp\left(-\frac{C_2}{T\lambda^2}\right) \lambda^{-(2C_3+4)} d\lambda \qquad (1.3)$$

ここで，C_1, C_2, C_3 は定数である。このとき，エネルギー強度が最大時の波長 λ_m を求めると，次のようになる。

$$\lambda_m = \sqrt{\frac{C_2}{C_3+2}} \frac{1}{\sqrt{T}} \qquad \text{ミヘルゾンの } \lambda_m \text{ と } T \text{ の式} \quad (1.4)$$

ここで，$\lambda_m^2 \cdot T = C_4$ を意味する．C_4 は定数である．さらに，ミヘルゾンはシュテファンの法則を考慮して，次式を導いた[56]．

$$E_\lambda = C_1 T^{\frac{3}{2}} \exp\left(-\frac{C_2}{T\lambda^2}\right) \lambda^{-6} \qquad \text{ミヘルゾン分布式} \quad (1.5)$$

第6章で詳述するが，後に，ミヘルゾンの分布式導出の研究は，ヴィーンに考察のヒントを与え，1896年のヴィーン分布式提出の重要な背景となった．

ミヘルゾンの研究とほぼ同時期に，ヴェーバーも分布式導出を試みていた．ヴェーバーはベルリン大学のヘルムホルツの助手を経て，1880年代当時，チューリッヒ工科大学物理学教授だった[57]．彼は，ミヘルゾンの「前提と輻射の温度と最大波長の関係」に批判的だった[58]．1887年論文「固体の輻射に関する研究」において[59]，ミヘルゾンが「前提としたシュテファンの法則がまだ実験的に確証されていないこと」，ミヘルゾンの「式には不確定な定数が含まれていることを批判した」[60]．

ヴェーバーの分布式の求め方は，シュラエルマハー(A. Schleiermacher)，ボトムレー(James Thomson Bottomley, 1845-1926)，グラーツ(Leo Graetz, 1856-1941)，ヴィオル(Jules Violle, 1841-1923)，ニコルズ(Ernest Fox Nichols, 1869-1924)，ガルベ(A. Garbe)，マグヌス(Heinrich Gustav Magnus, 1802-1870)，ベクレル(Alexandre-Edmond Beequerel, 1820-1891)，ティンダル，ラングレーらの測定データから経験的に得るものだった．ヴェーバーの利用した諸データのうち，ラングレーのデータは，低温の炭から発するおよそ3.0-15 μmの波長の輻射だった[61]．ヴェーバーの分布式は次のようになる．

$$E_\lambda = \frac{C_1}{\lambda^2} \exp\left(C_2 T - \frac{1}{C_3^2 T^2 \lambda^2}\right) \qquad \text{ヴェーバー分布式} \quad (1.6)$$

ここでも，C_1, C_2, C_3 は定数であるが，ミヘルゾン式の諸定数とは独立であるとする．このヴェーバー式から最大波長と温度の関係を求めると，次のようになる．

$$\lambda_m \cdot T = C_4 \qquad \text{ヴェーバーの } \lambda_m \text{ と } T \text{ の式} \qquad (1.7)$$

ここで，C_4 は定数である。

　この式は後にヴィーンが1893年に理論的に導くヴィーン変位則の形に他ならない。しかし，ヴェーバーの一連の導き方は極めて経験的であり，その結果が変位則と同形ながらも，ヴィーンの導き方と理論的な対応関係はなかった。これに対して，ヴィーンの1896年の研究に影響を与えたミヘルゾンの研究は，結果として得られた変位則，分布式の形はヴィーン式と異なるが，分子的描像の理論的前提を考えると，ヴィーンの研究と極めて近い関係にあった。1880年代末のミヘルゾンとヴェーバーの研究は，ドイツならびにドイツ語圏で行われ，それ以後の分布式の研究，とりわけドイツでの研究に対して，実験と理論の両面で重要な先行研究となった。

5. 熱輻射実験の背景(1)——電磁波の研究

　19世紀末ドイツでは，1890年代の熱輻射実験の発展にとって有効な材料が準備されていた。まず一つは，電磁波の研究である。本章1節と2節では，光および熱線としての熱輻射線をめぐる研究を扱ったが，さらなる研究の発展のためには電磁波としての視点も重要であった。

　ドイツでは，電気力学をめぐる議論が19世紀半ばから起こっていた。ゲッティンゲンのW. ヴェーバー(Wilhelm Eduard Weber, 1804-1891；前節のH. F. ヴェーバーとは異なる)は，「質点に対応する実体としての電流要素と，それらのあいだに遠隔的に働く中心力」で電磁理論を試みたアンペール(André-Marie Ampère, 1775-1836)の考えを引き継ぎ，その拡張を探っていた[62]。1840年代後半のヴェーバーの理論では，荷電粒子とそれらの間に働く遠隔力を基本として，電流の強さは電荷とその速度の積に比例するのだった。

　1857年，ヴェーバーの理論に対して，ヘルムホルツは異を唱えた[63]。ヴェーバーの理論には「速度に依存する力」が含まれており，ヘルムホルツによれば，それはエネルギー保存則に反するように思えた。結果的にその指

摘は間違っていたが，1870年には，「広がりのある導体のなかでの電荷の運動を論じて，ヴェーバーの理論によると導体中に静止した電荷のつり合いが不安定になり，エネルギーを失うことによって速度はいくらでも増大しつづける」「運動がありうることを示した」[64]。ヴェーバー理論を反論しつづけたヘルムホルツは，遠隔作用ではないマクスウェル理論を支持した。

そのマクスウェル理論は1850年代-60年代に形成された。当初，マクスウェルは，ファラデー(Michael Faraday, 1791-1867)による電磁現象の近接作用論を数理化しようと試みていた[65]。彼は1861-62年の「物理的力線について」で，電磁現象の物理的アナロジーを論じて，電磁場理論の基礎を示した。そこでは，媒質中に渦柱が詰まっていて，隣り合う渦柱の間に小さな回転する粒子があり，その粒子が遊び車の役割を担った。渦柱の回転は磁気力の強さにあたり，磁気力の強さが異なる部分は渦柱の回転速度に差があるということになる。この差がある場合，回転粒子は1か所にとどまるのではなく，差に応じて運動し，この運動は電流に相当する。渦柱の回転が時間的に変化し，磁気力の変化が起こると，電気力が生じる。これは誘導起電力に相当する。ある媒質中で静止した渦柱の間を粒子が移動していると，渦柱がひずみ，そのひずみによる弾性力が生じる。これが静電気力のある状態とされた。このひずみを変位とすれば，変位の大きさに応じて電気力が生まれることになる。マクスウェルは彼の物理的アナロジーで，導体・絶縁体に関わらず種々の媒質中の電磁現象を説明できるようにした。1864年のマクスウェルの論文では，物理的アナロジーの説明は姿を消し，電磁関連の物理量の関係(のちのマクスウェル方程式)を示すことに力点が移るが，マクスウェル理論の基礎は上記の考察だった。

こうした考察は，マクスウェルに副産物をもたらした。渦柱と回転粒子によるアナロジーは真空を満たすエーテル中の電磁現象にも適用でき，電気的粒子の振動がエーテル中を広がる伝播速度を計算可能にした。マクスウェルの計算した伝播速度は，1849年のフィゾー(Hippolyte Fizeau, 1819-1896)の光速度の数値とほぼ同じだったことから，彼は，「光は，電磁現象をひき起こすのと同一の媒質の横振動である，という大胆な結論を下した」[66]。「光の媒

質と電磁的な媒質とは一つのもの」と考えて，マクスウェルは光と電磁波の同質性を唱えた。

　マクスウェル理論は，1860年代の諸論文と1873年の『電気磁気論』を通して発表されたが，数学的複雑さや疑わしい変位概念などのために支持されなかった。そのなかで，イギリスのロッジ(Oliver J. Lodge, 1851-1940)やアイルランドのフィッツジェラルド(George F. FitzGerald, 1851-1901)が「電気的方法で空中を伝播する波動を発生させ」て[67]，マクスウェル理論の検証を試みていたが，検証を決定づけたのはドイツのヘルツ(Heinrich Hertz, 1857-1894)であった。

　ヘルツが検証実験に携わったきっかけは，彼の師ヘルムホルツにあった。1870年代，ヘルムホルツは電気力学をめぐってヴェーバーと論争していた。ヴェーバー側は，荷電粒子とその間の遠隔作用に基づく理論だった一方，ヘルムホルツを含めたマクスウェル側の理論は，エネルギーや力を詳細な媒質構造に対応させ論じる近接作用論だった。この論争に決着をつけるべく，1879年にプロシア科学アカデミーは懸賞課題を出した。課題内容は「電磁的な力と絶縁体中の誘導分極との関連を実験的に確立せよ」であった[68]。

　当初，この課題に消極的だったヘルツだが，1886年にカールスルーエ工科大学の講義実験中にコンデンサーの放電(一次回路)が近くの放電間隙をもつループ(二次回路)に火花を起こす現象を発見し，課題に取り組むことになった。1887年11月にアカデミーに報告された実験では，一次回路に導体(金属)を近づけて火花を起こし，二次回路の間隙の位置をずらして電気的に生まれる波の様子を調べた後，一次回路に不導体(アスファルト，木材など)を近づける場合でも同様の結果を得た。これは，導体の場合では誘導電流の作用によって，不導体の場合ではマクスウェルの変位電流の作用によって生じたと考えられ，マクスウェル理論を部分的に確証した。そして，1888年2月にアカデミーで報告された実験では，一次回路の放電で生まれる電気的振動を，種々の方向・距離に二次コイルを設置して，ある速度をもって伝播する電磁的な横波を見出した。さらに，ヘルツは電波の反射の研究を進めて，有限速度をもつ電磁波の存在と，電波と光の同質性を確かめて，マクスウェ

ル理論を実証した。

6. 熱輻射実験の背景(2)——ヘルムホルツ学派の研究動向

　ヘルムホルツの影響下にあったヘルツの実験は,「ヘルムホルツ学派」の指向とも合致していた[69]。それは,「電気力学理論をエネルギー保存と調和させる」指向であった。その指向に適すると考えられたマクスウェル理論は,「学派」内で重要な研究テーマとなった。ヘルツ以前の「学派」の研究は,ヘルムホルツの下で研究した外国人科学者の成果から読み取れる。1871-72年のオーストリアのボルツマンは,マクスウェル理論の要請する屈折率と誘電率の関係を実験的に確かめた。1875-76年にアメリカのローランドは,「帯電した回転板によってつくられる磁場」と「電流によってつくられる場」と同じかどうかを調べた[70]。1880年のアメリカのマイケルソン(Albert Abraham Michelson, 1852-1931)は,マクスウェル理論実証にからむ光速度測定を試みた[71]。彼らはヘルムホルツの下で,マクスウェル理論にとって重要な実験を行っていたのである。

　さらに,ヘルツの実験と同時期の1880年代には,「ヘルムホルツ学派」によってマクスウェル理論の適用の拡張が図られた。それは,ベルリン大学で学ぶ若手のドイツ人科学者たちの実験テーマに現れていた。その研究の方向性は二つあった。一つは,光の性質を改めて研究すること,もう一つは,波長において可視光と電波の中間に位置する赤外線の研究である。

　1884年にヘルムホルツの指導下で学位取得したルンマーの研究は,平行平面ガラス板における光の干渉の研究を通じて,「多重反射光線が雲母板から出てくる際の干渉縞」の発見にからむものであった[72]。1887年に学位取得したヘルムホルツ研究室のクールバウムの研究は,太陽スペクトルの13のフラウンホーファー線の波長を再測定し,ローランド回折格子にかかる諸定数や回折偏光角を測定し直すものであり[73],1886年にヘルムホルツとキルヒホフの指導下で学位取得したヴィーンの研究は,「光の回折がそれを起こさせる物質によって異なることを実験で発見」するものであった[74]。これらの

若手科学者の実験テーマは，光の性質を改めて調査することであり，そこから新たな発見が生まれていた。

一方，1882年にヘルムホルツの下で学位取得したプリングスハイムの研究は，赤外部の太陽光スペクトルを主な対象にして回折格子で波長測定を行うものであり，その際，輻射測定器としてラジオメーターの開発も行われた[75]。また，直接の指導教授はクント（August Kundt, 1839-1894）だったが1889年にベルリン大学で学位取得したルーベンスの研究課題は，赤外線による金属の選択反射であった[76]。金属の種類によって異なる反射の仕方の測定は，ヴィーンの学位研究の「光」を「赤外線」に，「回折」を「反射」に換えた内容となっていた。ルーベンスはその後1890年前後に，ヘルツと同様な電波検出をボロメーターで行い，さらに，種々の液体中の電波・赤外線の屈折率を測り，マクスウェル理論の実証に取り組んだ[77]。ルーベンスらの研究結果は，可視光と電波の中間に位置する赤外線の性質が，可視光や電波と同様であることを示していた。

可視光と赤外線についての二方向の研究は，可視光と赤外線の光学的性質を詳細に明らかにした。加えて，光と電波の同質性の検証がヘルムホルツの支持するマクスウェル理論の実証を意図していたように，光・電波と赤外線の同質性，赤外部領域へのマクスウェル理論の適用可能性を示唆したのである。

7. 熱輻射実験の背景(3)――電気都市ベルリンとPTR設立

19世紀末ドイツの首都ベルリンは，世界の若手物理学者が目指す物理学の中心だっただけでなく，電気技術の先端を行く都市の一つであり，拡大する電気産業の中心の一つだった[78]。ベルリンでの物理学界と電気産業界の動向は独立ではなく，密接にからみ合っていた。それを象徴する関係は，ヘルムホルツとジーメンス（Werner von Siemens, 1816-1892）の人間関係，ベルリン物理学会と電気工学協会の関係，理工系学部の教育と電気産業の関係などである。

ドイツの物理学界の中心人物ヘルムホルツと電気産業界のジーメンスの関係は，1887年のPTRの設立過程によく現れている。PTRの起源は，ドイツ初の全国的統一度量衡制度にともない1868年にベルリンに設立された北ドイツ連邦標準・度量衡検定委員会およびドイツ帝国成立後のドイツ帝国標準・度量衡検定委員会に負っている[79]。この委員会は1880年前後には国立中央試験研究所としての役割を担うようになっていた。委員長のフォルスター(Wilhelm Foerster, 1832-1921)はベルリン大学教授の天文学者であり，1873年に，彼が中心となり「科学的機械学と器具学の奨励のための提議」を準備した。実際の提議の母体は，プロシア中央測量監督局によって招集された委員会となった。その委員会メンバーにヘルムホルツとジーメンスが入っていた。この提議で要求された施設の一つが「機械学研究所」(mechanisches Institut)であり，「天文学，測地学，物理学，化学，機械学等の分野におけるあらゆる精密研究や測定用の器具や装置のコレクションを含む国立研究所」であった[80]。この提議は成功せずに終わったが，1882年の「近々に創立されるべき精密機械学振興のための公共施設に関する提議」と1883年の「精密自然研究と精密技術の実験的振興のための研究所(物理機械研究所)設立に関する建議書」がプロシア文化省の招集で設けられた審議会で取り扱われ，「精密器具の検定をなすべき試験研究所」や「科学と密着した産業部門への国家の保護を可能にする」「組織の固い中核」としての国立研究所が求められた[81]。1883年の建議書にはジーメンスとヘルムホルツの意見書も添付され，さらに審議会メンバーには二人の名前も入っていた。ジーメンスは研究所設立に向けて，その性格づけや資金運営などの点で中心的役割を担い，ヘルムホルツもその一部に賛同した。このような過程を経て，ドイツ帝国標準・度量衡検定委員会の実務機能をより明確にしたドイツ・ベルリンにPTRが1887年に設立され，その初代所長となったのがヘルムホルツだった。ジーメンスの娘と，ヘルムホルツの息子R.ヘルムホルツ(Robert von Helmholtz, 1862-1889)の結婚が示しているように，ドイツの科学・技術研究の方向性や政策を論じるなかでヘルムホルツとジーメンスの関係は密接になっていた。ジーメンスとヘルムホルツの関係を象徴するPTRは，後に，光度標準研究

とからんで熱輻射実験の活動の場となっていくのである。

　また，物理学界と電気産業界の関係については，1845年設立のベルリン物理学会と1879年設立の電気工学協会のメンバーの多くが重複し，それぞれの専門的研究会で相互に報告し合うという関係も見られた。この深い関係は，ベルリンの物理学者の学位論文テーマにおける電気力学的問題の比率の高さにも現れていた[82]。また，ジーメンスは「技術界と科学界に大きな影響を」もっていたので，「電気工学の教授職設立に大いに尽力した」[83]。1881年12月に彼は「ドイツの電気工学協会で講演し，若い人たちを電気工学の理論と実際に習熟させるために，すべての工業大学[本書中では工科大学と表記：引用者]に電気工学の教授職を設けるべきだと訴えた」。この訴えは，1882年のダルムシュタット工科大学，1883年のベルリン工科大学に設立されたポストに現れ，1884年にはベルリン工科大学内に電気学科が設立された。次章で紹介するように，ベルリン工科大学は熱輻射測定で大きな成果を出すルーベンスの初期の電気関連研究やその共同科学者たちの重要な研究舞台となった。また，1890年代に入ると，ドイツ全体の大学で理工系の学生数の増大に対応するため，物理実験の施設が整えられるようになり[84]，電気分野に限定されない理工系学部の教育環境が拡充されていった。

8. 小　　括

　19世紀を通して，光のスペクトルと輻射熱に関する研究が発展し，太陽からの輻射線，日常的な物質からの輻射線などを包括するスペクトル研究が展開されていた。1880年代のアメリカのラングレーの太陽光に関する研究が，データの比較対象として，人工輻射源の光のエネルギー分布研究に関わっていたように，当時の太陽光研究は，地上の実験室で実施できる分光学研究や熱輻射研究と分野的に重なっていた。イギリスのアブニー（William de Wiveleslie Abney, 1843-1920）とフェスティング（Edward Robert Festing, 1839-1912）は1883年論文「輻射，エネルギー，温度の関係について」の冒頭で，「太陽の輻射の大気の吸収に関する諸研究から，黒体からの輻射と温度の関係を確

かめることが附随的に魅力あるものとなってきた」と記し[85]，太陽光研究からカーボン・フィラメントの白熱ランプ研究への連続性を綴っていた[86]。1880年代後半のドイツにおけるミヘルゾンとH. F. ヴェーバーの研究も，互いにアプローチは異なるものの，太陽光および固体スペクトルについて行われ，広範に一般化できるエネルギー分布式の導出が試みられていた。

　1880年代までの光および熱線に関する研究は，輻射線を熱電気的および光学的に検出する手段，輻射線の放射と吸収への考察，気体および固体のスペクトルに関する研究，光をより精確に分光する方法，熱輻射のエネルギー分布法則への探究などを生み出した。そして，1880年代においては，当時の熱輻射線の測定方法の成果を十分に活用し，ボロメーターという新しいタイプの熱輻射測定器と，プリズムと回折格子の両者を使用する分光系を融合したラングレーの機器構成が登場した。それは，輻射源からの輻射を回折格子で分光し，各スペクトル波長をプリズムで測り，当該のスペクトル強度をボロメーターで測定するという機器構成であった。ラングレーらの諸研究は，1890年代に入って本格化するエネルギー分布式導出の実験研究に対して，研究の方向性，実験データ，実験機器，機器構成等に関する重要な材料を提供する源泉となった。

　また，19世紀末ドイツでは，分光学・天文学とは異なる電磁波の関連実験がヘルムホルツ学派の下で盛んに行われ，輻射線を電磁波としてとらえる実験技術も高まっていた。さらに，電気産業やPTR設立の動向に象徴されるように，産業に関連する実験研究を支える体制が整いつつあったドイツでは，熱輻射を含む実験活動がさらに飛躍していた。19世紀末の熱輻射の実験研究は，それまでの熱力学，電磁気学，統計力学などの成果を利用した熱輻射論の研究と同様，19世紀を通して考察・分析・研究された諸成果を活用し，その背景と交わりながら活発化していたのである。

[注と文献]
 1 植松(1986), 14 頁. 広重(1968b), 147 頁.
 2 広重(1968a), 180 頁.
 3 広重(1968a), 181-182 頁.
 4 広重(1968a), 181-182 頁.
 5 植松(1986), 14 頁.
 6 植松(1986), 14 頁.
 7 植松(1986), 15 頁.
 8 植松(1986), 15-16 頁.
 9 植松(1986), 16 頁. 19 世紀前半の関連する研究にはフーリエ(J. B. J. Fourier, 1768-1830)の熱輻射研究がある. これについては以下の文献を参照せよ. 高田(1989).
 10 植松英穂氏が指摘したように, キルヒホフの仕事は, 「熱線の放射と吸収の研究史」における「終着点」として位置づけることができるのだった. 植松(1986), 16 頁.
 11 西尾(1966), 16 頁.
 12 西尾(1966), 16-17 頁.
 13 西尾(1966), 17 頁.
 14 Kayser(1890), p. 302.
 15 西尾(1966a), 18 頁.
 16 西尾(1966a), 18 頁.
 17 西尾(1966a), 18-19 頁.
 18 リュードベリ-シュスター(Rydberg-Schuster)という法則名になったのは, シュスターも 1896 年にカイザー, ルンゲのデータから同内容の法則を得ていたからであった. 西尾(1966a), 18-19 頁を参照.
 19 西尾(1966b), 197 頁.
 20 広重(1986a), 182 頁.
 21 科学大博物館(2005), 81-84 頁. 引用は 82 頁.
 22 西尾, No.77(1966 年), 20 頁.
 23 『科学大博物館』2005 年, 83 頁.
 24 Loettgers(2003), p. 272；http://www.aip.org/history/gap/Rowland/Rowland.html (2011 年 6 月 29 日閲覧)
 25 Johnston(2001), p. 25；Hearnshaw(1996), p. 252. Seebeck は「接合部や導体にさまざまな金属を使って, 多くの実験をくり返した後」, 「28 の物質についてリストを作成し, その順序はボルタ列とは異なることを発見した」. また, 彼は熱電効果を「熱磁気効果と記述し続けたが」, エルステッド(Hans Christian Ørsted, 1777-1851)は「これを熱電気と同定した」. 科学大博物館(2005), 543 頁.
 26 ノビリは「多くの熱電対列を製作し, 6 個から 200 個のビスマスとアンチモンを用い, 自分の検流計実験に電気を供給し, これを熱電増幅器と呼んだ」. 『科学大博物館』2005 年, 544 頁.
 27 『科学大博物館』(2005), 544 頁.
 28 Hearnshaw(1996), p. 252.
 29 広重(1986 b), 147 頁.
 30 ラングレーは, 1834 年にマサチューセッツ州のロックスベリーで生まれ, 1851 年にボストンの高校を卒業した. 彼の学歴は高卒であるが, 土木・建築の仕事に就いた後,

1864-1865 年にかけて化学者の兄とともにヨーロッパを遊学した．帰国後，遊学で得た知見を活かして，ハーヴァード大学天文台台長のウィンロック（Joseph Winlock, 1826-1875）の助手となり，1866 年には，アナポリスのアメリカ海軍アカデミーの数学の助教授となった．その後，ペンシルヴァニア西部大学（後にピッツバーグ大学）の天文学・物理学の教授，そして，アレガニィ天文台の台長にも任命された．1887 年には，ワシントン D.C. のスミソニアン研究所の三代目所長となった．Loettgers(2003), pp. 263-266 を参照．また，ラングレーのさまざまな研究活動については，以下の講演が参考になった．北口久雄「S. P. ラングレーの「月の温度」について」第 9 回科学史西日本大会（2005 年 11 月 19 日開催）概要集，2 頁.

[31] ボロメーター（bolometer）は，ギリシア語の bolo「光線」にちなんで，ボロメーターと名づけられた.
[32] Loettgers(2003), p. 266.
[33] Loettgers(2003), p. 266.
[34] 科学大博物館(2005), 714 頁.
[35] Kangro(1970), pp. 9-11.
[36] Kangro(1970), p. 18.
[37] Loettgers(2003), p. 267.；以下の文献では，ラングレーがボロメーターに行き着くまでの過程が，Edison との関係のなかで記されている．科学大博物館(2005), 714-716 頁.
[38] 天野(1943), 29-30 頁.
[39] 科学大博物館(2005), 714-715 頁．当初の白金素子は幅 1 mm，長さ 10 mm であり，その後 0.05 mm の幅にまで細く加工された.
[40] Loettgers(2003), p. 269.
[41] Loettgers(2003), p. 270 では「六つ」と記されているが，科学大博物館(2005), 715 頁では，「1886 年の終わりには」グルノーは「研究者，科学器具製作者のために計 8 つのボロメーターを製作した」とある.
[42] Loettgers(2003), pp. 269-270.
[43] Loettgers(2003), p. 268. 科学大博物館(2005), 715-716 頁には，ボロメーターのその後の発展史が簡潔に紹介されている.
[44] 物理学辞典(1992), 9-10 頁.
[45] Langley(1886), fig. 1.
[46] Loettgers(2003), p. 275.
[47] Loettgers(2003), p. 272.
[48] この段落は，Loettgers(2003), pp. 276-277 を参考，引用している.
[49] 以下の文献では，ラングレーによって示された，すす銅を輻射源として 20-815℃ 間の異なる温度の輻射線による，岩塩プリズムのプリズム・スペクトル曲線が与えられている (1885-86 年). Kayser(1902), p. 93.
[50] 図中の左側の横長のものがボロメーターであり，右側のものがレスリー・キューブである．スケッチは，Loettgers(2003), p. 277 より.
[51] Kangro(1970), p. 31.
[52] 小林(1988), 26 頁.
[53] Michelson(1888).
[54] 小林(1988), 26 頁.
[55] ミヘルゾンの分布式導出の概要については，小林(1988)を参考にした．ミヘルゾンの仮説に関する引用は，Wien(1896a) の翻訳，物理学史研究刊行会(1970), 87-88 頁からのも

のである.
56 ここで波長 λ のべき指数を−6 ではなく−7 にすれば,シュテファンの法則に合致するが,ミヘルゾンはそうはしなかった.
57 Kangro(1970), p. 38.
58 小林(1988), 27 頁.
59 Weber(1888).
60 小林(1988), 27 頁.
61 Weber(1888), p. 938. ちなみに,シュラエルマハーの測定(1885)は,0-900℃間の光沢白金および亜酸化銅で覆われた(bedeckt)白金の全輻射に関して,ボトムレーの測定(1887)は,15-900℃間の光沢白金の全輻射に関して,グラーツの測定(1870年代末)は,0-240℃間のガラスの全輻射に関して,ヴィオルの測定は,融解銀の全輻射と融解白金の全輻射の強度の比率に関して,ニコルスの測定は,1100-1300℃の白熱白金から放射された,0.4-0.7 μm の波長の可視輻射に関して,ガルベの測定(1886)は,スワンランプとそれと同等の電気エネルギーの可視輻射強度の関係について,マグヌス,ベクレルらの測定は白熱白金の輻射について,ティンダルの測定(1866)は,電気アーク灯のカーボンの全輻射強度に対する可視輻射の全強度の関係,同じ輻射源のスペクトルのエネルギー分布についてである.
62 広重(1968b), 17 頁. ヴェーバーについては以下の文献も参照. ホイッテーカー(1976), 230-236 頁.
63 ヘルムホルツは,1857 年にヴェーバー理論に異論を唱え,その後,1860 年代-70 年代にかけてヴェーバー−ヘルムホルツ論争を展開した. 彼の所属は,1849-55 年にケーニヒスベルク大学,1855-58 年にボン大学,1858-71 年にハイデルベルク大学,1871 年からベルリン大学だったので,1857 年当時はボン,1860 年代はハイデルベルク,1870 年代はベルリンでヴェーバー陣営と論争したことになる. Cahan(1993).
64 広重(1968b), 18-19 頁.
65 本段落以下の五つの段落は主に以下の文献を参考にしている. 広重(1968b), 24-36 頁.
66 広重(1968b), 29 頁.
67 広重(1968b), 31 頁.
68 広重(1968b), 32 頁.
69 Hoffmann(1998), pp. 1-8. 引用は p. 2.
70 Hoffmann(1998), p. 2.
71 広重(1968b), 65 頁.
72 物理学辞典(1992), 2271 頁. ルンマーの発見は,ハイジンガー(W. K. Haidinger)とマスカート(E. E. N. Mascart)につづいて行われた. ルンマーの発見は,1902 年のルンマー−ゲールケ干渉計の開発につながった.
73 本書第 2 章 1 節を参照.
74 天野(1948), 105-116 頁. 引用は 106 頁. 本書第 2 章 2 節も参照.
75 本書第 2 章 7 節を参照.
76 本書第 2 章 3 節を参照.
77 本書第 2 章 4 節, 5 節を参照.
78 Hoffmann(1998), p. 2.
79 PTR 設立過程についての記述は下記の文献を参考にした. 宮下(2008),とくに第 9 章「帝国物理技術研究所の設立」,316-382 頁. 天野(1948), 125-139 頁. 宮下氏は,PTR 構想の起源がシェルバッハ(Karl Heinrich Schellbach, 1805-1892)にあるとする従来の見解

(例えば，天野, 125頁)に異を唱え，フォルスターとその委員会の役割が大きかったとしている．ここでは，宮下氏の最新の調査結果に従った．また，宮下氏は，PTR設立と電気産業の関係を過度に取り上げてきた先行研究にも警笛を鳴らしている．

[80] 宮下(2008), 331頁.
[81] 宮下(2008), 335-340頁.
[82] Hoffmann(1998), p.2.
[83] ヒューズ(1996), 208-209頁.
[84] 本書第4章4節を参照.
[85] 小林(1988), 35頁. アブニーは，イギリス軍事技術学校で写真学を専門としていた科学者である．フェスティングは，アブニーの軍事職務の上司である．Brand(1995), p.96を参照．
[86] Abney(1883), pp.224-225.

第 2 章　熱輻射分布測定に向けた新たな機器構成の登場
――集約点としてのパッシェンの熱輻射実験

1. ルンマーらのボロメーター開発
2. ヴィーンの白金-白金ロジウム合金熱電対の研究
3. ルーベンスのボロメーター製作
4. ルーベンスのボロメーターの応用と開発
5. ルーベンスのガルヴァノメーター開発
6. パッシェンのガルヴァノメーター開発
7. パッシェンの熱輻射分布測定の開始
8. 小　括

ハノーファー大学(旧ハノーファー工科大学)(2004 年 9 月 1 日に筆者撮影)

本章では，1890 年代のドイツの実験家たちによる熱輻射研究の取り組みのなかで，ルンマー，ルーベンス，パッシェンの三者がその研究を主導していく初期段階を見る。1890 年代初頭で注目すべき点は，1890 年代後半の熱輻射測定に有効な基本構成をパッシェンが他の実験家に先駆けて構築したこと，その基本構成が異なる目的をもつ実験家たちの研究成果から形成されていたことである。

前章で確認したように，1880年代に至るまでに，ミュラー(ドイツ)，ティンダル(イギリス)，クロヴァ(フランス)，ラングレー(アメリカ)らの欧米の科学者たちが，主に太陽光スペクトルを対象にして，熱輻射のスペクトル強度測定を進めていた。それに対して，1890年代-1900年になると，人工輻射源によって精度の高い熱輻射実験を行うパッシェン，ルンマー，ルーベンスらドイツ人科学者の活躍が目立つようになる。それは，1900年前後のプランク(ドイツ)，レイリー(イギリス)，ティーゼン(Max Ferdinand Thiesen, 1849-1936, ドイツ)，ローレンツ(Hendrik Antoon Lorentz, 1853-1928, オランダ)らの熱輻射分布式の理論的導出に関する論文で参照された熱輻射実験のすべてがルンマーらのドイツ人科学者による実験に集中していたことにも表れている。

　熱輻射実験におけるドイツの科学者の活躍の一つの理由は，天野清が指摘したように，ドイツガス・水道連盟が「標準蠟燭とヘフネル燈との精密な比較」の業務をPTRに依頼した点に代表される当時のドイツの産業界と熱輻射研究との関連がある。19世紀末ドイツでは，電気・照明産業，鉄鋼産業などからの要請を背景に，光や熱の標準研究が進められ，光度，温度を測る機器の開発も行われていた。PTRの光研究室にいたルンマーと共同研究者は，広い波長範囲を覆う光度測定器の開発を試みるなかで，熱輻射実験にとって重要な高感度のボロメーターを提供するに至った。PTRの温度研究室にいたヴィーンと共同研究者は，高温を測る温度計の開発に携わり，輻射源の温度を精確に測る機器を提供することになった。

　また，カングローが言及したように，ドイツでの熱輻射実験の隆盛は，産業界とは独立した純粋科学の進展とも関係していた。例えば，分光学研究，電磁波測定の研究の進展からの影響も受けていた。可視分光学では，ブンゼン，キルヒホフの研究を基点として，19世紀半ば以降，ストーニー，シュスター，リヴィング，ドゥワー，ハートリーらの研究がつづき，1885年の水素スペクトル線に関するバルマー式の提出を経て，カイザーとルンゲ，リュードベリらによるバルマー式の一般化の研究が行われた。カイザーの助手パッシェンは，当初，上司の分光測定を補助していたが，その後，関連する熱輻射研究に本格的に取り組み始めて，1890年代の熱輻射実験で重要な

役割を担った。

　電磁波測定に関しては，19世紀半ばにおいて，ヘルムホルツが，ヴェーバーの説に基づく電磁理論ではなく，マクスウェルの電磁理論を支持して研究を進めていた。ヘルムホルツはマクスウェル理論の実証研究に関心をもち，その実験を愛弟子のヘルツに担当させて，1880年代後半にヘルツは電磁波と光の同質性を示す実験に成功した。このような動向に呼応して，ルーベンスは電波-光波の間に位置する赤外部熱輻射線(赤外線)に注目し，光の波的性質との関係を検証するために，広い波長範囲の赤外部輻射線の測定に取り組んでいた。

　上記のような純粋科学的流れを汲みつつ，産業界からの影響を受けた基礎研究が交わり合うことよって，19世紀末ドイツの熱輻射実験の研究は急速に発展したのだった。こうして1890年代に，ドイツのパッシェン，ルンマー，ルーベンスらの熱輻射の実験研究が本格的に始まっていくのである。

　1890年代，彼ら以外の科学者も熱輻射分布測定に携わっていた。プリングスハイム，クールバウム，ヴィーン，ヴァナー(H. Wanner)，ベックマン(Hermann Beckmann, 1873-1933)らの他のドイツ人科学者に加えて，ニコルズ，ライド(Harry Fielding Reid, 1859-1944)，メンデンホール(Charles Elwood Mendenhall, 1872-1935)，サウダース(F. A. Sauders)らのアメリカ人科学者である。だが，プリングスハイム，クールバウム，ニコルズはルンマー，ルーベンスの共同研究者として，ヴァナー，ベックマンはパッシェン，ルーベンスの助手としての性格が強く，また，ライド，メンデンホール，サウダースはドイツの三者のような明確な研究成果を上げていなかった[1]。ヴィーンは1890年代後半に入るとベルリンを離れ，熱輻射実験から遠ざかった。したがって，1890年代の熱輻射実験の研究は，ドイツのパッシェン，ルンマー，ルーベンスの研究を中心に進められたと見るのが妥当であろう。

　しかしながら，その中心的役割を担ったパッシェンら三者にしても，熱輻射のエネルギー分布の実験を互いに歩調を合わせて一斉に進めていたというわけではなかった。1890年代前半の時点では，パッシェン，ルンマー，ルーベンスらは分布測定を研究課題として共有していなかった。ルンマーは，

当初，光度標準研究にからむ光度計の開発を研究課題とし，それに関連してクールバウムとボロメーターを開発していた。ルーベンスもボロメーター研究に携わっていたが，その目的は電波や赤外線の光学的性質に関する測定であった。それに対して，パッシェンはハノーファー工科大学の分光学研究に参加するなか，ラングレーの「ノーマル・スペクトル」に関心をもつようになっていた。「ノーマル・スペクトル」とは，プリズムの屈折角度に依拠するスペクトルではなく，常に「分散が一様なスペクトル」を意味する[2]。1890年代前半のパッシェンに限っては，「ノーマル・スペクトル」に基づく輻射のエネルギー分布法則を研究課題としていた。1890年代前半の時点では，パッシェンは輻射分布を課題としていたものの，パッシェン以外のルンマー，ルーベンスらが分布法則に関する課題をもつには至っていなかった。

　以下では，パッシェン，ルンマー，ルーベンスらを中心とする実験科学者たちが1880年末-1890年代前半にどのような道筋で熱輻射関連の実験研究に関わるようになったかを見ていく。そのなかで，異なる目的をもって行われた各実験研究の一部が，後の熱輻射実験にとって有益なボロメーターの開発や機器構成の形成に関連するようになったこと，1893年のパッシェンの熱輻射実験を通して，異なる方向性をもつ研究の諸成果が熱輻射実験に集約されたことを確認する。

1. ルンマーらのボロメーター開発

　ルンマーは，ベルリン大学のヘルムホルツの指導の下，1884年に「平行平面ガラス板における新しい干渉現象およびそのガラスの平行平面性の検証方法について」研究し博士号を取得した[3]。その後，ヘルムホルツの助手となり，1887年にはヘルムホルツとともにベルリン大学からPTRに移った。1889年にPTRの正規研究員となったルンマーは，PTRの光研究室の光度標準研究にからみ，視感測光器のフォトメーターを開発することを研究課題とした。1889年にブロードゥン(Eugen Brodhun, 1860-1938)と共同開発したフォトメーターはルンマー-ブロードゥン立方体で知られ，「1893年のシカ

ゴ博覧会で光度計の設計で受賞し」[4]，同年に商業生産され始めて，「ドイツのガスおよび電気照明産業の標準」器となった[5]。また，その後40年間，改良されながら光度測定研究で活用されることとなった。

　1892年になると，ルンマーはクールバウムとともに新しい研究テーマに取り組んだ。それは，フォトメーターではなくボロメーターによって光度単位を測定することであり[6]，そのためにボロメーター研究を始めたのである。ルンマーの共同研究者クールバウムは，ベルリン大学で太陽スペクトルにおける13のフラウンホーファー線の波長に関する研究で博士号を取得したあと[7]，ハノーファー工科大学のカイザーの助手となるが，1891年にベルリンへ戻り，研究の場をベルリン・シャルロッテンブルクのPTRに移していた。ルンマーは，ベルリンに帰ってきたクールバウムとともに，新たな光度測定手段の開発に取り組み始めたのだった。

　ルンマーとクールバウムは，1892年の『アナーレン・デア・フィジーク』誌論文の冒頭でそれまでのボロメーター開発について言及した[8]。「ボロメーターは10年以上知られているが，それを使うのは」ラングレーら「数少

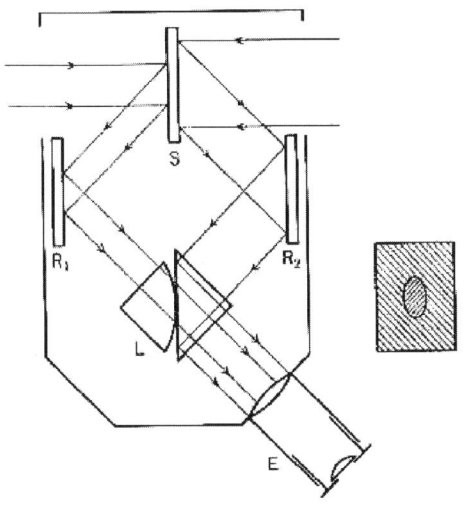

図2.1　ルンマー，ブロードゥンのフォトメーターの概略図
（物理学辞典，1992）[9]

図2.2 ルンマー，ブロードゥンフォトメーターの外観図(Lummer, 1989)[10]

い物理学者に限られていた」[11]。その主な理由は，「ボロメーターに必要な機器を自ら開発しなければならない」こと，さらに，その開発が「実験物理学のなかで最も難しい分野であるかのようなイメージ」をともなうことであった。また，ラングレーらは10^{-5}°Cの温度変化を測定したと述べているが，ボロメーターの温度感度を表すガルヴァノメーターの振れに基づく，ラングレーらの感度の報告は，そもそも「精確ではなかった」。このような欠点を補い，光度標準を測定し得るボロメーターを開発することがルンマーらの目的だった。彼らは，ボロメーターを使用する方法で〝輻射単位〟を得ようと，「光源の輻射を，ある定まった熱源の輻射に還元する」ことを考えていた[12]。

ルンマーらの白熱ランプの実験によれば，PTRのフォトメーターの測定誤差はおよそ0.25％であった。ボロメーターは，フォトメーターでは測定しにくい「暗い熱輻射」に対して，フォトメーターの通常の感度と同程度を期待できた[13]。肉眼によって光度差を確認する視感式フォトメーターに対して，ボロメーターは不可視部の光にも対応可能だった。当時のラングレーのボロメーターは，上記で触れたように10^{-5}°Cまで測定可能で，惰性時間(反応時間)が約100秒であった[14]。ルンマーらがボロメーターの精度向上のために注目したのは，検出素子となるホイートストン・ブリッジの抵抗部分の白金片

であり，熱容量が高く，電気的にも変動しやすい性質を抑えることであった。彼らは，白金片部分の製造方法に工夫を凝らして，測定時の安定性や惰性時間の短縮を図った。その加工方法には，次の5段階があった[15]。

第一の段階は圧延である。白金薄板はその10倍の厚さの銀薄板上に溶接される。この二重構造板を圧延して，約10^{-6}mの厚さの白金薄板となる。

第二の段階は切断である。二重構造の薄板をガラス板上に貼りつけて，機械で上下の蛇行型に切断される(図2.3)。

第三の段階はフレームへの固着である。二重の薄板は，ガラス板から取り外された後，スレート製フレーム上に固着され，薄板にセラックが塗られる。

第四の段階はエッチングと洗浄である。スレート製フレームを酸のなかに入れて，銀をエッチングして白金だけを残す。

第五の段階は黒化である。上記の諸工程を経た素子は，白金黒によって黒化される。

第一から第五までの加工を経て製作された白金製の素子は，それまで通常0.06 mmだった厚さが1μm以下となり[16]，図2.4のホイートストン・ブリッジ回路における1〜4までの数字のついた四つの抵抗部分に使用された。白金製素子は，実験時に扱いやすいように，直立した形で回路中の各抵抗部分にあてられ，ボロメーターは図2.5のようになった。

検出素子を改良したこのボロメーターによって，ルンマーとクールバウム

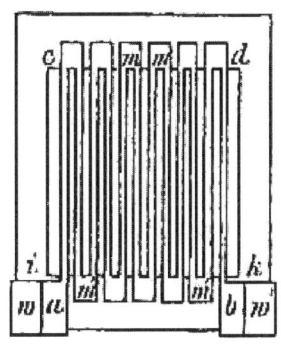

図2.3 蛇行型に切断された白金薄板(Lummer, 1892b)[17]

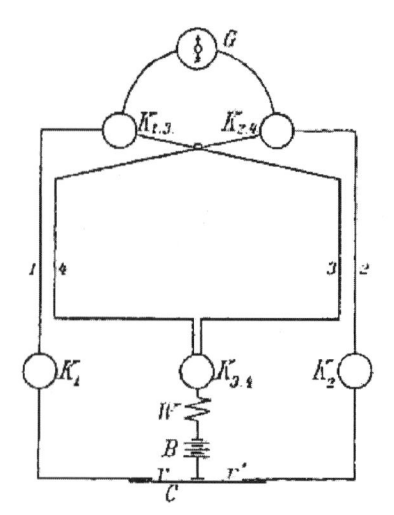

図 2.4　ホイートストン・ブリッジ回路(Lummer, 1892b)[18]

図 2.5　ルンマー，クールバウムのボロメーターの外観図(Lummer, 1892b)[19]

は反応時間を約 8 秒にまで下げ，温度変化の測定可能量も 10^{-7}°Cにまで小さくできた[20]。それは，ラングレーのボロメーターの 100 秒，10^{-5}°Cという数値を上回っていた。

　この実験でルンマーらが注目したのは，白熱ランプの実験の場合に，平均測定誤差がおよそ 0.25％だったフォトメーターに対して，同じ場合のボロ

メーターの測定誤差が 0.1% 以下となった点である[21]。この結果を受けて，ルンマーらは，ボロメーターの使用が光度の比較標準の測定に有効と考えた。さらに，1894 年 3 月のプロシア科学アカデミーでの報告においては，有効なボロメーターの測定結果を考察材料にして，「光度単位は PTR のフォトメーター測定によって標準として基礎づけられるだろう」と述べた[22]。1880 年代にラングレーが太陽光スペクトルのエネルギー分布測定のために開発したボロメーターは，1890 年代前半にルンマーらの手によって，光度標準研究におけるフォトメーターの補助手段となり，フォトメーターの測定誤差に劣らない精度の測定器として改良された。

1890 年代初頭のルンマーとクールバウムは，光度単位をより確実なものにするために，視感に依存しない〝輻射単位〟を得ることを目的にしながら，照射された光や輻射線を電気的に感知するボロメーターの開発に取り組んだ。彼らの研究は，検出素子であるボロメーターの抵抗部分の開発に特徴があり，抵抗として採用された白金片の製造工程に工夫を凝らしていた。この研究によって生まれた白金片によるボロメーターは，ルンマーらがそれ以前使用していたフォトメーターの測定精度を超えるものであった。彼らにとって，改良ボロメーターは，不可視領域の光の検出をカバーするとともに，より高い測定精度をもつ重要な測定機器となった。1890 年代初頭の彼らの研究は，その後の熱輻射の標準測定機器となるボロメーターに関する重要な研究となったのである。

2. ヴィーンの白金-白金ロジウム合金熱電対の研究[23]

ヴィーンは，ゲッティンゲン大学，ハイデルベルク大学，ベルリン大学で学び[24]，ヘルムホルツとキルヒホフの指導の下，「光の回折における吸収現象についての研究」で学位を取得した[25]。彼はその後，家族の事情からいったんは研究界から離れるが[26]，1890 年に PTR のヘルムホルツの助手となり復帰した。PTR での彼の主な課題は，熱研究室の仕事にかかわる，400℃を超える高温度の測定であった。

1890年代初頭，高温度の主な測定手段には，ウィリアム・ジーメンス(Sir William Siemens; Carl Wilhelm Siemens, 1823-1883)，ル・シャトリエ(Henry Louis Le Chatelier, 1850-1936)による二つのものがあった[27]。ジーメンスの高温計は，粘土シリンダに白金ワイヤを巻きつけたものを電気回路に組込み，白金ワイヤを熱したときに増大する抵抗値から温度を測るのだった。それに対して，よく知られるル・シャトリエの温度計は，熱電対によるもので，白金と白金ロジウム合金(ロジウム10％)の接触面を利用して熱を測るのだった。1892年の『ネイチャー』誌におけるロバーツ-オースティン(Sir William Chandler Roberts-Austen, 1843-1902)の報告では，ジーメンス式は「粘土シリンダのワイヤ，それを取り囲む鉄製管の影響から免れられず」[28]，高温測定には向かないというカレンダー(H. L. Callendar)の見解が紹介されるとともに，ル・シャトリエ熱電対は0-1,000℃という範囲で精確という判断であった。

　ヴィーンは，ホルボルンと共同で高温測定の研究を行い，1892年の『インストゥルメンテンクンデ』誌上に「高温度測定について」と題して報告した[29]。そこでは，ロバーツ-オースティンと同様，ジーメンス式に対して，高温度範囲では「十分な絶縁性を保持できる材料」がないこと，抵抗ロールには大きな膨張が見られることなどの欠点を挙げていた。それに対して，白金と白金ロジウム合金(ロジウム10％)のル・シャトリエ熱電対には，「これらの欠点がみられない」のだった[30]。したがって，彼らはこの熱電対を使用して1,000℃を超える高温度測定を実施した。

　ヴィーンとホルボルンの取り組んだ研究課題の一点目は，天野が紹介したように，空気温度計の測定と比較して，1,430℃に達する高温範囲での基準化だった[31]。「従来ル・シャトリエは，彼の熱電対の動電力(熱起電力：引用者)と温度との関係を決定するのに，ヴィオルの定めた各種金属の融解点をそのまま利用していたので」，基準化に問題があった[32]。二点目は，白金-ロジウムにおけるロジウムの比率を9％，11％，20％，30％，40％に変えたものを採用しての比較測定だった[33]。この測定結果は，他の比率のロジウムに比べて，10％ロジウムが安定した性能を発揮することを示していた。三点目は，熱電対によって金，銀，銅の融点を測定し直して，それまで提出されていた

他の研究者たちによる数値と比較することであった[34]。

ヴィーンはPTRでの温度研究を進める一方で、その後の熱輻射研究に関連する理論研究に独自に取り組んでいた。1892年の「エネルギーの局在化の概念について」では[35]、「電磁場などでのエネルギーの空間的分布を総合的に考察」するなかで[36]、熱輻射を「分子論と電磁理論とを結びつける典型的現象」とする見方も示唆されていた[37]。著名な1893年論文「黒体輻射と熱理論の第二主則との新しい関係」では[38]、熱を通さない壁に囲まれたシリンダー型空洞のなかに熱輻射があり、ピストン壁を動かすことによる可逆過程の想定を基本にして、ピストン壁の変動の際に生じる輻射の波長とエネルギーの変化から、温度と波長に関するヴィーン変位則を導いていた。

ヴィーンは、1892-93年に熱輻射現象に対する理論研究を進めていたが、同時期の彼の実験研究はPTRの任務として高温測定の標準研究にあたることだった。これまで紹介した他の科学者たちが、光の熱的測定にからむ研究に取り組んでいたのに対して、ヴィーンは高温度測定そのものを研究対象として、白金と白金ロジウム合金(ロジウム10%)の熱電対の有効性を示したのである。

3. ルーベンスのボロメーター製作[39]

ルーベンスは、1884-89年にかけて、ダルムシュタット工科大学、シュトラスブルク大学、ベルリン大学などで学び、クントの指導の下、最終的にベルリン大学で学位研究に取り組んだ[40]。学位論文のテーマは、指導教授クントの研究課題が「光の偏光面の電磁的回転」や金属物理学に関わっていたこともあり、「金属の選択反射」であった[41]。

この研究の主眼は、「最新の」(modern)測定手段や「新しい方法」によって、波長の関数の反射能変化を精確にとらえることだった[42]。ルーベンスによれば、金属の反射能について理論的および実験的研究はこれまで数多く行われてきたが、従来のスペクトル分析研究には反射能を測定する器機に問題が見られた。この点を克服するために試みられたのが、スズ泊抵抗利用のボロ

メーターによる測定だった。ルーベンスのいう「最新の」測定手段はボロメーターであり，それを使った方法が「新しい方法」であった。

ルーベンスのボロメーターは，オングストローム(Knut Johan Ångström, 1852-1910)のものを参考にしてつくられた[43]。1885年にオングストロームは，輻射熱の拡散の測定にあたり，「極めて小さな輻射強度」に対して「できるだけ大きな感度をもつ測定道具」を必要として，ラングレー，バウアー(Baur)らのボロメーターを温度計として採用した[44]。オングストロームは，ボロメーター中のガルヴァノメーター(微弱検流計)が気流などの影響を受けにくいよう改良していた。ルーベンスは，そのオングストロームの温度計を参考にしてボロメーターを製作した。それは，図2.6にあるように，左のブリキ箱(a)に木製の本体(c)をはめ込んだものであった。

このボロメーターでは，入射する輻射線は，木箱(c)の一壁面に設けられた四角状の穴(B)を通って，向かい合う壁面に張りつけたスズ泊抵抗(E)にあたる。このスズ泊の厚さは0.01 mmであり，この抵抗による温度感度は一目盛りあたり0.2×10^{-3}°Cであった[45]。そして，照射によって生じるスズ泊の抵抗値の変化を，ホイートストン・ブリッジ回路を介して，ジーメンス-ハルスケの無定位ガルヴァノメーターでとらえるのだった[46]。この型のガルヴァノメーターは，二つの無定位鐘型磁石と4コイルから形成され，4コイルをちょうどホイートストン・ブリッジ回路の各抵抗として，照射抵抗

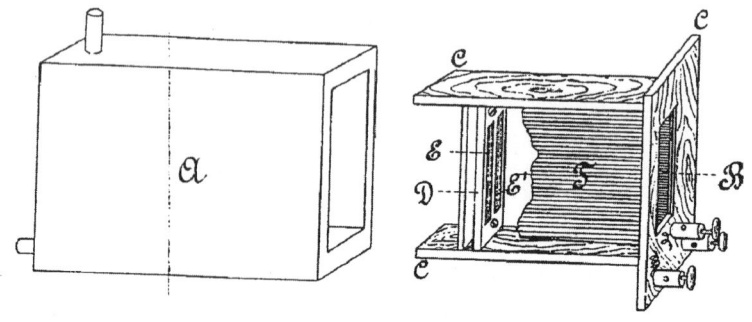

図2.6　ルーベンスの1889年論文におけるボロメーター(Rubens, 1889a)[47]。
　　　ブリキ製覆い(左)と木製の本体(右)

の変化具合から検流される仕組みであった[48]。

　機器構成については上記のようだった[49]。L はリンネマン（Linnemann）のジルコン・バーナーによる輻射源，S は調査対象となる反射物質，B がボロメーターであり，L の位置は図 2.7 に示されている通り，回転方向に可動する。分光計部分には，珪酸塩フリントガラス製のプリズムがあてられていた。プリズムの材質は，ボロメーター利用のために「赤外部輻射線への十分な透過性の長所と，極めてつよい分散の長所を結びつける」ものだった[50]。ルーベンスは，輻射源からの波長 0.45-3.2 μm 間の輻射線を使い，金，銀，銅，鉄，ニッケルによる反射能を調べた。

　この研究によって，ルーベンスは対象金属の反射能が可視部よりも赤外部スペクトルにおいてつよいこと，熱や電気の伝導性の良い銀，銅，金の反射能の方が，伝導性の良くないニッケル，鉄のそれよりもつよいことを示した。

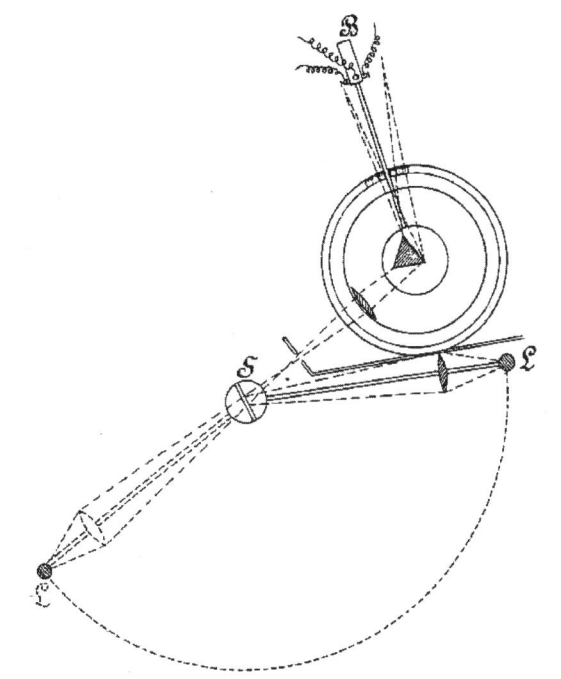

図 2.7　ルーベンスの 1889 年論文における機器構成（Rubens, 1889a）[51]

また，これらの測定に取り組むにあたり，ボロメーター中のガルヴァノメーターの基準化を実施していた。そこでは，ガルヴァノメーターの振れが電流の強さに比例するか，ホイートストン・ブリッジ回路の一抵抗における電流の強さがボロメーター抵抗(スズ泊)の温度上昇に比例するか，ボロメーター抵抗の温度上昇は輻射エネルギーに比例するかという点が検討された[52]。これらの結果，彼のボロメーターにおける，「少なくとも同質の光」に対する，実際の「輻射強度の量」とボロメーターの「振れ」との関係が示されたのである[53]。

　ルーベンスは，「最新の」測定手段であるボロメーター，ボロメーターを組み入れた「新しい」機器構成を採用して，各種金属の反射能を調べた。この実験研究を通して，ルーベンスは各種金属の反射能の性質を知るとともに，ボロメーター開発の第一歩を踏み出した。そこでは，ボロメーターにおけるガルヴァノメーターの振れと「輻射強度の量」の関係が明らかにされ，また，測定対象となった波長領域から，赤外部の輻射線測定に対するボロメーターの有効性が示された。こうしたボロメーターを，赤外部輻射線測定の重要な測定手段の一つとしてルーベンスは注目し，その開発を始めたのである。

4. ルーベンスのボロメーターの応用と開発

　1889年，ルーベンスは学位研究以外の論文も『アナーレン・デア・フィジーク』誌上に発表している。「ガルヴァノメーターによる電話およびマイクの電流の検出」と「電気測定へのボロメーター原理の応用」である[54]。前者論文では，「何らかの種類の音や騒音によって引き起こされる」電話電流をガルヴァノメーターで検出できることを論じ，後者論文では，ベルリン工科大学教授のパルツォウ(Carl Adolph Paalzow, 1828-1908)との共同研究で，以下のボロメーターを構想して，ボロメーターの「電気測定への」「応用」を論じた。パルツォウ，ルーベンスのボロメーターは，「細い鉄製針金が，ガイスラー管の黒化された毛管部分のまわりを螺旋状にまかれ，そして，その針金の抵抗の変化が，ホイートストン・ブリッジの手を借りて，感度の良い

反射ガルヴァノメーターにおいて観察される」ものだった[55]。彼らは，このボロメーターを，ガイスラー管で放電が引き起こす熱効果の測定に利用した。「電気測定への」「応用」を試みる彼らの研究は，ボロメーターの熱測定目盛りの確定から着手して行われた。

1889年のルーベンスの2論文は，ボロメーターを，赤外部輻射線ではなく電気現象の測定に応用するという内容であった。測定対象が変わるなかで，ボロメーターの機構も変化した。検出素子は，スズ泊ではなく鉄製針金を螺旋状に巻いたものであった。また，検流器として，「反射ガルヴァノメーター」が採用された。学位研究時には，ジーメンス-ハルスケのガルヴァノメーターが使用されていたが，それに対して，「反射ガルヴァノメーター」は，一つのコイルに流れた電流によって生じた磁界の変化をワイヤに吊された磁石のねじれから検流するもので，ワイヤに付けた鏡に光をあて，光の反射具合でそのねじれ度を測るのだった。「反射ガルヴァノメーター」はトムソン(William Thomson, 1st Baron Kelvin, 1824-1907)のガルヴァノメーターとして知られ，それは図2.8のように使うのだった。

ルーベンスらは，電気測定に対応できるように，ボロメーターの検出素子

図2.8　トムソン・ガルヴァノメーターの使用時の図(Guillemin, 1891)[56]

に鉄製「針金」を「螺旋状に」巻いたものをあて，さらに，検流計を反射式に換え，感知する箇所の面積を広げ，その感度を高めるよう努めた。

1890年にベルリン大学の物理学科の助手となったルーベンスは，電気測定の研究をつづけるなか，リッター(R. Ritter)と共同で，「電気力による輻射線」「の針金格子に対する振る舞いについていくつかの定量的実験を」行った[57]。この実験の動機づけは，1880年代後半を中心に行われたヘルツの電磁波に関する研究であった。ヘルツの電磁波検出方法では，図2.9のような一次コイルおよび二次コイルからなる装置を利用して，「二次コイルにおける震動の存在がわずかな火花のあるなしで検証」でき，「火花の音の程度や明るさからその強度をおおよそ見積もる」ことができるのだった[58]。

しかし，ヘルツの方法には「定性的結果だけしか与えることができない」という欠点があるため[59]，ルーベンスとリッターはボロメーターによる方法を採用した。彼らのボロメーターは，1889年論文時のルーベンスとパルツォウのボロメーターを基本としており，電磁波によって生じた熱量を回路中の抵抗の変化で感知できた。この方法であると，ボロメーターを通して，電磁波強度を定量化できるのだった[60]。

ルーベンスとリッターが使用したボロメーターの略図は，図2.10のように示されている。B，B'はスズ箔片であり，ここに電磁波が照射される。ホイートストン・ブリッジ回路の抵抗部分(L, M)には半径0.035 mmの鉄製針金が使用されていた。gのガルヴァノメーターには，ロンドンのエリオット・ブラザーズ(Elliott Brothers)社製のトムソン・ガルヴァノメーター

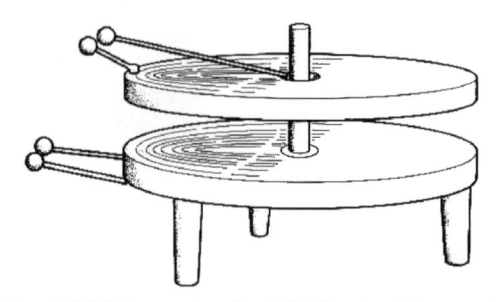

図2.9　火花隙間のついた2枚の円板形コイル(霜田，1996)[61]

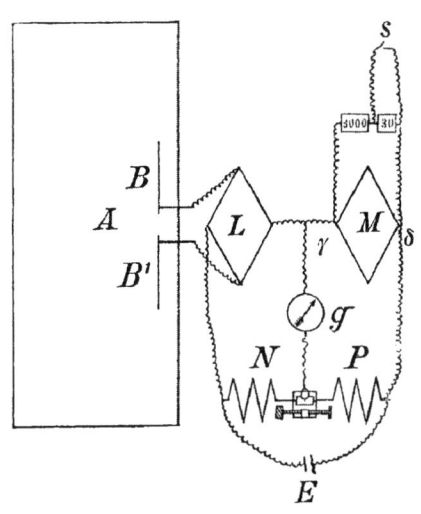

図 2.10　ルーベンスとリッターの 1890 年論文における
ボロメーターの略図(Rubens, 1890)[62]

があてられた。この方法による結果から，針金格子を通る際の電気的輻射線の透過，反射，偏波(偏光)が，ヘルツの電磁波に関する結果と同様になることが定量的に証明された[63]。ルーベンスとリッターは，ルーベンスがそれ以前に使用していたボロメーターを電磁波の定量測定に応用して成功したのである。

　つづく 1890 年 11 月に，ルーベンスは「導線中の定常電波およびその測定について」と題する論文で[64]，「定常電波の波長，振動の形，振幅を明確に定量化できる方法について報告」した[65]。この測定の定常電波の発生器はヘルツの振動子に従うものであり，測定器にはボロメーターが採用された。ボロメーターは，リッターとの共同研究時のものと同様であるが，ホイートストン・ブリッジ回路中の抵抗部分に改良が加えられていた。以前抵抗に使用された半径 0.035 mm の鉄製針金は，半径 0.023 mm のものに取り換えられ，それによって生まれた温度感度はガルヴァノメーターの 1 mm 振れあたり 1.0×10^{-4}°C を超えない程度であった[66]。ボロメーターの製作はベルリン大学物理学科の機械工ノーデン(Nöhden)によって行われた[67]。ただし，この実験

結果では，ボロメーター利用の方法が従来の他の方法よりも精確さにおいて優れているとは断定できずに終わっていた[68]。

1889-90年にかけて，ルーベンスは学位研究に引き続きボロメーターを利用した。その間，ボロメーターの用途は熱輻射線の金属反射にではなく電波など電気関連の測定となり，ボロメーターの抵抗部分の改良，形成部品の取り換えなどが行われた。金属反射時のボロメーターの検出素子はスズ泊であったが，電気関連測定時には，鉄製針金を螺旋状に巻いたものをそれにあてる場合とスズ泊を再度使用する場合の両方があった。基本的には，電気関連測定においてもスズ泊を検出素子として使用しつづけているが，ホイートストン・ブリッジ回路の抵抗自体には鉄製針金を使い，針金の幅をより細くすることで温度感度を高める工夫を施していた。さらに，抵抗の変化を測るガルヴァノメーターは，ホイートストン・ブリッジ回路を利用するジーメンス-ハルスケのガルヴァノメーターから，コイルに流れる電流がつくる磁界を鏡の向きの変化によって測るトムソン・ガルヴァノメーターへ取り換えられた。そのガルヴァノメーターはロンドンのエリオット・ブラザーズ社製であった。1889-90年の間，ルーベンスは電波などの測定にボロメーターを応用しながら，より長い波長に対応できる高感度のボロメーター開発に取り組みつづけていた。

5. ルーベンスのガルヴァノメーター開発

1891年になると，ルーベンスはアーロンス(Leo Martin Arons, 1860-1919)と共同して，ヒマシ油，オリーブ油，キシレン，灯油の液体中と真空中の電波速度の比率と，液体中の誘電率との関係を示すことに取り組んだ[69]。この研究は，ある物体の誘電率がその物体の屈折率の2乗に等しくなるというマクスウェル理論を実証するために行われたが，ヘルツの実験のように，火花ギャップだけでなく，ボロメーターを測定手段として併用するものだった。また，電波速度は，その波長に依存することから，コーシーの分散式を頼りに電波の屈折率から波長を割り出して計算された。これらの測定は，6 m(長

い波長の場合)と 0.6 μm(短い波長の場合)の2種類のみの波長で行われ，誘電率に関するマクスウェル理論をおおよそ実証した．

さらに，ルーベンスは，1891年末に単独で「赤外部スペクトルの分散について」と題する論文を提出した[70]．それは，アーロンスとの共同研究結果をまとめ，かつラングレーら他の科学者たちの過去の測定データをつけ足したものだった．ここでは，限られた長さの波長を一律に用いるのではなく，6 μm 前後以下のさまざまな長さの波長がデータとして参照された．

1891年当時，ルーベンスが検証材料とした赤外部スペクトルの分散測定は，紫外部スペクトルのそれに比べるとさほど進んでいなかった．ルーベンスは，赤外部に関する測定はわずかにモウトン(Mouton)，ラングレーによって行われてきたに過ぎないことを訴える一方[71]，ローランド回折格子，つよい熱源，高感度ボロメーターから構成されるラングレーらの機器構成ではなく，図 2.11 のような新しい機器構成が有効ではないかと考えていた．

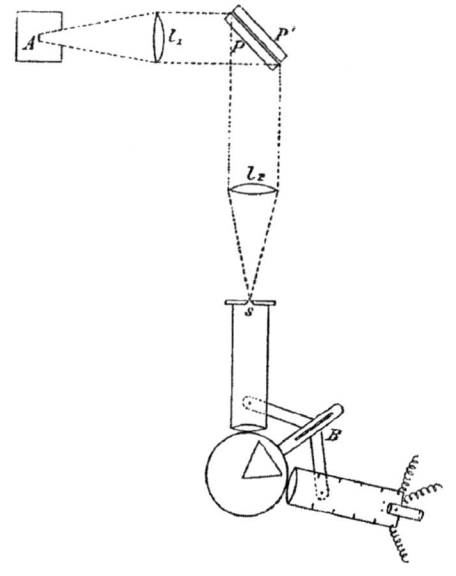

図 2.11　ルーベンスの 1892 年論文における機器構成
　　　　（Rubens, 1892a）[72]

この図の構成では，リンネマンのジルコン・バーナーの輻射源から，2枚のガラス平行板(P, P')間の気体層における干渉を利用して特定の波長の輻射線が得られ，それを集光レンズ(l)，入射スリット(s)経由で，プリズムを通したものをボロメーターでとらえるのだった。ボロメーターの検出素子となる抵抗部分には，幅約0.6 mm，抵抗3 ohm[Ω]の鉄製導線(温度感度：1 mm目盛りあたり5×10^{-6}°C)と直径0.005 mmの白金線(温度感度：1 mm目盛りあたり8×10^{-6}°C)が使用された。白金線については，優れた技能をもつスノー(Benjamin Warner Snow, 1860-1928)によって製作された[73]。アメリカからベルリンに留学していたスノーは，白金を銀でカバーしたウォラストン線を使い，巧みに細い白金線を製作した[74]。しかし，この論文の実験では，理由は不明だが，白金製素子より鉄製素子の方が温度感度に優れていたため，鉄製素子のボロメーターによる実験結果が採用された[75]。ボロメーター中のトムソン式ガルヴァノメーターは3.2×10^{-10}amp[A]あたり1 mmの振れのものだった。ルーベンスは，ラングレーが採用していたローランド回折格子ではなく干渉平行板を分光系としていた。干渉平行板方法の採用は，ルーベンスによれば，「紫外部」ではなく「赤外部」への対応，より長波長への対応のためであった[76]。

ルーベンスは上記の構成で実験を行い，クラウンガラス，フリントガラス，水，キシロール(キシレン)，ベンゾール(ベンゼン)，二硫化炭素，石英，岩塩，蛍石の屈折率を測定した。彼はそのデータを使って結論を出した。マクスウェル理論との関連で重要な屈折率については，コーシー分散式から求めた理論値と実測値の整合性を検証したが，ほとんどの場合で「合致」は見出されなかった[77]。他方，先行するモウトン(Mouton)の石英研究(1879年)，ラングレーの岩塩研究(1884，1886年)の屈折率は，ルーベンスのデータとほぼ「一致」するのであった[78]。また，ヘルムホルツの分散理論における各物質のスペクトル吸収と屈折率の関係を表す分散公式については，今回の諸データによっても十分な確証は得られなかった[79]。

1892年になると，ルーベンスはスノーとともに$8.0~\mu$mまでの波長スペクトルを対象にして，岩塩，カリ岩塩，蛍石のプリズムの屈折率を測定した[80]。

ここで使用された機器構成は，前出のルーベンスのものを基本としていた。ただし，輻射線の有効な干渉面積を拡げるために，より大きなガラス干渉平行板が使用され，さらに，ボロメーターの検出素子を鉄製から白金製に換えて温度感度の向上が試された。ルーベンスとスノーは，「ボロメーターの感度は主に高感度のガルヴァノメーターによって」高められると判断していた[81]。今回の白金製素子(長さ12 mm，幅約0.083 mm，抵抗80 Ω)は，前論文同様，スノーによって製作されたが，温度感度1 mmあたり3×10^{-6}°Cとなり[82]，優れたボロメーターをもたらした。また，ボロメーターの感度は，スノーのコイルの仕組みの改良によっても高められた[83]。測定結果から，ルーベンスは，蛍石の分散が可視部では「極めて小さい」のに対して，赤外部では「際立って大きく」なることを示した。このような性質は他の岩塩，カリ岩塩には見られなかった。したがって，ルーベンスは，蛍石が赤外部の「プリズム分光による熱スペクトルを得るのに最適で」あり，「安定して扱いやすい」長所をもつことを結論づけた[84]。

1892年に入り，ルーベンスはドゥ・ボア(Henri E. J. G. Du Bois, 1863-1918)とともに，ヘルツの電磁波の回折格子実験を，赤外部輻射線に対して実施した。それは，金属回折格子を通過した際の赤外部輻射線の偏波についての測定であった[85]。彼らはこの測定に際して，ガルヴァノメーター開発を行った[86]。このガルヴァノメーター開発は，偏波測定に向けられただけでなく，コイルの機構に改良を加えたスノーのガルヴァノメーターの商業化を狙い行われた。そのため，ルーベンスらの開発は「できる限りの感度(向上：引用者)，振動の打ち消し，簡単な操作，一般的な利用可能性」という点に力を入れた[87]。図2.12，図2.13は，ルーベンスらの改良ガルヴァノメーターの外観とその断面図である。

ルーベンスらは，コイルの針金の巻きを針金の太さに基づいて三層に分けることで(図2.13内の右上図を参照)コイルの抵抗値を可変式にし，5，20，80，500，2,000，8,000 Ωの値を採用できるようにした[88]。抵抗値の変更はつまみボルトで調整可能であった。また，彼らは，電磁誘導による作用が地面に垂直な軸を中心とする回転作用に表れること，地面に対する上下方向の作用の

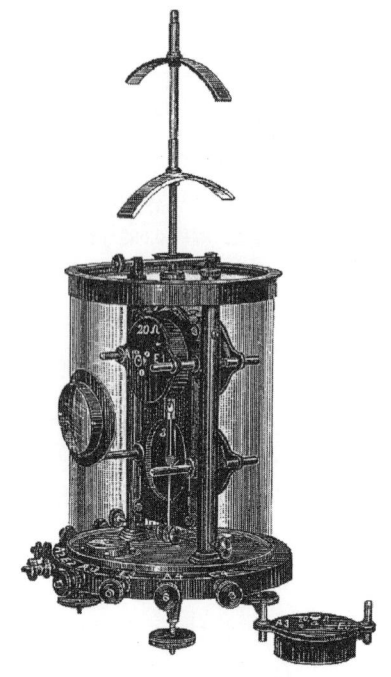

図 2.12　ルーベンス，ドゥ・ボアの改良ガルヴァノメーター
の外観図(Du Bois, 1893a)[89]。製作は 1892 年末

影響を回避できること，さらに空気の作用を打ち消すことを考慮してガルヴァノメーターの機構に工夫を加えた。このように開発されたルーベンスとドゥ・ボアのガルヴァノメーターは，測定精度の向上と使い易さを実現するとともに，カイザー＆シュミット(Keiser & Schmidt)商会から販売され，商業化にも成功をおさめた。図 2.14 は，『アナーレン・デア・フィジーク』誌上でのカイザー＆シュミット商会の広告である。

　ルーベンスとドゥ・ボアは，彼らのガルヴァノメーターを利用して，金属回折格子に対する赤外部輻射線の偏波の研究を行った。その結果は，1893年の「金属針金格子において屈折されない赤外部スペクトルの偏波」に報告された[90]。ここでの課題は，ヘルツによる電磁的輻射線とのアナロジーの是非であった。そのための測定手段として，ルーベンスらは「信頼できる」

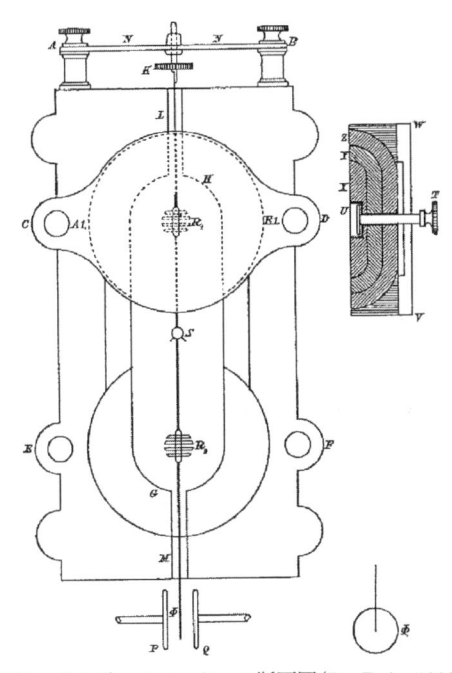

第 2 章 熱輻射分布測定に向けた新たな機器構成の登場 73

図 2.13 ガルヴァノメーターの断面図（Du Bois, 1893a）[91]

図 2.14 『アナーレン・デア・フィジーク』誌に掲載された広告
（*Annalen der Physik*, 1893）[92]

「赤外部スペクトルの輻射線測定のボロメーターによる方法」を採用した。彼らは,「ボロメーターによる方法」が直接,偏波された輻射線の強度を測るのに「最適」であることに注目していた[93]。

彼らの機器構成は図 2.15 のようだった。図中の A は輻射源を囲う箱であり,輻射源には,ほとんどの場合,ジルコン・バーナーが採用されたが,4.0 μm より大きな波長を得る場合にはヘフナー灯が採用されている(図 2.16 参照)[94]。

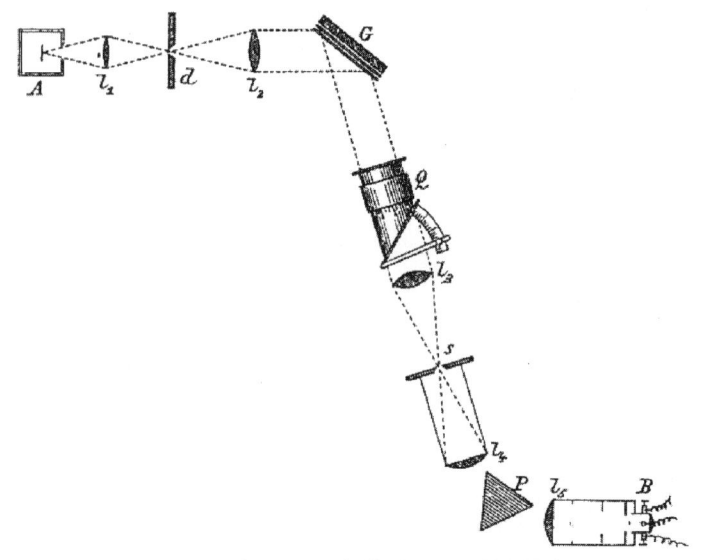

図 2.15 において,輻射線は,カリ岩塩レンズ l_1 を通して集光された後,d で絞られ,岩塩レンズ l_2 を通ってガラス板 G によって反射され,回折格子装置 Q に入射する。装置 Q は図 2.17 のような構造になっている。回折格子装置を経た輻射線は岩塩レンズ l_3 によって集光され,スリット s を通過して,蛍石レンズ l_4 から蛍石プリズム p,プリズムから蛍光レンズ l_5 を経てボロメーターへ入射するのだった。蛍石プリズムの分散については,1892 年にルーベンスとスノーが 8.0 μm までの波長を扱った分散研究の結果

図 2.15　ルーベンスとドゥ・ボアの 1893 年論文における機器構成(Du Bois, 1893b)[95]

第 2 章 熱輻射分布測定に向けた新たな機器構成の登場 75

図 2.16 ヘフナー灯 (1890 年) (日本物理学会誌, 2000)[96]

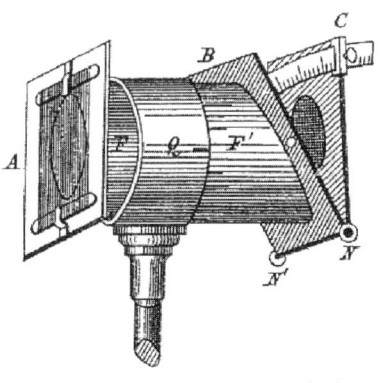

図 2.17 ルーベンスとドゥ・ボアの 1893 年論文における回折格子装置の外観 (Du Bois, 1893b)[97]

を利用した。1893年のルーベンスとドゥ・ボアの研究では，白金，銅，鉄，金，銀の五つの材質による針金格子に関する測定結果から，赤外部輻射線の偏波に関して，ヘルツの発見した電磁波の偏波との類推が有効なこと，また，その類推によって光および輻射線全般の電磁理論が有効なことを示したのである。

1891-93年になると，ルーベンスは赤外線の光学的性質の研究に立ち戻った。彼はまず赤外部輻射線の固体・液体に対する屈折率の測定を試み，その後，8.0 μm に及びより長い波長の岩塩，カリ岩塩，蛍石プリズムに対する屈折率を測定した。さらに1892年には，赤外部輻射線の金属回折格子に対する偏波を取り扱った。この時期のルーベンスの研究は同じ測定対象を扱い続けているわけではないが，ルーベンスの各論文に見られるように，おおよそ，電波-光波の間に位置する赤外線の測定実施によって，電波・光波を包括するマクスウェル理論の実証という狙いが一貫している。この目的に沿うためには，徹底した赤外部領域の関連測定が必要であった。

熱輻射線の光学的性質の測定に回帰したルーベンスの機器構成は，同様の実験に取り組んだラングレーらの回折格子を利用するものとは異なり，図2.11の P，P' で表されている干渉平行板を利用していた。また，輻射測定器のボロメーターの検出素子は，彼が従来使用していたスズ泊ではなく鉄製導線に換えられた。1892年になり，ルーベンスはスノーとともに蛍石プリズムなどの屈折率の測定を行うが，その際採られた機器構成も基本的に干渉平行板方法を引き継ぐものだった。ただし，干渉板の面積を広げ，スノー製作のガルヴァノメーター内蔵のボロメーターを採用するなどの改良が加えられた。同じく1892年には，ルーベンスとドゥ・ボアは赤外線測定の高感度化に不可欠なガルヴァノメーターの改良にも取り組んだ。この研究は，スノーのガルヴァノメーター研究をベースとして，スノーと同様，コイルの機構の改良を中心に据えていた。ルーベンスらは，図2.12，図2.13にあるような二つのコイルを縦に並べた型のガルヴァノメーターを製作した。このコイルの抵抗値は可変式になっており，広範囲な測定に対応できるものだった。さらに，1893年にルーベンスとドゥ・ボアはこのガルヴァノメーターを利

用して，金属格子における赤外部輻射線の偏波を調べた．そこで採用された機器構成では，干渉平行板ではなく，図2.17の回折格子装置が利用されていた．ルーベンスは赤外部輻射線に関する各実験課題に取り組みながら，測定器機の改良，機器構成の改変を行い，広い波長範囲の赤外部スペクトルをより精密にとらえる道具を手に入れ，その使い方を模索する段階まできていた．

ルーベンスは，1880年代末の学位論文において金，銀，銅などの金属反射の研究を行い，そのあと2年ほど，他の研究者と協力して，電波など電気関連測定に携わった．1891-93年にかけては，熱輻射線の光学的性質の研究に取り組み，固体および液体の分散，岩塩，カリ岩塩，蛍石プリズムの屈折率，金属格子に対する偏波などを測定した．1894年になると，ルーベンスは分散式の実験的検証に絞って研究を進めていくことになる．このような1890年代前半における研究課題の共通項は赤外部の熱輻射線だった．彼は，赤外部輻射線の反射，偏波，屈折を対象にして，熱輻射線の光学的性質を明らかにしようとしていた．

例外的に，1890年前後，ルーベンスは電気関連測定を行っていた．それは，一定期間，赤外部の研究から離れたようにも見えるが，電気関連測定時に進めたボロメーターの研究は，前後挟んだ熱輻射線研究と深い関係をもっていた．また，赤外部スペクトルは可視光‒電波間の「スペクトル欠損」を埋める位置づけにあったことから，電波研究と赤外線研究は不連続な関係ではなく地つづきの研究分野だったといえる．1890年前後，ヘルツの実験に代表される光波と電磁波の同質性を実証する研究は物理学界（とりわけヘルムホルツを中心とするドイツの物理学界）の重要なテーマであり，1892，1893年のルーベンスの各論文の記述を見てもその問題への大きな関心が見て取れる．したがって，ルーベンスの1890年代前半の研究は，赤外部領域を測定対象にして，熱輻射線の検証可能範囲をより長い波長へ拡げることであったが，加えて，それは単なる長波長への挑戦ではなく，電波領域側への共有性を意識したものだった．

このような目的に適う測定を実現するために，ルーベンスは測定器とその

構成の改良・開発に取り組んだ。とりわけ、熱輻射線を測るボロメーター、ボロメーターを含む機器構成に大きな進歩が見られた。ボロメーターは、彼の学位論文以来の研究対象の一つであった。ルーベンスは、当初、1885年のオングストロームの研究を参考にしてボロメーターを製作した。その後、検出素子の材質や形状の改良を進め、アメリカ人研究者スノーの研究を参考にしながら、1892-93年にドゥ・ボアとともに、ボロメーターの主要部ガルヴァノメーターを製作した。機器構成については、1892年当時、輻射測定に一般的に使われる、回折格子を利用するラングレーの方法を選択せず、ルーベンスは独自の干渉平行板を利用する方法を敢えて採用した。ルーベンスはこの方法を長波長に対応するために採用したと述べたが、翌年の実験以降、回折格子の方法へ向かった。このような紆余曲折ののち、最終的にルーベンスは輻射源-回折格子-プリズム-ボロメーターという組み合わせを機器構成に選んだ。結果的に、これはラングレーの機器構成に従っているが、ラングレーの構成を参考にしたものではなかった。ルーベンスは、赤外部熱輻射線の光学的性質に関する測定に取り組むなかで、熱輻射のエネルギー分布測定にも適用可能な機器構成を研究対象に組み入れていた。

6. パッシェンのガルヴァノメーター開発

パッシェンは、1884-87年にシュトラスブルク大学、ベルリン大学で学び[98]、1888年に、シュトラスブルク大学のクントの下で、「異なる圧力下の空気、水素、炭酸における火花放電に必要な電位差について」の研究を行い学位を得た[99]。彼の指導教授クントが1888年にヘルムホルツの後任としてベルリン大学へ招聘されると、パッシェンもシュトラスブルクを去り、同年10月、ヒットルフ(Johann Wilhelm Hittorf, 1824-1914)の助手としてミュンスター・アカデミーに着任した。そののち1891年まで、彼の学位論文のテーマとヒットルフの研究に関連して、電気化学の研究に取り組んだパッシェンは、「異なる濃度の化学的には同じ塩溶液の境界面における起電力」、「金属接触電位差」、「水銀/電解液の起電力の生起時間について」などを発表し

た[100]。1891年にパッシェンはハノーファー工科大学に移り，H. カイザーの助手となった。ハノーファーへの着任当初，パッシェンはミュンスター時代の研究を継続していたが[101]，1892年にはそれまでの電気化学的研究から離れて，スペクトル研究を中心課題に据えた。この変化のきっかけはカイザーの指示によってもたらされた。

1890年前後，ハノーファーのパッシェンの上司カイザーは，同僚のルンゲとともに，各元素，各物質から発するスペクトル線の研究に取り組んでいた。カイザーとルンゲの研究は，「数値解析家」ルンゲがカイザーの「実験データ」を解析するという形で進められていた[102]。彼らはまず鉄のスペクトル，炭およびシアンのスペクトル帯の研究を行い，それからアルカリ金属のスペクトルの研究(-1890年)，第II族のスペクトルの研究(1891年)，銅，銀，金のスペクトルの研究(1892年)，アルミニウム，インジウム，タリウムのスペクトル研究(1893年)と順々に進めた。

カイザーらの研究は難なく進められたわけではなく，「アルカリ金属についての結果をうるのに3年間を」費やしていた。その問題点の一つは，スペクトル分析の分解能についてであった。「プリズムでは，それをつくる物質の均質度と大きさの点で分解能に限界があるので回折格子の改良が必要であった」[103]。カイザーとルンゲは，問題点の解決のために，ローランド回折格子を採用した。カイザーらは，新しい助手パッシェンを回折格子の研究にあたらせることを考えた。

このようにして，カイザーは，パッシェンに可視および赤外「分光研究のための[ハノーファーの：引用者]研究所所有の反射回折格子を使用してより詳細な測定を行うことによって，ラングレーの諸結果を改善する」よう指示したのである[104]。ラングレーは，1880年代を中心に太陽スペクトルの測定に取り組み，1880年代前半にはコーシーやブリオの分散式を検証し，1880年代半ばには太陽光測定の比較対象として固体輻射源による測定も行っていた。「ラングレーの諸結果」とは，太陽光スペクトル等の各波長の分散や輻射強度分布の測定を指すと考えられる。

パッシェンは，カイザーからの指示に応えるために，まず測定器側の研究

を行い，その研究成果を『インストゥルメンテンクンデ』誌の1893年号に報告した[105]。この報告のタイトルは，「高感度の無定位トムソン鏡ガルヴァノメーター」だった。パッシェンは報告を通して，ボロメーターの測定精度の鍵を握るガルヴァノメーターの改良内容を伝えた。ガルヴァノメーター開発については，パッシェンに先んじて，スノー，ドゥ・ボアとルーベンスの研究があったが(本章5節参照)，そのスノーを基点とする研究には，コイル機構の改良に優れた点があるものの，磁石機構に不十分な点が残っていた。そのため，パッシェンは磁石機構を中心に改良を加えたのである[106]。

　パッシェンのガルヴァノメーターの基本構造は，1892年のスノーの報告に従っていた[107]。スノーのガルヴァノメーターは，1892年のルーベンスの

図2.18　トムソン・ガルヴァノメーターの外観写真
　　　　 (永平，2001)[108]

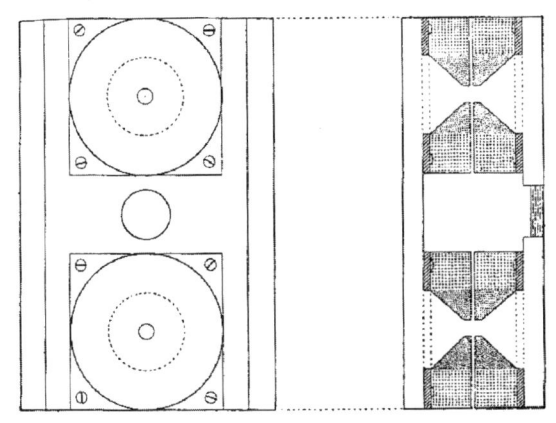

図 2.19 スノーのガルヴァノメーターのコイル部分の正面図と断面図
(Snow, 1892)[109]

赤外部熱輻射線研究に利用されたもので、トムソン・ガルヴァノメーターを改造して、四つのコイルを二つずつのペアにして垂直に並べる機構をもっていた(図 2.19 参照)。パッシェンによれば、このスノー型のガルヴァノメーターはすばやいセッティングに適っていた[110]。

加えて、パッシェンは、磁石の大きさ、重さ、磁石を吊している石英糸に工夫を施して、一様な構成をつくり出すよう努めた。また、一様な磁気反応を与えるために、ヤンセン&フュグナー(Janssen & Fügner)商会特注の、コイルの銅製枠組みを用いて、空気の摩擦や誘導といった外力による振動の制動に努めた。これらの工夫によって、1 mm の振れあたり 1.5×10^{-11}A だったスノー型の精度を、1 mm の振れあたり 2.0×10^{-13}A にまで高めた[111]。パッシェンは、分光学研究を手伝うなかで、ボロメーターの研究に携わり、既存のガルヴァノメーターを改良することに成功した。図 2.20 は、パッシェンの改良ガルヴァノメーターの外観を示している。

パッシェンは、1891-92 年にかけて、電気化学からスペクトル関連に研究課題を変えた。それは、ハノーファー工科大学の上司カイザーからの指示に従うものだった。当時、カイザーとルンゲは、分光学研究に関わるなかで、反射回折格子の改良を必要としていた。この改良に取り組むよう指示された

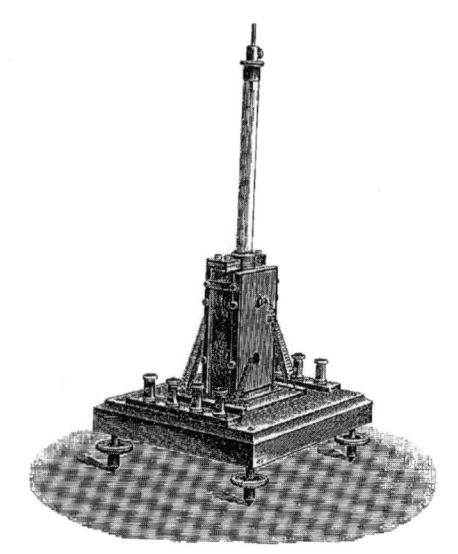

図 2.20　パッシェンの 1892 年の改良ガルヴァノメーターの外観図
(Paschen, 1893d)[112]

パッシェンは，まずボロメーターの測定精度の鍵を握るガルヴァノメーターの改良に向かった。パッシェンのガルヴァノメーターは，ルーベンスらも参考にしたスノー型をモデルとしつつ，スノー型の短所とみた磁石機構を改良したものだった。パッシェンの改良ガルヴァノメーターは，スノー型より 10^{-2}A 程度の精度向上に成功した。この時点のパッシェンは，回折格子問題を克服すべく，ガルヴァノメーター開発に取り組んでいた。

7. パッシェンの熱輻射分布測定の開始

カイザーの提案を契機に，回折格子によるスペクトル関連の研究を始めたパッシェンは，改良ガルヴァノメーターについて報告したのち，「回折格子スペクトルのボロメーターによる研究」と題する論文を同じく 1893 年に発表した(1893 年論文)[113]。パッシェンの「研究における最初の目標」は，「白熱固体のノーマル・スペクトルをボロメーターによって精確に測定すること」

であった[114]。

「ノーマル・スペクトル」とは，当時のプリズムによって不精確な角度で与えられたスペクトル（プリズム・スペクトル）ではなく，波長と角度が一律な関係によって「分散が一様なスペクトル」を指している。プリズム・スペクトルではなくノーマル・スペクトルに基づいて，スペクトルの波長と各波長の輻射強度の関係を表すならば，その関係を表すエネルギー分布曲線を精確に示すことができる。図 2.21 の上図は，1883 年にラングレーが提出した「プリズム・スペクトル」，下図は「ノーマル・スペクトル」である。上図の横軸はプリズムの角度，下図の横軸は波長，両図の縦軸はボロメーターによって測定されたエネルギー強度である。

パッシェンによれば，1880 年代のラングレーの研究は「固体スペクトルの知識を大きく広げた」が，彼のプリズムの「岩塩の分散曲線による換算には大きな不確定さが」見られ，ラングレーの曲線はノーマル・スペクトルを精確に描いていないのだった[115]。パッシェンはこの課題には優れたローランド回折格子の使用が有効と考えた。

上司カイザーの指示にあったように，プリズムを使用せず熱輻射線を測定しなければならなかったパッシェンは，機器構成を考える際，上記の光源（輻射源）-回折格子-プリズム-ボロメーターというラングレーの構成（第 1 章 3 節の図 1.1 参照）ではなく，プリングスハイムの 1883 年の機器構成を参考にした[116]。それは図 2.22 のような構成であった。ここで，H は日光反射鏡，S_1，S_2 は銀製凹面鏡，G は回折格子，K には輻射計が置かれている。

プリングスハイムの研究は，回折格子によって 1.5 μm 前後の赤外部波長の精確な測定を行うものだった[117]。彼は，赤外部の輻射線を測定する手段としてラジオメーターを開発し，輻射源として，太陽スペクトルの他，塩酸ガスなどの気体から発する化学的光を取り上げた。彼の開発したラジオメーターは，クルックス (Sir William Crookes, 1832-1919) の羽根車式のもの（図 2.23）とは異なり，ガラス内に鏡つきの板片を吊した糸のねじれ具合で測るものであった（図 2.24）。プリングスハイムはこのラジオメーターを輻射計として採用し，ラザフォードの回折格子と凹面鏡を使って赤外部波長に分光した[118]。

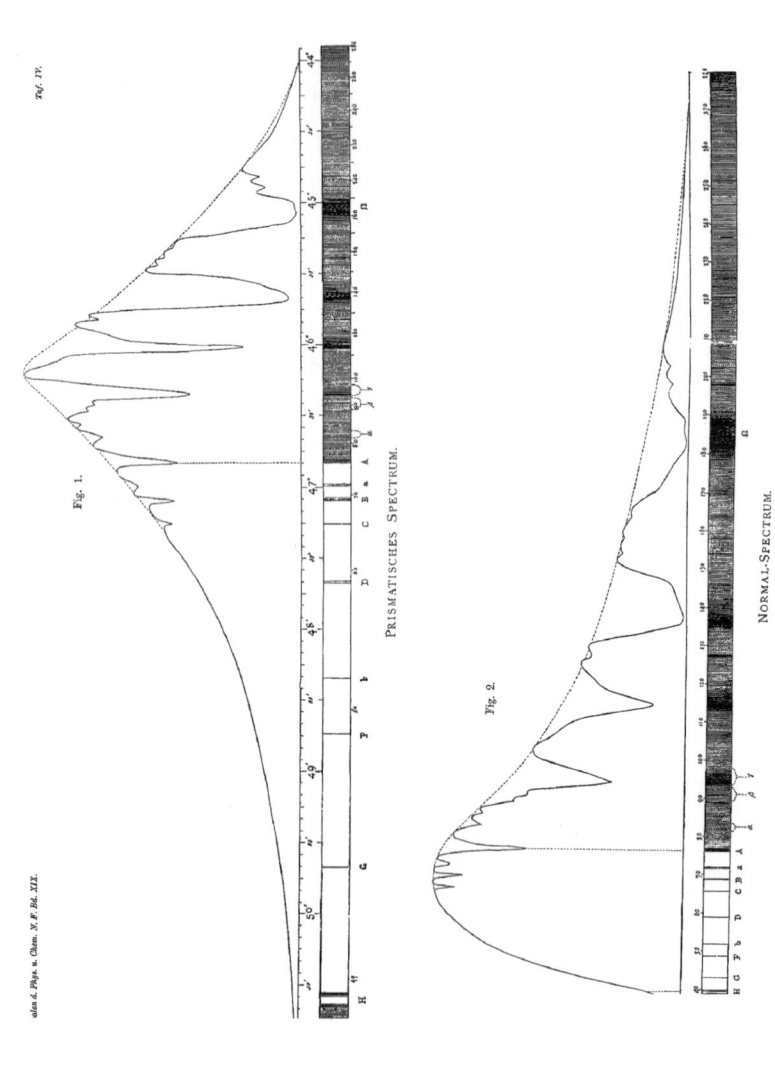

図 2.21 ラングレーの 1883 年論文における「プリズム・スペクトル」と「ノーマル・スペクトル」に基づく各エネルギー分布曲線 (Langley, 1883) [119]

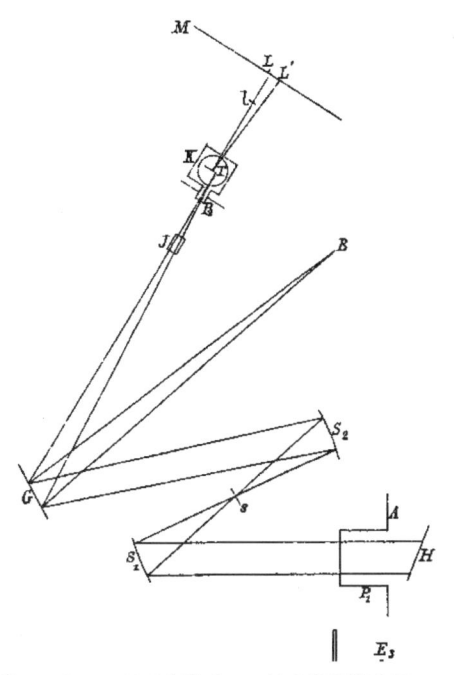

第 2 章 熱輻射分布測定に向けた新たな機器構成の登場　85

図 2.22　プリングスハイムの 1883 年論文における機器構成(Pringsheim, 1883b)[120]

図 2.23　羽根車タイプのクルックスのラジオメーター(科学大博物館，2005)[121]

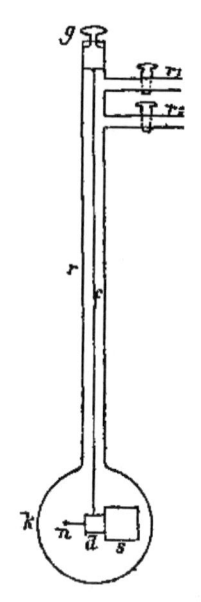

図 2.24　プリングスハイムのラジオメーター
の概略図(Pringsheim, 1883a)[122]

パッシェンはこの機器構成を参考にしていた。

　プリングスハイムの機器構成を参考にしたパッシェンの構成は図 2.25 で表されている。銀製の凹面鏡 S_1 は，スリット s を通る輻射線をできるだけ平行にして，格子 G に送る。第二の同じ凹面鏡 S_2 は，そこに達した輻射線を一部の鋭いスペクトルに集光する。集光された箇所には，ボロメーター B の線条が置いてある。これらは一つの箱のなかに収められ，箱の一つの壁にスリットが設けられている。箱の内部は黒化され，さらに，ブラインドと反射鏡は，ボロメーターに拡散光が達するのを防いでいる[123]。この実験の輻射源は，0.1 mm の厚さ，8 cm の長さ，1 cm の幅の白金板を電気加熱したものだった。格子スペクトルが設けられたボックスへの入り口のスリット中央には熱電対が設置され，スリットを通る輻射線の温度を測定できるようになっていた[124]。熱電対には，ロバーツ-オースティンやヴィーンとホルボル

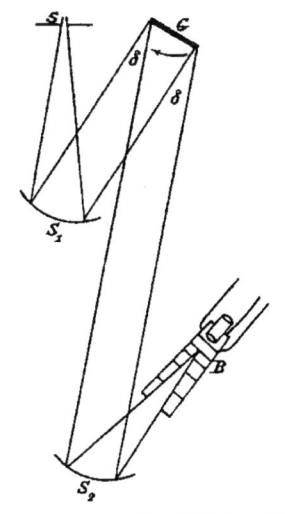

第 2 章　熱輻射分布測定に向けた新たな機器構成の登場　87

図2.25　パッシェンの 1893 年論文の機器構成図
　　　　（Paschen, 1893a）[125]

ンの報告を反映して，白金-白金ロジウム（ロジウム 10%）が採用され，パッシェン自身の手で基準化研究も行われた[126]。白金板を一定の温度に加熱するために，電源には 1 時間あたり 80 A 容量の六つの蓄電池があてられた[127]。

　パッシェンはノーマル・スペクトルを測定するにあたり，いくつかの測定器について比較研究を行った。彼の取り上げた器具は，ラングレーのボロメーター，ボーイズ（Sir Charles Veron Boys, 1855-1944）の「ラジオミクロメーター」[128]，ジュール（James Prescott Joule, 1818-1889）の対流温度計，パッシェン自身の改良ボロメーターであった。ラジオミクロメーターの感度は「ラングレーのボロメーターの感度を絶えず上まわり」，ジュール対流温度計の感度はラングレーのボロメーターよりはるかに弱かった[129]。パッシェンが試した測定機器のなかで最高感度を示すものは，彼の改良ボロメーターであった。改良にあたっては，1892 年のルンマーとクールバウムの研究にならい，ボロメーターの抵抗部分を加工し，さらに，パッシェンが『インストゥルメンテンクンデ』誌で報告した，高い精度のガルヴァノメーターを採用していた。

　これらの構成による測定を通して，パッシェンは，約 3 μm 以下の波長範

囲に限定されたスペクトルの強度が温度の上下によってどのように変化するかを調べ，エネルギー分布曲線の描出を試みた[130]。パッシェンは，電気またはガスバーナーによって加熱した白金の輻射源，アーク放電カーボンの最高温度部分の輻射源によるエネルギー曲線を提出した[131]。彼の実験によれば，回折格子にノバートのものをあてた場合，エネルギー曲線は多様な形になってしまうが，ローランド格子の場合はそうならなかった[132]。ローランド格子の特徴は，格子設定の向きに変化があっても，ほぼ同じ形のエネルギー曲線を与えることだった。図2.26は，下から上へ547°C，590°C，724°C，950°C，1,123°C，1,410°Cの各温度に加熱された白金線条のエネルギー曲線である。

　各温度の曲線は，ハノーファー工科大学の物理学科で洗浄されたローランド格子から得られ，エネルギー曲線の形は，温度が上がると，より長い波長の曲線の極小値への下落が急勾配になり，その極小の値はより大きくなっていた[133]。これは，高い温度ほどエネルギー強度は大きくなるが，そのエネルギー曲線の上下も激しくなることを示していた。また，白金線条などのエネルギー曲線は，実際には曲線ではなく，凹凸となっていた。パッシェンは，この形を「不連続な曲線」と呼んだ[134]。彼は，不連続の理由について，ルーベンスの「金属の選択反射」の研究と比較考察して，銀製反射鏡もしくはローランドの凹面金属格子金属による選択反射能を考え，さらに，ボロメーター線条による選択吸収能，空気の二酸化炭素，水蒸気による輻射の吸収があり得るとしていた[135]。

　1893年論文において，パッシェンは1880年代のラングレーの研究を補正する意図をもって，「白熱固体のノーマル・スペクトル」の測定に取り組んだ。パッシェンの参考にした機器構成は，1883年にプリングスハイムが太陽スペクトルなどの測定で使用したものだった。パッシェンの構成は，プリングスハイムの回折格子ではなくハノーファー工科大学のローランド格子を，ラジオメーターではなくボロメーターをあてていた。ボロメーターは，パッシェンの改良ガルヴァノメーターと，1892年のルンマーらの仕事に倣って加工した抵抗部分を組み込んだものであり，輻射線の温度測定には，ヴィー

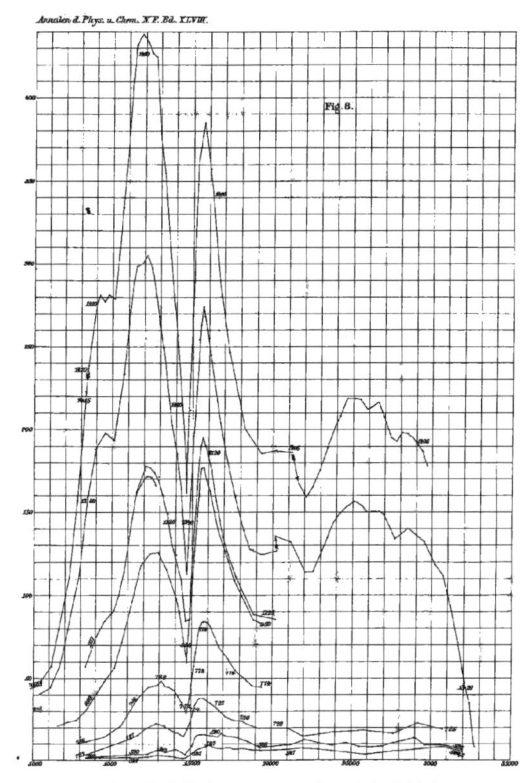

第2章　熱輻射分布測定に向けた新たな機器構成の登場　89

図2.26　6種類の温度の白金線条のエネルギー分布曲線(Paschen, 1893a)[136]

ンらの報告に触れながら白金-白金ロジウム(ロジウム10%)熱電対を採用していた。

　こうした機器構成で，パッシェンは500-1,500°C間の複数温度によるノーマル・スペクトルのエネルギー分布曲線を得た。その結果に対する力点は，ラングレーのデータとの関係だけでなく，エネルギー曲線を表す際に考えるべき問題点にも置かれていた。この問題とは，ルーベンスの研究に関連する測定機器の金属部分による選択反射能・吸収能，さらに空気中の二酸化炭素，水蒸気によるスペクトル吸収であった。その後1893-94年にかけて，パッシェンはこれらの問題点を解決する研究に取り組み，エネルギー曲線のより

精確な描出を目指した。

　1892年のカイザーからパッシェンへの指示の意図は，1880年代にラングレーが得た測定データの精度向上を試みるなかで，回折格子スペクトルの振る舞いの精確な理解を期待するものだった。その主旨は回折格子に関するデータの改善にあったと思われる。しかし，カイザーの指示を契機にスペクトル研究に取り組んだパッシェンは，ノーマル・スペクトルの輻射エネルギー分布の測定に大きな関心を寄せて，白熱固体のエネルギー曲線を精確に描くことを第一義とし始めた。つまり，カイザーからの指示内容は，パッシェンの関心に沿って翻訳され，1893年論文において，彼独自の目標に向けた研究内容に転換された。パッシェンはその新たに方向づけされた研究に，ルンマー，ルーベンス，プリングスハイム，ヴィーンらの研究の諸成果を活用した。パッシェンの転回は，当時点在していた熱輻射実験にからむ諸成果を取り込む大きな転機となり，パッシェンの熱輻射実験はそれらを集約する役割を担った。

8. 小　　括

　ルンマー，クールバウム，ヴィーン，ルーベンス，プリングスハイム，パッシェンらは，1880年代末から1890年代前半にかけて次のような研究を行った。

　1880年代末，PTRのルンマーは，光度標準研究の一環で光度計開発に取り組んでいた。ブロードゥンとの共同研究は，ルンマー-ブロードゥン立方体のフォトメーター開発を生んだ。彼らのフォトメーターは，光度標準研究用だけでなく産業界の標準測定器ともなったが，光の強弱を肉眼で比較する光度計であるため，「暗い輻射線」に対応できない測定器だった。1892年，フォトメーターの補助手段としてルンマーが注目したのはラングレーらのボロメーターであった。当時，ボロメーターの開発は「最も難しい分野」と考えられていたが，光度差を視感ではなく熱電気的にとらえるボロメーターには大きな見込みがあった。ルンマーらはボロメーターに内蔵されるホイート

スン・ブリッジ回路の抵抗部分(検出素子にあたる部分)の加工方法を改良し，温度変化の測定可能量を 10^{-7}°C になるまで高めた。ルンマーらは光度標準の測定手段としてボロメーターを開発したのである。

　1890年代のヴィーンの理論研究は，良く知られる1893年のヴィーン変位則の提出に始まり，1896年のヴィーン分布則導出に至る一連の成果を生んだ。これらは，1880年代を通してラングレー，ミヘルゾン，ヴェーバーらが展開した熱輻射のエネルギー分布則を探究する研究の延長線上にあった。それに対して，1890年代前半のヴィーンの実験研究はPTRの任務として400°C超の高温領域の標準測定に向けられ，彼の理論研究と直接結びつくものではなかった。光の熱的測定にからむ研究に取り組んだ上記の実験家たちとは異なり，ヴィーンは高温度測定そのものを研究対象として，その測定に白金-白金ロジウム合金(ロジウム10%)の熱電対が有効であることを示した。その後，ヴィーンの研究成果は，輻射線の温度の信頼のおける測定器を提供した。

　ベルリンにいたルーベンスは，1889年の学位論文研究以来，ボロメーターの開発に関わっていた。当初の開発の目的は各種金属の選択反射能測定であったが，1890年前後には，電気的雑音の測定，電波の偏波や反射の測定に変わり，1891年からは，赤外部輻射線の分散，屈折，偏波の測定へと移っていた。1890年前後のルーベンスの研究は，他の科学者との共同研究が多かったためか，多岐にわたるが，ボロメーターを開発・使用する点では一貫していた。そのボロメーターは，ラングレーではなくオングストロームのものを基本モデルとしていた。さらに，1892年のボロメーター研究は，アメリカ人研究者スノーの研究を基盤としていた。ルーベンスのボロメーターの先行研究は，ルンマーらの場合と異なり，ラングレーのものではなかった。ルーベンスの機器構成は，当初，輻射源-プリズム-ボロメーターであったが，1891-92年に，輻射源-干渉平行板-プリズム-ボロメーターとなり，1893年になって，輻射源-回折格子-プリズム-ボロメーターという構成が採用された。ルーベンスはラングレーの研究を参考にしなかったが，結果的にラングレーと同様の構成を採っていた。1890年前後のルーベンスは，

赤外部熱輻射線の光学的性質の測定を中心に行い，それに関連して，ボロメーター研究，スペクトル分光の実験および機器構成の調整にも取り組んだ。

ハノーファーにいたパッシェンは，1892年のカイザーからの分光測定にからむ指示を契機に，回折格子のスペクトル研究を始めた。その目的の一つは，ラングレーと同種の測定データを，測定精度を高めて提出し直すことであった。パッシェンは，まず測定に必要な機器の開発に向かい，とりわけ，ボロメーターの感度を左右する主要部位のガルヴァノメーターの改良に取り組んだ。その改良は，ドゥ・ボアとルーベンスの研究に関連するスノーの研究を参考にしていた。パッシェンは，スノーらの研究では不十分だった磁石機構に対して改良を行った。また，ホイートストン・ブリッジ回路中にある白金製検出素子は，ルンマーらの方法に従って加工された。入射輻射線の温度測定には，ヴィーンらの報告結果に触れながら，白金-白金ロジウム(ロジウム10%)熱電対を採用した。輻射測定を実施する際の機器構成については，1883年にプリングスハイムが赤外部波長の測定に使用した構成を参考にしていた。パッシェンはスペクトル研究を進めるにあたり，先行する研究成果を用途に合わせて取り込み，当時としては完成度の高い機器構成をつくり上げた。その実験の結果から，パッシェンは輻射エネルギー分布の測定誤差の原因を明らかにした。これらの成果をまとめ上げたものが，パッシェンの1893年論文であった。

パッシェンの1893年論文に関連する，他の科学者たちの諸成果のほとんどは，「白熱固体のノーマル・スペクトルをボロメーターによって精確に測定する」というパッシェンの目的から離れたところで生まれていた。ラングレーの研究は天文学的傾向が強く，プリングスハイムの研究も太陽光などの赤外部の波長測定に特化していた。また，ルンマー，ヴィーンらの実験研究はPTRでの光度や温度の標準研究の一環で行われ，ルーベンスらの研究は電気測定や赤外部スペクトルの振る舞いの探究などに方向づけられていた。1893年論文において，パッシェンは目的の異なる他の研究者の成果を網羅的に考察し，自らの目的に合わせて，それらをうまく取り込んでいた。

パッシェンは，1893年論文の回折格子に関する実験結果の不首尾の原因

を検討する際，ルーベンスの「金属の選択反射」の研究を参照しながら，実験器機の一部による選択反射・吸収を考察し，さらに，空気によるスペクトル吸収などの問題点を指摘した。パッシェンは，回折格子利用のノーマル・スペクトル測定にかかる課題を明らかにして，その後数年をかけて，回折格子の短所を補うプリズムの研究，プリズム使用における分散式の研究，空気のスペクトル吸収の研究など1893年論文で挙げた問題点の解明に取り組んでいくことになる。

　パッシェンの1893年論文の研究は，カイザーとルンゲの分光学研究が契機となったが，カイザーからの指示内容はそのままではなく，パッシェンの問題意識によって翻訳された。その結果，1893年論文において，ノーマル・スペクトルのエネルギー分布の探究という彼自身の関心を前面に表す研究が展開された。パッシェンは，標準研究や電気測定研究など目的の異なる諸成果を，自らの研究目的に合うように取り入れ，より精緻なエネルギー曲線の描出を試み，さらに，それにかかる問題点を明らかにした。パッシェンの1893年論文の研究では，異なる目的をもった熱輻射関連の各研究が，パッシェンの改良ボロメーター，機器構成などを通して集約されたのである。

　パッシェンの1893年の研究は，結果的に，温度調節可能な人工的な輻射源を採用する実験を本格的に再開する試みでもあった。カングローは，ラングレーの研究以来，「スペクトル分布関数$F(\lambda, T)$の実験測定に再び取り組んだ最初の」研究者がパッシェンだった点に注意を払っている[137]。加熱固体のノーマル・スペクトルを測定するパッシェンの実験は，実験に関連する機器・構成の研究を通して，先行する熱輻射関連の諸研究を集約する契機となり，1890年代の熱輻射エネルギー分布法則の実験に向けた重要な第一歩となったのである。

[注と文献]

[1] ライドは，1890年代中頃に白金線条を輻射源に，ボロメーターを測定器としてヴィーン変位則にあたるものの確認を試みた．ライドは黒体輻射源としての空洞輻射源を理解していたとされる．メンデンホールとサウダースは，1897-98年にライドのアイディアに従って空洞輻射源を利用して実験を行い，5.0-2.16 μm，204-1,130°の波長・温度範囲の測定結果から，ヴィーン変位則やシュテファン-ボルツマン法則を確かめた．サウダースは1899年に単独で熱輻射のエネルギー分布を測定し，90°の温度下，10 μm以下の波長範囲で，パッシェンのデータに合致する（ヴィーン法則に従う）ことを示した．Kayser (1902), pp. 124-125 を参照．

[2] 物理学辞典(1992)，1579頁．現在の意味では，「回折格子の法線方向付近に生じるスペクトル」となるかもしれないが，19世紀末時点の「ノーマル・スペクトル」は，一様な分散に基づく標準的スペクトルという意味合いが強い．

[3] ルンマーの経歴については，以下の文献を参考にした．Hermann(1981b); Hoffmann (1985). 後者の文献入手には，ドイツ在住の永瀬ライマー桂子さんにお世話になった．ルンマーの学位論文については，以下の文献にまとめられている．Lummer(1884).

[4] 科学大博物館(2005)，251頁．

[5] Johnston(2001), pp. 50-51.

[6] ボロメーターの原理については，本書第1章3節を参照せよ．

[7] Hermann(1981a). クールバウムは1880-86年にかけてハイデルベルク大学とベルリン大学で学んだ．彼は，ヘルムホルツ研究室でカイザーの指導の下，太陽スペクトルにおける13のフラウンホーファー線の波長を改めて測定する研究を行い，1887年に博士号を取得した．この研究では，ローランド回折格子にかかる諸定数や回折偏光角なども測定し直された．その後，クールバウムはハノーファー工科大学のカイザーの助手となるが，1891年にベルリンへ戻り，PTRに研究の場を移した．ハノーファー工科大学のクールバウムの後任はパッシェンとなった．クールバウムの学位論文は以下の文献でまとめられている．Kurlbaum(1888).

[8] Lummer(1892).

[9] 物理学辞典(1992)，1159頁．図中のL部分が，ルンマー-ブロードゥン立方体を指す．「Sの両面は白色の完全拡散面からなり，左右から照射したとき両面の照度が等しくなるような位置にこの頭部を移動し，この位置の読みから測光を行う．図のLはルンマー-ブロードゥンの立法体の1つの例を示したもので，2個の直角プリズムを，その一方は中央部分のみを残し周辺部を除去してはり合わせたものである．左側からきて反射鏡 R_1 で反射した光のうち，その中央部分はLのはり合わせ部分を透過して進み，一方右側からきて反射鏡 R_2 で反射する光のうちその周辺部分はLの右側のプリズムの斜面で全反射し，右図のような視野をつくる．接眼鏡Eを用い視野が一様になる状態からSの両面が等照度であると判定する」(1159頁)．

[10] Lummer(1889), p. 45.

[11] Lummer(1892), pp. 204-205. このパラグラフの他の引用も当ページからのものである．

[12] 「測光量」と「放射量」(もしくは輻射量)は，次のような意味をもつ．「人間の目の感じる明るさに関する測定量を〝測光量〟とよび，その単位が〝カンデラ〟である．一方，純粋に物理的な光の強さ(エネルギー)は〝放射量〟とよばれ，単位立方角あたりの光エネルギーの流れ(放射強度[W / sr])などとして，組み立て単位に表現される」．石井(2007)，68-69頁．

[13] Lummer(1892), p. 205.
[14] Hoffmann(2001), p. 252.
[15] Hoffmann(2001), pp. 249-252.
[16] Lummer(1892b), p. 217；Lummer(1892c), p. 85.
[17] Lummer(1892b), p. 218.
[18] Lummer(1892b), p. 220.
[19] Lummer(1892b), p. 221.
[20] Hoffmann(2001), p. 252.
[21] Lummer(1892b), pp. 223-224.
[22] Lummer(1894), p. 238.
[23] 本節は以下の文献を参考にしている．Kangro(1970b), p. 104.
[24] Kangro(1981d), pp. 337-338. ヴィーンの生涯については，高田(2004)も参考になる．
[25] Wien(1886).
[26] ヴィーンは，1886年に家業を手伝うためドラッヘンシュタインに退いた後も，個人的に理論研究をつづけていた．Kangro(1981d), p. 338.
[27] Roberts-Austen(1892). この論文で，ロバーツ-オースティンは，8世紀以来の高温測定の発展史を述べながら，1892年当時の最先端測定器機に言及している．
[28] Roberts-Austen(1892), p. 535.
[29] Holborn(1892a).
[30] Holborn(1892a), p. 257.
[31] 天野(1943), 24頁.
[32] 天野(1943), 24頁. 熱起電力とは，異なる種類の金属が接する二点を異なる温度に保つ際に生じる電位差を指す．
[33] ロジウムの含有量が増すと，熱電対の材質が脆くなるので，比率40%を超えることはできない．Holborn(1892a), p. 302を参照．
[34] Holborn(1892a), pp. 303-306.
[35] Wien(1892a).
[36] 高田(2004), 264頁.
[37] 小林(1988), 29頁.
[38] Wien(1893a).
[39] 本節の内容は，下記文献の3-3節における記述と一部重複している．小長谷(2006a).
[40] Kangro(1981c), p. 581.
[41] Kangro(1970b), p. 50. また，ルーベンスの学位論文はRubens(1889a).
[42] Rubens(1889a), p. 250.
[43] Rubens(1889a), pp. 254-255. オングストロームはスウェーデンの物理学者で，波長の単位で著名なA. J. オングストローム(Anders Jonas Ångström, 1814-1874)の息子である．彼は，1877-1884年にウプサラ大学で学び，1884年にはシュトラスブルク大学でも学んだ．1885年にウプサラ大学で学位を取得した後，ストックホルム大学講師を経て，1896年ウプサラ大学物理学教授となっている．Kangro(1970b), p. 50を参照．
[44] Ångström(1885). ボロメーターに関する記述はpp. 256-259.
[45] Rubens(1889a), p. 255.
[46] 無定位ガルヴァノメーターは，地磁気の作用を受けずに，微弱電流を測定できるようにした検流計である．
[47] Rubens(1889a), fig. 5.

[48] Rubens(1889a), p. 255.
[49] この機器構成は，第1章3節にあるラングレーの1886年論文時の構成に類似した印象を与えるかもしれないが，ルーベンスの論文を読む限り，ラングレーの研究からの引用や影響は見受けられない．
[50] Rubens(1889a), p. 252.
[51] Rubens(1889a), fig. 1.
[52] Rubens(1889a), pp. 256-257.
[53] Rubens(1889a), p. 252.
[54] Rubens(1889b), p. 522；Paalzow(1889).
[55] Paalzow(1889), p. 529.
[56] 図の掲載元はGuillemin(1891)であるが，本図は以下の文献から転写されたものである．永平(2006), 99頁．永平(2006)には，動作原理について次のような説明がある．「測定すべき電流をコイル(検流計の円筒の中心部にある)に通して磁場を生じさせる．コイル中の小さな磁針(小鏡が貼りつけられている)が回転し，同時に鏡も回転する．ランプの光を鏡にあてておき，その反射光が，鏡の回転に応じて定規の上を動くので，その位置を読み取って，電流量を測定する」(99-100頁)．
[57] Rubens(1890), p. 56.
[58] Rubens(1890), p. 55.
[59] 霜田(1996), 55-56頁．55頁の脚注には，フィッツジェラルド(G. F. Fitzgerald)とトロートン(T. Trouton)の方法(1889)，グレゴリー(W. G. Gregory)による方法(1890)，ドラゴーミス(E. J. Dragoumis)による方法(1889)が紹介されている．そこでは，フィッツジェラルドは大きな抵抗をもつガルヴァノメーターによって測定する方法を示すのにともなって，「ボロメーターの方法」に言及したが，「十分に細い導線が得られずあきらめた」という紹介もある．
[60] ルーベンスは1890年6月3日づけでH.ヘルツに手紙を書き，ヘルツが用いた「共鳴器を使用しないで電波の長さ(波長：引用者)を」測りたい旨を伝えた．また，1890年のブレーメンでの自然科学者会議において，ルーベンスはヘルツと会い，ボロメーターで電波を実証しようと考えていることを伝えた．Kangro(1970a), p. 238.
[61] この図は，以下の文献からのものである．霜田(1996), 54頁．
[62] Rubens(1890), p. 59.
[63] Rubens(1890), pp. 66-69には，「針金格子の透過性」について，pp. 69-71には「格子の相対反射能」，pp. 71-72には「格子の絶対反射能」，pp. 72-73には「ガラス板における反射についての実験」の結果が報告されている．
[64] Rubens(1891).
[65] Rubens(1891), p. 154.
[66] Rubens(1891), pp. 157-158. p. 158には，ほとんど場合の感度は0.0001°Cであるが，まれに0.00003°Cに上がることもあると記されている．
[67] Rubens(1891), p. 157.
[68] Rubens(1891), p. 164.
[69] Arons(1891a). また，以下の論文でアーロンスとルーベンスは，液体だけでなく固体(ガラス，パラフィン)に対して同様の実験を行った．Arons(1891b).
[70] Rubens(1892a).
[71] Rubens(1892a), p. 238. モウトンは1879年に石英，フリントガラスの2.14 μm までの分散に成功し，ラングレーは1884年に5.3 μm までの岩塩による測定に成功していた．

[72] Rubens(1892a), p. 238.
[73] Rubens(1892a), pp. 243-245；スノーの人物理解については，下記のウィスコシン歴史協会(Winsconsin Historical Society)のサイトを参考にした(閲覧日：2011年7月18日)．彼は1892年にベルリン大学で学位を取得している．
http://www.wisconsinhistory.org/dictionary/index.asp?action=view&term_id=1664&term_type_id=1&term_type_text=people&letter=S
[74] 「ウォラストン線：白金線を銀のシースに封入して線引きし，酸によって銀を溶かし去る方式(Wollaston process)によって作られた極細の白金線」．「Wollastone wire」『ランダムハウス英和大辞典第2版』小学館，1994年，3133頁．Rubens(1892a), p. 243には，スノーがどのようにウォラストン線を使って白金製抵抗を加工したかが記されているが，上記の『ランダムハウス』の記述がわかりやすかったため，こちらを引用した．
[75] Rubens(1892a), p. 243.
[76] Rubens(1892a), pp. 238-239. また，以下の文献には，彼がより長い波長に取り組もうとする姿勢が示唆されている．Rubens(1891).
[77] Rubens(1892a), p. 256.
[78] Rubens(1892a), pp. 257-258.
[79] Rubens(1892a), pp. 260-261.
[80] Rubens(1892b).
[81] Rubens(1892b), p. 531.
[82] Rubens(1892b), pp. 531-532.
[83] スノーによる，この一連のボロメーター製作研究は，以下の文献で独立した論文として発表された．Snow(1892). この論文の内容の一部は，パッシェンのガルヴァノメーターの改良の下地になった研究として，本章6節で紹介されている．
[84] Rubens(1892b), p. 541.
[85] ドゥ・ボアは，オランダ出身の物理学者．1881-83年にデルフト大学，1884年にグラスゴー大学，1885-87年にシュトラスブルク大学で学び，シュトラスブルク大学で学位取得．その後，ベルリン大学私講師を経てユトレヒト大学の理論物理学および応用物理学の教授となった．彼は赤外線の偏波などを専門としていた．Kangro(1970b), p. 57を参照．
[86] Du Bois(1893a).
[87] Du Bois(1893a), p. 236.
[88] Du Bois(1893a), p. 241.
[89] Du Bois(1893a), p. 237.
[90] Du Bois(1893b).
[91] Du Bois(1893a), p. 238.
[92] *Annalen der Physik*, 48(1893), Heft 3.
[93] Du Bois(1893b), p. 595.
[94] ヘフナー灯は，酢酸アミルを燃焼させたランプである．ドイツのエンジニア・ヘフナー-アルテネック(Friedrich Franz von Hefner-Alteneck, 1845-1904)によって1884年に開発された．ヘフナー灯に関しては以下のサイトを参考にした(閲覧日：2011年6月30日)．http://www.sizes.com/units/hefner.htm
[95] Du Bois(1893b), fig. 1.
[96] 『日本物理学会誌』2000年10月号表紙．この写真は，高田誠二氏によって提供されている．

[97] Du Bois(1893b), fig. 2.
[98] パッシェンは, ドイツ北部のメクレンブルク=フォアポンメルン州の州都シュヴェリンで生まれた. シュヴェリンのギムナジウムを卒業した後, 1884年にシュトラスブルク大学に入学した. 当時シュトラスブルクは, 1870-71年の普仏戦争後, フランスからドイツ側へ割譲された土地であった. パッシェンはシュトラスブルク大学で物理学および自然科学を専攻し, 1886-87年にはベルリン大学にも在籍した. ベルリン大学在学中の彼は, ケーニヒ(A. König)の「スペクトル分析」, プリングスハイムの「光の干渉と偏光」などを受講した. Swinne(1989), p. 14.
[99] パッシェンの学位論文は, 以下の文献に収録されている. Paschen(1889). 学位論文における彼の成果は, 現在, 「気体の放電開始電圧と気体の圧力との関係」を表す「パッシェンの法則」として知られている. 物理学辞典(1992), 1620頁.
[100] Paschen(1890d); Paschen(1890e); Paschen(1890f).
[101] 彼のミュンスター時代からの継続研究は, 例えば, 「起電力」というタイトルで『アナーレン・デア・フィジーク』誌上に発表されている(Paschen, 1891).
[102] 引用文は, 西尾成子「結合原理の形成」1966年, 191-192頁.
[103] 西尾(1966b).
[104] Forman(1981), p. 345.
[105] Paschen(1893d).
[106] Paschen(1893d), p. 13.
[107] Paschen(1893d), p. 13.
[108] 永平(2001), 233頁.
[109] Snow(1892), p. 217.
[110] Paschen(1893d), p. 17.
[111] Snow(1892), p. 218. Paschen(1893d), p. 17.
[112] Paschen(1893d), p. 16.
[113] Paschen(1893a).
[114] Paschen(1893a), p. 272.
[115] Paschen(1893a), p. 272.
[116] Paschen(1893a), p. 274; プリングスハイムは, 1877-1882年にかけてハイデルベルク大学, ブレスラウ大学, ベルリン大学で学び, 1882年7月にヘルムホルツの下で学位を取得した. Kangro(1981b)を参照. また, 彼の1883年の研究は以下の論文を参照. Pringsheim(1883b). この論文で報告された実験は1882年にベルリン大学物理学科で実施された.
[117] Kangro(1981b), p. 149; Pringsheim(1883b), p. 42.
[118] Pringsheim(1883b), p. 33; Kayser(1900), p. 658.
[119] Langley(1883), fig. 1; fig. 2.
[120] Pringsheim(1883b), fig. 1.
[121] 科学大博物館(2005), 170頁.
[122] Pringsheim(1883a), p. 2.
[123] Paschen(1893a), p. 274.
[124] Paschen(1893a), pp. 290-291.
[125] Paschen(1893a), fig. 1.
[126] Paschen(1893a), pp. 287-89. パッシェンの温度測定の基準化研究は, 鉛, 銀, 金, 白金の融点を利用して行われた. ヴィーンとホルボルンは同時期(1892年)に空気温度計を利

用して熱電対の基準化を行い，金，銀，銅の融点を再測定した．パッシェンはヴィーンらの研究を引用しているが，パッシェンの基準化測定の実施後に彼らの研究を知った．

[127] Paschen(1893a), p. 292.
[128] Paschen(1893a), p. 275.「ラジオミクロメーター」とは，2種類の金属間の溶接部分に光をあてる箇所を設け，その金属片はU字磁石によって囲まれている．各種類の金属は特有の電位をもつので，2種類の金属間には温度に依拠した電位差が生じる．この器具では，熱電対のように起電力そのものを測定にかけるのではなく，起電力によって生まれる磁力をねじれ具合で測るのである．
[129] Paschen(1893a), pp. 275-277.
[130] Paschen(1893a), pp. 292-293.
[131] Paschen(1893a), p. 297.
[132] Paschen(1893a), pp. 303-304.
[133] Paschen(1893a), p. 304.
[134] Paschen(1893a), p. 297.
[135] Paschen(1893a), pp. 297-298.
[136] Paschen(1893a), fig. 8.
[137] Kangro(1970b), pp. 63-64.

第3章　熱輻射分布測定のための基礎研究の拡充——分散をめぐる新たな成果

1. 分散をめぐるパッシェンの研究展開
2. 分散をめぐるルーベンスの研究展開
3. 小　　括

現在のベルリン工科大学(2001年8月12日に筆者撮影)

本章では，19世紀末ドイツにおける熱輻射実験の発展過程の中期段階を明らかにするため，ルーベンスとパッシェンの1890年代中葉の研究を見る。そこでは，全輻射量と温度の関係，気体輻射の存在の是非，プリズムの分散式の検証に関するパッシェンの研究，分散式の検証に関するルーベンスの研究が扱われている。この時期の注目すべき点は，異なる目的をもつパッシェンとルーベンスのプリズムの分散研究がうまくかみ合い，分散の基準化が進展したことにある。

本章では，1894年前後に展開されたパッシェンとルーベンスの研究を中心に追いながら，全輻射量と温度の関係，気体輻射の存在の是非，分散式の新たな確証に関する研究を見ていく。これらの研究は，熱輻射のスペクトル強度測定にかかる重要な基準化作業を含んでおり，1890年代後半に始まる高精度の熱輻射実験のための基礎研究を整えるものであった。また，分散式に関する研究は，パッシェンとルーベンスの研究間にとっての交流媒体となっていた。

1. 分散をめぐるパッシェンの研究展開

パッシェンは，1893年論文において，白熱固体のエネルギー分布曲線を精確に描出することを目標としながら，先行する他の実験家たちの関連研究の諸成果をうまく取り込んで輻射測定を行った。つづく1893-94年の研究では，1893年論文で不首尾に終わった輻射エネルギー分布の測定の問題点を解明すべく，実験実施にかかる基礎課題に取り組んだ。その課題は，固体輻射の温度依存性，加熱気体輻射のキルヒホフ法則の適用可能性，二酸化炭素と水蒸気によるスペクトル吸収，蛍石と岩塩プリズムの分散を調べることであった。パッシェンの精確な分布測定にとって，これらの課題の解決は欠かせなかった。

1.1　輻射強度と温度の関係の研究

パッシェンは，1893年3月の論文「白熱白金の全輻射(Emission)について」において，固体輻射の温度依存性を検証した[1]。彼は冒頭で，「固体輻射の温度依存性は，長い時間，実験的で理論的な研究の対象となってきたけれど，何らかの関係づけが明確に証明されていない」ままであり，「この試みは，一致する諸結果を与えてはいない」と述べた[2]。これまでの関連実験として，冷却速度に関するデュロン(Pierre Louis Dulong, 1785-1838)とプティ(Alexis Thérèse Petit, 1791-1820)の測定(1817年)，ド・ラ・プロヴァステとデュザンらの測定(1850年)，輻射へ転化される電気エネルギーに関するシュラエ

ルマハー(1885年, 1888年), ボトムレー(1887年)らの測定などを紹介した。また, それまで提出されてきた, 輻射と温度の関係を表す式として, ロゼッティ(Francesco Rossetti, 1833-1885)の式(1878年), シュテファン-ボルツマン式(1879年, 1884年), ヴェーバー式(1888年)を挙げた。

$$S = (aT_2^2 - b)(T_2 - T_1) \qquad \text{ロゼッティ式} \quad (3.1)$$

ここで, S は熱電対列で測定された輻射量, a, b は各定数, T_2 は輻射源の絶対温度, T_1 は熱電対列の絶対温度を指す。

$$S = c(T_2^4 - T_1^4) \qquad \text{シュテファン-ボルツマン式} \quad (3.2)$$

ここで, c は定数を指す。

$$S = C \cdot F(e^{aT_2}T_2 - e^{aT_1}T_1) \qquad \text{ヴェーバー式} \quad (3.3)$$

ここで, T_1 は熱輻射物体の周辺温度, C は定数, F は輻射面の大きさ, e は自然対数, a は定数を指す。

　パッシェンは, 実験データに照らして, ロゼッティ式, シュテファン-ボルツマン式, ヴェーバー式の比較を試みた。ロゼッティ式については, 式を導出する際に依拠した実験が不完全であるとして, 実験データとの照合はしなかった。シュテファン-ボルツマン式, ヴェーバー式についても, データ源の, 白金とすす白金の加熱による全輻射測定に機器構成や測定誤差に関する問題があるとして, 最終的に優劣の判断は見送った[3]。だが, 論文の最後に, ロゼッティ式とシュテファン-ボルツマン式を太陽の温度予測に適用した場合の計算結果を追記した[4]。ロゼッティ式によると, 太陽の温度は10,000°Cになり, シュテファン-ボルツマン式によれば5,300-5,600°Cになった。パッシェンは, もし太陽が固体であるなら, 5,000°C以上にはならないのではないかと判断して, ヴェーバー式に触れないまま, 太陽の温度の例か

らシュテファン-ボルツマン式の優位性を示唆した。

パッシェンは，1893年3月に固体輻射の全輻射量と温度の関係を表す式の実験的検証を報告した。その結果は，シュテファン-ボルツマン式の優位性を否定するものではなかったが，固体輻射の機器構成や測定誤差の問題も明らかになり，明確な結論を得ることはできなかった。彼の研究は，全輻射と温度の関係についての測定が不十分な状況にあることを明らかにした。

1.2 気体輻射の研究

つづいて，パッシェンの1893年7月論文「加熱気体の輻射(Emission)について」は[5]，彼のそののち1年間かけて取り組む課題を表していた。その課題は，プリングスハイムによる研究にからむもので，単なる温度上昇によって気体は輻射を発するのか，また，気体の輻射はキルヒホフ法則に従うのかという問いであった[6]。1893年7月論文での実験は図3.1のような構成で行われた。

この構成では，白金製筒内で電気加熱された気体の輻射線はスリットsを通り，凹面鏡Sでプリズム P へ向けられ，再び凹面鏡Sでボロメーター B

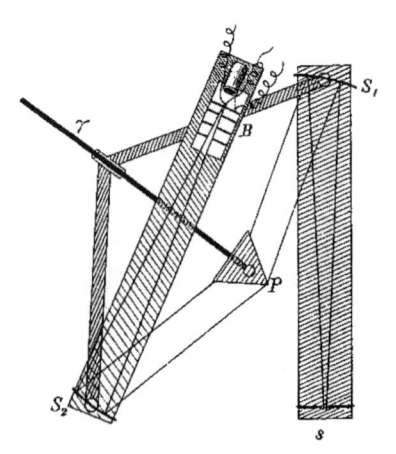

図3.1 パッシェンの1893年7月論文の機器構成
(Paschen, 1893c)[7]

へ向けられる[8]。ここでは，1893年論文で問題視された選択反射能をともなう回折格子ではなく，プリズムが分光系に使用された。

1893年当時，流布していた見解は「気体は輻射しない」とするものだった。同時期，プリングスハイムは化学的に発生した光を研究の主なテーマとして取り上げ，「蒸気の"特徴的な"輻射はただ熱するだけでは引き起こされず，蒸気の輻射が観察される場合のすべてのケースで化学的プロセスが関わっている」と結論づけた[9]。それに対して，パッシェンは気体が輻射しないとされる理由のいくつかを次のように記した。「窒素，酸素，炭素，水蒸気の高温気体は，大気圧下で，幾デシメートルもしくは幾センチメートルの気体層をもつ場合，可視部の波長の輻射をほんのわずか発する程度で，全輻射として観測される輻射は知覚できないのである」。また，ヒットルフの実験における「バーナー光の燐光性に関する結論は」，「火口で光る気体と同じものがヒットルフ管のなかにあるわけではないので」，「全く不当なのである」。パッシェンとしては，そもそも「どうして，温度の影響下にある気体の場合のみ，分子中の原子が，原子の特徴的な振動状態を」「仮定されるべきではない」のか，また，「化学的および電気的プロセス」の場合であると，「これらの振動の複雑な事情」が積極的に考慮されるのかが理解できなかった[10]。

気体を加熱しただけの全輻射に関する実験はそれまでわずかしかなかったなかで，1875年にティンダルは，二酸化炭素などの気体が熱電対で感知できる輻射を発することを発見していた[11]。1883年にウィリアム・ジーメンスは，加熱気体の温度上昇を熱電対で測定し，気体の輻射が白金線条の輻射に比べてわずかしかないことを見出しながらも，それに積極的な分析を加えなかった。1892年にハッチンズ(C.C. Hutchins)は，100℃程度まで気流の温度を上げて熱電対の振れの研究を行い，さらに，種々の物質による輻射を観察するなかで，それらの輻射に非常に長い波長も存在することを見出した。しかし，ハッチンズはスペクトル中のわずかな輻射に注目して研究することはなかった[12]。パッシェンは，少ない先行研究で示唆された加熱気体の輻射を，さまざまな温度の水蒸気，二酸化炭素に関する測定データを通して明らかに

しようとした。彼の実験結果は,「気体は温度によって不連続スペクトルを輻射」するので, プリングスハイムの見解は適当でないこと, さらに, 輻射強度の最大値が温度の低下とともに変位することを示唆した[13]。

1894年になると, パッシェンは「気体の輻射(Emission)について」を発表した[14]。ここでの主題は, 500℃以下の気体を扱う場合,「低温の気体輻射はあまりにわずかな強度しかもたいないので」, 輻射ではなく吸収を研究することであった。「キルヒホフ法則によれば, 吸収の研究から帰納的に輻射を推論できるのである」[15]。キルヒホフ法則とは,「ある物質の輻射能 E が, その物質の吸収能 A と同温の絶対黒体の輻射能 e の積に等しい」ことを意味して, $E = eA$ と表されるのだった[16]。パッシェンは課題のために3種類の実験を行った[17]。一つは, 1890年前後のオングストロームの実験のように, 気体の二酸化炭素の吸収についてであった。オングストロームの機器構成では岩塩レンズとプリズムが採用されていたが, パッシェンの場合, 凹面反射鏡と蛍石プリズムが使用され, パッシェンの「スペクトルはより純粋なものになっていた」。二つ目は, すでにユリウス(W. H. Julius, 1860-1925)によって示された液体水の吸収スペクトルであった。三つ目は, クナールガス・バーナーのスペクトルであった。これらのスペクトル測定から次のようなことがわかった[18]。

まず, 室内温度の二酸化炭素と100℃の水蒸気の吸収縞は, より高い温度のそれらの輻射縞と同じスペクトル部分であるということ。これらの縞の多くの強度最大値は, 温度が上がるとともに, 長波長へ変位するが, 水蒸気の最大値については逆の仕方で強く変位すること。オングストロームによる二酸化炭素の吸収測定, ルーベンスとスノーによる蛍石プリズムの分散曲線の測定結果に対する誤差を明らかにしたこと。凹面反射による構成がオングストロームの構成よりも「およそ5倍の純粋なスペクトル」を与えること。温度の変化や, 加熱気体とボロメーター線条間の低温気体層の存在のために気体輻射の主最大値が少し低めに, その波長の値は長めに現れること。二酸化炭素の主要吸収縞は気体の層の厚さが増すとともに, 拡がってはいかないこと。つまり,「気体の層の厚さが増すと気体輻射は連続スペクトルを生み出

す」という見解は誤っているのであり，「層の厚さを増した気体の輻射スペクトル線が，同じ温度をもつ「絶対黒体」スペクトルの当該位置の強度に達するまで明るく」なるのである．さらに，大気圧の下，数十分の1mの層の酸素と窒素に関して，吸収縞は得られないこともわかった．これらが，パッシェンが3種類の実験から得た結果であった．

また，1894年の二つ目の論文「キルヒホフ法則の有効性についての覚書」で[19]，パッシェンは，「輻射と吸収の間の対比関係」だけではキルヒホフ法則の十分な「有効性の証明」にはならないと訴えた．この対比関係は，キルヒホフ法則から独立に，例えば，ストークス(Sir George Gabriel Stokes, 1819-1903)が行ったような，「共鳴」からも求められるのである[20]．それに対して，パッシェンは，前論文で得た，極めて厚い層をもつ気体の輻射のスペクトル線が「同じ波長，同じ温度の絶対黒体の連続スペクトルと同じ強度をもたなければならない」ことを有効な証明とみなした．「黒体輻射と同様に気体輻射も波長，温度によって完全に決定され，したがって，同波長の場合，温度のみに依存するという仮定からキルヒホフ法則は導かれるのである」．このことは，温度によってのみ条件づけられる輻射すべてにも有効になるはずであり，また，その条件の輻射を，「純粋な温度輻射によって」おおよそ実現できることも意味していた[21]．

パッシェンは，白金の輻射を基準にして，他種類の輻射間の比較を行い，以下のような結果を得た．アーク放電の輻射は，ルミネセンス現象そのものであり，温度輻射からかけ離れていた．この類の輻射を扱ったプリングスハイムの実験では，気体の温度輻射について精確な情報を導くことはできないのであった[22]．さらに，ブンゼンバーナーによる金属蒸気の輻射には，ルミネセンスを除けば，相当な温度輻射が見られ，二酸化炭素，水の加熱気体は，完全な温度輻射となっていた．パッシェンはこれらの結果を得た実験を，「キルヒホフ法則の定量的研究というこれまで手つかずの分野」への「生の指導実験」として考えた[23]．

1893-94年の研究を通じて，パッシェンはキルヒホフ法則を介して気体の輻射を研究した．彼は，1893年論文で金属反射能が問題となった回折格子

ではなく，プリズムで分光して輻射測定を実施した。その結果，加熱気体は輻射しないという見解，分厚い気体層の輻射が「連続スペクトル」をもつという従来存在していた見解を否定しながら，気体輻射を黒体輻射とみなし得ることを示唆した。このパッシェンの研究は，気体と輻射との理論的関係，空洞輻射源の提案といった同時期のヴィーンの研究と関連づけできるものであった[24]。

1.3 分散式の研究

1894年の三つ目の論文「気体の輻射(Emission)について(補遺)」(以下，1894年3月論文)でパッシェンは[25]，ルーベンスとスノーの1892年論文「岩塩，カリ岩塩，蛍石における長波長輻射の屈折について」，パッシェンの1893年論文「加熱気体の輻射(Emission)について」，1894年論文「気体の輻射(Emission)について」，ルーベンスの1894年の新しい論文「蛍石における赤外部輻射の分散について」のなかで扱われてきた[26]，蛍石の分散による長波長輻射線の測定を問題として取り上げた。パッシェンは，長波長の水蒸気スペクトルの強度や液体水の吸収スペクトルを材料にして，蛍石プリズムの分散測定を行った。測定結果によれば，ルーベンスとスノーの論文や以前のパッシェンの論文で使用されていたものは，2.6 μm 以上の長い波長のところで精確ではなく，1894年のルーベンス論文で提出されたものが実際の長波長測定値に合致していた[27]。例えば，27.5°の最小屈折の波長は，従来は 8.07 μm とされていたが，実際には 6.605 μm なのであった。

1894年の四つ目の論文「赤外部の蛍石の分散について」(1894年6月論文)でパッシェンは，「短い波長領域に対して，赤外部スペクトルの波長測定には特有の難しさがある」と切り出した[28]。その理由は，測定方法にあった。赤外部より短い波長の測定は，写真や回折格子の利用によって，およそ 10^{-2} Å レベルの精確さで行われている一方，より長い赤外部の測定ついては，同レベルの精確さに近づけようとする方法を模索している段階だった。赤外部より短い波長に有効な写真乾板の方法も，長い波長の弱い赤外線(赤外部輻射線)には対応できないことが知られていた[29]。

こうした状況下で，スペクトルの熱作用を利用する測定方法が試みられた。パッシェンは自らボロメーターを開発し，そのボロメーターの精度は，輻射を照射したすす金属薄板の10^{-6}℃もしくはそれ以下の温度変化を読み取るレベルであった[30]。当時のボロメーターでは，可視部の測定でおよそ1Åレベルの精確さにとどまり，十分な感度をもつとはいえなかった。だが，ボロメーターによる方法は隣接するスペクトル間の強度関係を厳密に与えることができ，スペクトル線の強弱を描くエネルギー曲線を得るのに好都合だった。ボロメーター利用の方法は，赤外部輻射線とそのエネルギー曲線を測定するのに長所をもっていた。

　また，赤外部輻射線を扱う際，分光する手段について考える必要があった。当時，赤外部のスペクトルに分光するには，反射回折格子，プリズムが考えられ，回折格子の場合，簡単でより確かにスペクトルを得ることができる一方，プリズムでは，手間がかかるうえ精確でないとされていた。しかし，回折格子には赤外部にとって大きな短所があった。それは，回折で得られるスペクトルが極めて弱いこと，長い波長領域において一次スペクトルと二次以降のスペクトルが重なってしまうことであった[31]。これらの短所は赤外部の連続スペクトルを扱う場合に重大な欠陥となりかねないため，パッシェンは，ボロメーターで赤外部輻射線を測定する際の分光手段をプリズムとした。そこで，彼は，プリズムによるスペクトルの測定をより有効にするべく，スペクトルの波長目盛りの確立を試みた。

　分光するプリズムにも問題がともなっていた。ラングレーは，岩塩プリズムやカリ岩塩プリズムによって，30 μm という極めて長い波長のスペクトルを扱ったとしていたが，岩塩プリズムの分散は，可視部で非常に大きいのに対して，赤外部では急激に小さくなり，その赤外部の扱いは極めて困難だった。他方，蛍石プリズムの分散は，岩塩やカリ岩塩に比べて，赤外部の2 μm より大きな波長領域では安定的に増大した[32]。ただし，蛍石プリズムのスペクトルは10 μm 前後でスペクトル吸収を受けるため，2-8 μm の範囲で有効であった。そこで，パッシェンは，蛍石プリズムが有効な赤外部波長範囲の分散測定を実施して，当該範囲の波長目盛りの確立に取り組んだ。

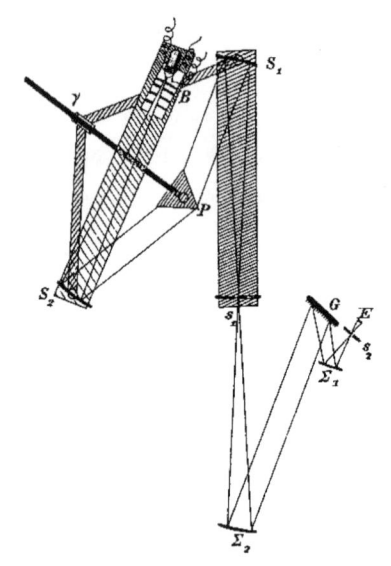

図 3.2 パッシェンの 1894 年 6 月論文の機器構成
(Paschen, 1894e)[33]

　1894 年 6 月論文の測定は図 3.2 のような構成で行われた。ここでは，1893年 7 月論文で使用された構成に回折格子 G と凹面鏡 Σ が加わっている。その追加の理由は，波長測定をより細密にするためであり，また，大きな分散時の微弱な輻射強度に対応するためであった[34]。
　測定手段として優れた回折格子が必要と考えたパッシェンは，測定に際して，アメリカのアレガニー天文台台長のキーラー(James Edward Keeler, 1857-1900)を通じて，最高精度の蛍石プリズム用ローランド格子の提供を受けた[35]。主要な輻射源には，高温白熱に安定して耐え得る，酸化鉄コーティングの白金を採用していた。当時，赤外部スペクトルにおいて確証済みの分散式はなかったが，蛍石プリズムスペクトルに対するブリオ式は，ルーベンスとカルヴァッロ(E. Carvallo)によって良い結果を得られるとされていた[36]。ブリオの分散式は次にように表される。

$$\frac{1}{n^2} = a + bl^{-2} + cl^2 + dl^{-4} \qquad (3.4)$$

ここで，n は屈折率，λ は波長，l は $l = \dfrac{\lambda}{n}$，a，b，c，d は定数である。カルヴァッロは熱電対を利用した測定結果に基づいて，a を 0.490335，b を -0.000713835，c を 0.001584，d を -0.000000042 として与えていた。

　パッシェンは，ブリオ式にカルヴァッロが算出した定数を与えたブリオ-カルヴァッロ分散式を検証した[37]。測定の結果，ブリオ-カルヴァッロ分散式と実測値の間には「大きなズレ」が見られた[38]。そのズレは，スペクトル吸収が強くなるにしたがって大きくなった。したがって，パッシェンは，ブリオ-カルヴァッロ分散式と測定値のズレの主原因を吸収問題と考えた[39]。

　その後，パッシェンは二酸化炭素と水蒸気の赤外部スペクトル帯を 0.05 μm 以下の誤差の測定に成功し[40]，つづく論文「赤外部の岩塩の分散について」では[41]，蛍石でなく，岩塩についての分散を調べた。パッシェンは，10 μm 以下の波長の測定を行い，ルーベンス，スノーの岩塩分散測定，ラングレーの岩塩プリズムのスペクトル測定といった先行研究における測定誤差を明示した[42]。しかし，30 μm にも及ぶとされる岩塩プリズムのスペクトルをもってしても，15 μm 以上における「熱作用はほとんど観測されず」，測定は困難だった。そのため，パッシェンは次の文面を論文の最後に記した。岩塩の分散測定で主要機器となる「回折格子，最高感度のボロメーターを，私はもってはいるが，よい岩塩プリズムの調達法や，この測定に適した信頼できる私のスペクトル装置を組み立てる方法を全く欠いている。どなたか私にそのような方法を与えてくれるならば，私はこの重要な研究を行うことができるだろう」[43]。

　つづいて，パッシェンは，1894 年 9 月に提出した論文「蛍石分散とケテラー分散理論」で[44]，それまでの一連の分散研究に対して一つの注目すべき結果を示した。それは，ブリオ式に代わるケテラー(Eduard Ketteler, 1836-1900)の分散式の有効性だった[45]。ケテラー式の一つの形は(3.5)式のようになる。

$$n^2 = a^2 + \frac{M_1}{\lambda^2 - \lambda_1^2} - k\lambda^2 \qquad (3.5)$$

n は屈折率, λ は波長, λ_1 は赤外部スペクトルの吸収が最大のときの波長, a, k は定数であり, M_1 は赤外領域の分散定数である。0.1856-9.4291 μm における蛍石プリズムのスペクトルのパッシェンの測定結果によれば, この「ケテラー式との一致は完璧であった」。パッシェンの実験研究にとって, ケテラーの分散理論は「極めて大きな有効性」をもつものであった[46]。

1894年, パッシェンは蛍石プリズムの分散測定を行った。それは, 当時の長波長実験のなかで明確になっていた, ルーベンスとスノーによる蛍石プリズムの分散測定の誤差に関していた。1893年7月論文以降, パッシェンの機器構成では, ラングレーと同様, 回折格子が採用され, より広範囲で精密な波長測定が行われた。測定を通して, 彼は, 当時ルーベンスやカルヴァッロが支持していたブリオ-カルヴァッロ分散式に補正を加え, ケテラー分散理論の確からしさを示した。その間, 岩塩プリズムについても測定したが, 満足できる測定結果は得られず, 信頼に足る分散データは蛍石プリズムに関してだけであった。

2. 分散をめぐるルーベンスの研究展開

1894年, ルーベンスはそれまで携わっていた赤外部輻射線の光学的性質の測定にとって不可欠な各種プリズムの分散式をめぐる基礎的研究を行った。彼は, 同時期に, プリズムの屈折測定を通して精確な分散式の絞り込みを進めていたパッシェンと同様な課題に取り組むことになった。

2.1 ブリオ分散式の検証とラングレーの方法の採用

1894年になると, ルーベンスは「蛍石における赤外部の輻射線の分散について」を発表した[47]。その冒頭で彼は, 1892年の自身による2論文の目的を示した[48]。それは, 「一連の固体および液体の赤外部スペクトル領域の分

散を検証し」,「その波長の値をできるだけ長くする」ことであった[49]。つまり，分散式の有効範囲をより長い波長へ拡げることが彼の目的だった。1894年でも同様な目的を掲げてルーベンスは研究に取り組み，最初にブリオの分散式(3.4)を取り上げた。しかし，ブリオ式はルーベンスらの 2.7 μm までの測定データと一致するが，5 μm 時には 10% の差異を生じるため，より長い波長におけるブリオ式の有効性は確かではなかった[50]。

　こうした状況を受けて，ルーベンスは長波長領域の検証に取り組んだ。今回の機器構成は，彼が以前採用していたガラス干渉板の方法から離れて[51]，ボロメーターとローランド回折格子を組み合わせるラングレーの方法によっていた。ルーベンスは，精確を欠く領域に対して「十分な確実性を得る」ために[52]，従来の方法に加えて別の方法で測定することを重要視し，ラングレーの回折格子の方法を採用したのだった。

　図 3.3 は，ルーベンスの新しい機器構成である。ここで，L は輻射源でリンネマンのジルコンバーナー，l はカリ岩塩レンズ，A はスペクトロメーター，A のレンズは蛍石製，G は回折格子，B も A と同様，蛍石レンズからなるスペクトロメーター，P は検証対象の蛍石プリズム，b はボロメーターである。ちなみに，P は常に偏波が最小になるようにセッティングされている。

　今回のボロメーターは，ルーベンスの 1892 年論文「赤外部スペクトルの分散について」で使用されたものが活用され，ボロメーターの機能に欠かせないガルヴァノメーターは，ルーベンスとドゥ・ボアの 1893 年論文「無定位ガルヴァノメーターの改良」で開発されたものだった。回折格子に関しては，ルーベンスとドゥ・ボアの 1893 年論文「金属針金格子において屈折されない赤外部スペクトルの偏波」で研究された金製および銅製の針金を利用していた。

　ルーベンスは，この測定を行うにあたって，「スリット S_2 を通って，一次回折スペクトルに関係する，分散スペクトル中の赤外線の状態を，ボロメーターによって確定し」，さらに「このエネルギー縞に属する波長を，光学的方法に基づいて報告」する必要があると考え[53]，まずこの点の基準化を行っ

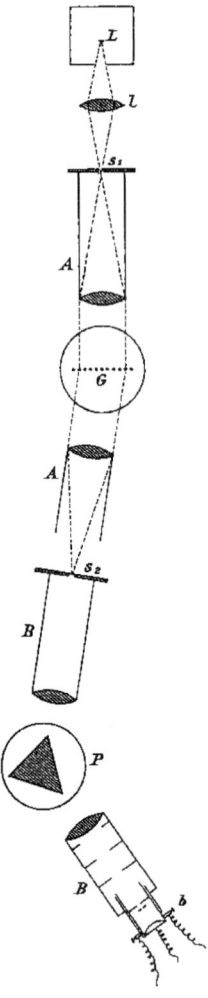

図 3.3　ルーベンスの 1894 年論文時の機器構成
（Rubens, 1894a）[54]

た。例えば，波長 4.52 μm における蛍石プリズムの屈折率は 1.4045 であった[55]。

今回の分散測定では，6.48 μm を超える測定に成功しなかった。それ以上の 7.0, 8.0, 9.0, 10.0 μm の波長時についてはブリオ式によって求めた数値を参考データとしながら，ルーベンスは 10.0 μm までのデータを表（表 3.1）およびグラフで提示した。

ここで，M の欄は実験の方法を表し，a, b の添え字は干渉縞の番号，a, b そのものは同じ干渉縞の波長の最小値，最大値を表す。また，II の添え字 a, b は，金属格子が金製，銅製の場合を示している[56]。

これらの測定結果から，今回の測定範囲では，測定値とブリオ式による計算値が「ほとんど完全に合致」すること，「波長が 6.5 μ のとき外挿法による範囲にもかかわらず，可視部と近赤外部のスペクトルと同様に厳密にブリオ式が測定値に従う」ことが示された[57]。また，これらのデータから，蛍石プリズムの吸収は 9 μm を超えるところから始まると予想され，外挿法につ

表 3.1 ルーベンスの 1894 年論文時の測定データ表（Rubens, 1894a）[58]

Tabelle II.[1])

M	λ	u	n beob.	n ber.	$\delta \cdot 10^4$	M	λ	α	n beob.	n ber.	$\delta \cdot 10^4$
H_γ	0,434 μ	32° 5′	1,4398	1,4395	+ 3	a_8	2,69 μ	30° 30¼′	1,4205	1,4201	+ 4
F	0,485 ,,	31° 52′	1,4372	1,4371	+ 1	II_b	2,93 ,,	30° 19′	1,4182	1,4185	− 3
D	0,589 ,,	31° 36′	1,4340	1,4339	+ 1	b_8	3,22 ,,	30° 14¼′	1,4174	1,4165	+ 9
C	0,656 ,,	31° 29′	1,4325	1,4326	− 1	II_a	3,22 ,,	30° 10¼′	1,4166	1,4165	+ 1
a_1	0,807 μ	31° 20½′	1,4307	1,4306	+ 1	II_b	3,56 ,,	29° 56¼′	1,4135	1,4137	− 2
b_1	0,850 ,,	31° 18½′	1,4303	1,4302	+ 1	II_a	3,70 ,,	29° 52′	1,4126	1,4127	− 1
a_2	0,896 ,,	31° 16′	1,4299	1,4298	+ 1	II_a	3,92 ,,	29° 43′	1,4107	1,4107	0
b_2	0,950 ,,	31° 13½′	1,4294	1,4294	0	II_b	4,10 ,,	29° 36′	1,4093	1,4091	+ 2
a_3	1,009 ,,	31° 12′	1,4290	1,4290	0	II_a	4,28 ,,	29° 24½′	1,4069	1,4073	− 4
b_3	1,076 ,,	31° 10′	1,4286	1,4286	0	II_a	4,52 ,,	29° 13′	1,4045	1,4047	− 2
a_4	1,152 ,,	31° 7½′	1,4281	1,4282	− 1	II_b	4,71 ,,	29° 4½′	1,4027	1,4028	− 1
b_4	1,240 ,,	31° 5½′	1,4277	1,4277	0	II_a	4,94 ,,	28° 51′	1,4000	1,4003	− 3
a_5	1,345 ,,	31° 3½′	1,4272	1,4272	0	II_a	5,18 ,,	28° 37′	1,3970	1,3975	− 5
b_5	1,466 ,,	31° ½′	1,4267	1,4266	+ 1	II_b	5,52 ,,	28° 18′	1,3931	1,3932	− 1
a_6	1,613 ,,	30° 57′	1,4260	1,4260	0	II_a	5,70 ,,	28° 12′	1,3918	1,3909	+ 9
b_6	1,792 ,,	30° 52½′	1,4250	1,4251	− 1	II_a	6,02 ,,	27° 44′	1,3860	1,3865	− 5
II_a	1,981 ,,	30° 46½′	1,4241	1,4242	− 1	II_a	6,48 ,,	27° 15′	1,3798	1,3798	0
a_7	2,02 ,,	30° 46′	1,4240	1,4240	0	(extrapolirt nach Briot's Formel)	7,00 μ	26° 35′	—	1,3715	
b_7	2,30 ,,	30° 39½′	1,4224	1,4225	− 1		8,00 ,,	25° 12′	—	1,3558	
II_b	2,48 ,,	30° 34′	1,4212	1,4214	− 2		9,00 ,,	23° 37′	—	1,3333	
II_a	2,66 ,,	30° 28′	1,4200	1,4203	− 3		10,00 ,,	20° 43′	—	1,2951	

1) In der Tabelle IV meiner in Gemeinschaft mit Hrn. Snow publicirten Untersuchung sind durch ein Versehen für eine Reihe von Wellenlängen die Ablenkungen α um 1½′ zu klein angegeben; die Brechungsindices und Wellenlängen hingegen richtig. Hrn. F. Paschen, welcher mich hierauf zuerst aufmerksam machte, bin ich dafür zu Dank verpflichtet.

いても，1892年時のルーベンスとスノーの測定時(波長範囲5-8 μm)よりもいっそう確かな土台を得たと結論づけられた[59]。

2.2 ケテラー分散式の検証と肯定

ルーベンスは1894年論文「ケテラー–ヘルムホルツの分散式の検証」(以下，1894年6月論文)においても引き続き分散式について取り組んだ[60]。この論文で彼は，ブリオ式ではなく，1887年にケテラーが提出した下記の分散式を検証した。

$$n^2 = n_\infty^2 + \sum_m \frac{M_m}{\lambda^2 - \lambda_m^2} \qquad (3.6)$$

ここで，n は屈折率，n_∞ は屈折率に関する定数，λ は波長，λ_m はスペクトル吸収の大きさが m 番目の波長であり，M_m は分散定数である。(3.6)のケテラー式は，赤外領域に対しては，(3.5)式の形をとると考えられていた。また，このケテラー式は波長範囲による近似の取り方次第でブリオ式とほとんど同じになるため[61]，ブリオ式を包含する分散式とみてよいのだった。

ケテラー式を検証するために，ルーベンスは前論文と同様，ラングレーの方法を採用した。その採用理由を，パッシェンの研究結果にあるような，水蒸気，二酸化炭素のスペクトル吸収への対策としていた[62]。図3.4の今回の機器構成は次のようになっていた。L はリンネマンバーナーのジルコン塩板，l は岩塩レンズ，A はスペクトロメーターで，A における M_1 と M_2 は銀メッキされた(Ueberzug)ガラス製の凹面鏡で直径32 mm[63]，焦点距離32 cm，B も A と同様なスペクトロメーターだが，N_1 と N_2 の凹面鏡の直径は55 mm，焦点距離は57 cm である。A の M_1 と M_2 の間には回折格子が設置され，B の N_1 と N_2 の間には測定対象のプリズムが置かれた。b はボロメーターであり，回転可能なアームの上に設置されていた。

ボロメーターは二種類用意され，一つ目のボロメーターの照射部分は，3本の鉄製線条を並べた幅0.25 mm の抵抗で，抵抗値は15 Ω，二つ目のボロメーターの該当部分は，13本の鉄製線条を並べた幅2.4 mm の抵抗で抵抗

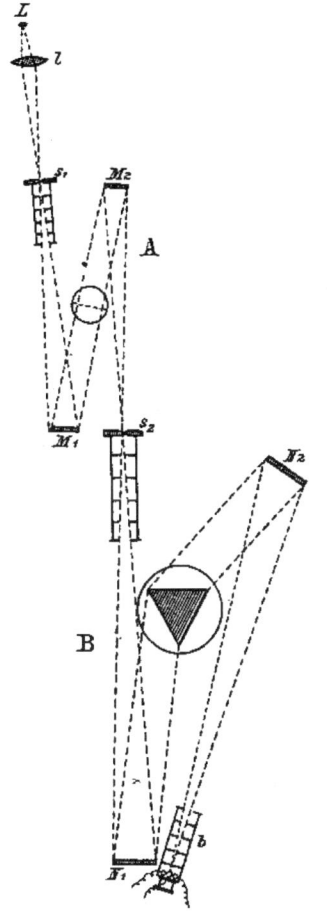

第 3 章 熱輻射分布測定のための基礎研究の拡充　117

図 3.4　ルーベンスの 1894 年 6 月論文時の機器構成
　　　（Rubens, 1894b）[64]

値は 13 Ω であった[65]。ただし，二つ目のボロメーターの測定は，一つ目による測定の比較データとして採られたものだった。その両データ間に違いがなかったため，ここでの測定は基本的に一つ目のボロメーターによるデータとなった。

　この機器構成による実験結果から次のことが得られた。岩塩プリズムにつ

いては，ラングレーがすでに提出済みの 0.434-5.270 μm の範囲だけでなく，より長い波長範囲でもケテラーの分散式の計算値と測定値がほぼ合致した。外挿法を利用して，9 μm までの範囲で計算値と測定値のくい違いを調べると，$\frac{2}{3}$％程度であり，9，10，11，12 μm の各波長時では 2％内におさまっていた。したがって，岩塩プリズムの測定結果ではケテラー分散式は「信頼できる」と判断された[66]。また，石英プリズムの測定についても，赤外部の「4 と $\frac{1}{2}$ のオクターブ」の測定範囲でケテラー式が「完全なもの」とみなされた[67]。カリ岩塩プリズムの測定については，6.1-6.6 μm 間の水蒸気によるスペクトル吸収，3.23 μm と 7.23 μm 時のカリ岩塩自体のスペクトル吸収を考慮しながら，7.23 μm までの実測に基づいて，測定値と計算値の大きな誤差はないと判断された[68]。

　ルーベンスは，以上の測定結果を通して，ケテラー式が「実験的実践の側」から「正当である」ことを明らかにした[69]。また，ケテラーが 1893 年論文において「電磁的光仮説に基づくヘルムホルツの色収差理論から同様な式が導かれることを証明した」ことを引き合いに出して，ケテラー式の「正当」さは理論的観点においても重要性を増していることも付け加えた。ルーベンスは 1894 年 6 月論文の最後を次のように締めくくった。ヘルムホルツによる「分散の電磁理論は五つの調査物質の場合において」，「おおよそ 5 と $\frac{1}{2}$ のオクターブを覆うスペクトル範囲で完全に経験との合致が見られた」。つまり，ルーベンスによる分散式の検証は，彼自身の目標である長波長領域への挑戦に，ヘルムホルツ理論の実験的検証という意味合いを兼ねるものだった。

　ルーベンスは 1895 年に再び分散式を確認する研究に取り組み，「ケテラー-ヘルムホルツ分散式」を発表した[70]。この論文が発表される契機は，ルーベンスと同時期に，パッシェンも分散式の研究に取り組んでいたことにあった[71]。ルーベンスとパッシェンはともにラングレーの機器構成に沿って同様な構成を採用していたが，ルーベンスの回折格子がベルリン工科大学物理学科で製作されたものに対して，パッシェンのものは，赤外部スペクトル領域測定のためにラングレーのローランド目盛り機械で調整したアメリカ製

回折格子だった[72]。ルーベンスはこの使用器具の違いが分散の実験データの誤差に影響しているかどうかを確かめたのである。

この論文でルーベンスは，彼の石英($4.20\,\mu$m まで)，フリント珪酸塩($4.06\,\mu$m まで)，カリ岩塩($7.08\,\mu$m まで)，岩塩($8.67\,\mu$m まで)のデータに加えて，パッシェンの蛍石データと分散式の計算値を比較した。ルーベンスは，スペクトル吸収も考慮に入れながら，測定結果と「系統的なズレ」はほとんどなく，ケテラ―－ヘルムホルツ理論とも整合する下記の式を最良と考えた[73]。

$$n = a + \frac{M_1}{\lambda^2 - \lambda_1^2} - k\lambda^2 \qquad (3.7)$$

1895 年論文において，ルーベンスは 1894 年時に確認したケテラ―－ヘルムホルツ分散式を，波長範囲は変わらないながらも最新の実験データと比較して，さらに厳密に対応する上記の式を提出したのだった。

1894 年に入ると，ルーベンスは実験課題を分散式に絞り，ブリオ式，ケテラ―式を順に検証していった。彼は輻射源-回折格子-プリズム-ボロメーターというラングレーと同じ構成を採用したが(図3.3 参照)，1894 年 6 月になると，それに凹面鏡を加えて(図3.4 参照)，対象波長の輻射線をよりいっそう純化することに努めた。この構成による石英，カリ岩塩，岩塩，蛍石のプリズムの分散測定は，$10\,\mu$m 以下ながらも，赤外部に対するケテラ―分散式の有効性を確かなものにした。このケテラ―式の有効性は，同時期に，蛍石プリズム測定を実施したパッシェンによる結論と同じ内容であった。ルーベンスの結論は，ケテラ―式を支持する，「電磁的光仮説に基づくヘルムホルツの色収差理論」を裏づけるものであり，光と電磁波の同質性の検証も含意していた。

3. 小　　括

パッシェンは，1893 年論文において，白金などの輻射のエネルギー曲線の描出を試みるなかで，曲線が「不連続」になる原因を，測定機器の金属部

分の選択吸収能・反射能，空気の二酸化炭素・水蒸気によるスペクトル吸収とみなした。その後，2年ほどの間，パッシェンは，これらの測定にかかる問題点の解決も含めた熱輻射実験の基礎研究にあたった。

　1893年の論文「白熱白金の全輻射について」では，長い間実験研究の対象にもなってきた固体輻射の温度依存性を，白金とすす白金の全輻射測定によって検証した。当時知られていた全輻射式のうち，有力なシュテファン–ボルツマン式とヴェーバー式を候補としたが，最終的にどちらがより精確かという結論を提出するまでには至らなかった。その原因は，機器構成や測定誤差などの問題にあり，1893年時点では，精確な全輻射測定を実施することが難しかったことがわかる。つづく1893-94年にかけて，空気中の二酸化炭素と水蒸気の輻射測定に主に取り組み，それらの輻射がキルヒホフ法則に従うのか，先行研究における同様の輻射測定の精度はどの程度なのか，といった点が問われた。パッシェンは，自身の諸データを通して，オングストロームの二酸化炭素の吸収測定には誤差があったこと，二酸化炭素などの加熱気体が温度輻射になることを明らかにして，それにともない，気体の温度輻射を認めていなかったプリングスハイムの見解を否定した。さらに，1894年においては，当時誤差のあった蛍石プリズムの分散測定を改めて行い，ブリオ–カルヴァッロ式の検証を経て，ケテラー式との合致を示した。パッシェンは，この研究を通して，$10\,\mu m$以下の波長範囲における蛍石の分散に関する高精度の基準化を与えた。1892年以降，パッシェンが取り組んできた，加熱固体の熱輻射エネルギー分布の実験研究は，1893-94年に，気体輻射の性質，とりわけ，二酸化炭素および水蒸気のスペクトル吸収の精確なデータ，また，$10\,\mu m$以下の蛍石プリズムの分散の精確なデータとそれに合致する分散式を提供した。

　ルーベンスは，1880年代末の赤外部波長の金属反射を研究したのち，他の研究者と協力して，電波測定に携わった。1891-93年にかけて，赤外部熱輻射線の光学的性質の研究に取り組み，固体および液体の分散，岩塩，カリ岩塩，蛍石プリズムの屈折率，金属格子に対する偏波などを測定した。これらの研究は，赤外部スペクトルは可視光–電波間の「スペクトル欠損」を埋

める意味合いをもち，ヘルツの実験に代表される光波と電磁波の同質性を実証する研究と同調するものだった。このような意図の下，1894-95年にルーベンスはより長い波長に対応するために，長波長熱輻射線の分散測定に取り組み，それによって，当時知られていたブリオ式，ケテラー式を検証した。ルーベンスは，石英，フリント珪酸塩，カリ岩塩，岩塩のプリズムに関する彼自身の測定データ，パッシェンによる蛍石のデータを参照して，ケテラー式の妥当性を明らかにした。蛍石の分散データだけを扱ったパッシェンに対して，ルーベンスはカリ岩塩，岩塩などの複数種の分散もカバーする分散式を確証し，10 μm以下の波長と屈折率の関係を基準化した。1880年末以降，ルーベンスが取り組んできた，赤外部熱輻射線の光学的性質に関する実験研究は，1894年前後を通して，10 μm以下の波長範囲の複数種プリズムに対応可能な分散式を与えた。また，ルーベンスの論文では，ケテラー式は「ケテラー-ヘルムホルツ分散式」と表現され，ヘルムホルツの電磁理論によって説明づけされた式だった。つまり，ルーベンスの厳密な分散式の追究は，ヘルムホルツ電磁理論の実証という意味ももっていた。

　これらの研究にあたって，パッシェン，ルーベンスは，ラングレーと同様，輻射源-回折格子-プリズム-ボロメーターを基本とした機器構成を採用した。パッシェンは当初，1893年論文で指摘した回折格子の問題から，プリズムのみを使用する方法を採っていたが，1894年6月論文以降，回折格子を導入して，より広い波長範囲の蛍石プリズムの分散をとらえることに努めた。1894年のルーベンスも，蛍石，石英，岩塩，カリ岩塩のプリズムの分散を測定するなかで，輻射源-回折格子-プリズム-ボロメーターの基本構成にしながら，そこに集光レンズや凹面反射鏡を導入してより精巧な構成を模索した。同時期に分散式の検証を進めていたパッシェンとルーベンスは，当時のより良い機器構成に向かった結果，輻射源-回折格子-プリズム-ボロメーターに凹面反射鏡を組み合わせる構成を採用していた。

　1893年論文を契機に精確な輻射エネルギー分布曲線を求めていたパッシェンと，長波長の赤外部熱輻射線の性質を明らかにすることを試みていたルーベンスはともに，精密な波長測定実現のために，広い波長範囲に適用可

能な分散式の確立を図り，同様な器具を組み合わせた機器構成を採用するに至った。1894年のパッシェンとルーベンスの研究は異なる目標をもっていたが，分散式を扱うという点で共通点が見られた。その結果，蛍石，カリ岩塩，岩塩などの複数種のプリズムに広い波長範囲で適用可能なケテラー(-ヘルムホルツ)分散式が与えられ，精密な分散測定に適う，輻射源-回折格子-プリズム-ボロメーターを基本とする機器構成が生まれた。1890年代中葉の分散研究は，パッシェンとルーベンスの研究間の交流媒体となり，この相互の研究を通して新たに確証された分散式は，1890年代後半の熱輻射実験をさらに発展させる重要な足場の一つとなったのである。

[注と文献]

[1] Paschen(1893b). ちなみに，本書中では，Strahlung, Emission をともに「輻射」と訳している.
[2] Paschen(1893b), p. 50.
[3] Paschen(1893b), p. 67.
[4] Paschen(1893b), p. 68.
[5] Paschen(1893c).
[6] 1893-94年のパッシェンとプリングスハイムのやりとりについては，以下の文献の記述も参考になる. Kangro(1970b), pp. 68-73.
[7] Paschen(1893c), fig. 1.
[8] Paschen(1893c), p. 417. 内径3 mm，長さ4 cm の白金製筒は，厚さ0.1 mm，幅3-4 mm の白金板をらせん状に巻いたものだった．この白金円筒は，5.5 volt[V]，200 amp[A]の容量で電気加熱され，円筒内の気体は1,000℃以上に加熱される.
[9] Paschen(1893c), p. 410.
[10] Paschen(1893c), pp. 410-412.
[11] Paschen(1893c), p. 413.
[12] Paschen(1893c), pp. 413-414.
[13] Paschen(1893c), p. 443.
[14] Paschen(1894a).
[15] Paschen(1894a), p. 1.
[16] Paschen(1894b), p. 40.
[17] Paschen(1894a), pp. 2-3.
[18] これらのスペクトル測定からわかった事柄は，Paschen(1894a), pp. 38-39 にまとめられている.
[19] Paschen(1894b).
[20] Paschen(1894b).「ストークスの法則」は，「蛍光，りん光などの発光波長 λ_e が，一般にこれを励起する光の波長 λ_a より長いことを述べた法則」である．「気体中に孤立した単原

子分子などの場合には $\lambda_e = \lambda_a$ の発光も見られ，これを共鳴発光という」．物理学辞典 (1992), 1025 頁．
[21] Paschen(1894b), p. 40.
[22] Paschen(1894b), p. 43.
[23] Paschen(1894b), p. 46.
[24] カングローは，気体輻射に関するパッシェンの研究と，熱輻射と気体分子を関連づけて考察するヴィーンの理論との関係を示唆した．Kangro(1970b), p. 74.
[25] Paschen(1894c).
[26] Rubens(1894a).
[27] Paschen(1894c), pp. 224-226.
[28] Paschen(1894e), p. 301.
[29] アブニーとフェスティングは，赤外部感度のある臭化銀コロジオン乾板を製作して，これまでより高い精度でプリズムスペクトルおよび回折格子スペクトルを撮影した．だが，アブニーは $1.2 \, \mu m$ を超えるスペクトルの撮影には成功しなかった．パッシェンの論文によれば，長い波長を撮影できたとしても $2.7 \, \mu m$ が限度だろうとしている．Paschen(1894e), p. 301.
[30] Paschen(1894e), p. 302.
[31] Paschen(1894e), p. 303.
[32] Paschen(1894e), p. 303-304.
[33] Paschen(1894e), fig. 1.
[34] Paschen(1894e), p. 312-314.
[35] Paschen(1894e), p. 304.
[36] Paschen(1894e), p. 327.
[37] Paschen(1894e), p. 327.
[38] Paschen(1894e), p. 332.
[39] Paschen(1894e), p. 333.
[40] Paschen(1894f).
[41] Paschen(1894g).
[42] Paschen(1894g), p. 341.
[43] Paschen(1894g), p. 342.
[44] Paschen(1894h).
[45] ケテラーの分散式の導出の由来については，下記の文献が参考になる．河村(1989)．ケテラーは 1860 年代に気体の分散測定を中心に行い，気体・液体・固体を包括する分散式を提出した．彼は測定データをもとに式の提出を行ったうえ，分子論を基礎にして，コーシーの「分子間力」ではなく，彼独自の「分子の特性」(凝集や拡散に関係する) を鍵にして分散を説明した．とくに，河村(1989), 24-25 頁．
[46] Paschen(1894h), p. 821.
[47] Rubens(1894a).
[48] Rubens(1892a); Rubens(1892b).
[49] Rubens(1894a), p. 381.
[50] Rubens(1894a), pp. 382-383.
[51] ガラス干渉板の方法に関するルーベンスの 1892 年の機器構成については，図 2.11 を参照．
[52] Rubens(1894a), p. 383.

[53] Rubens(1894a), p. 386.
[54] Rubens(1894a), fig. 7.
[55] Rubens(1894a), p. 388.
[56] Rubens(1894a), pp. 389-391.
[57] Rubens(1894a), p. 391.
[58] Rubens(1894a), p. 390.
[59] Rubens(1894a), p. 392.
[60] Rubens(1894b).
[61] Rubens(1894b), p. 268.
[62] Paschen(1894a)；Rubens(1894b), p. 269.
[63] Rubens(1894b), p. 270. ちなみに, 本書中で使用される「メッキ」は, 基本的に, ドイツ語の「überziehen」に関連する単語を訳したものである. メッキ(鍍金)は, 一般的に, 「材料の表面を薄い金属の皮膜でおおう金属表面処理法」を指すが, 現在では非金属の化合物の皮膜に対してもメッキという表現が使用されている.『平凡社 大百科事典 14 巻』平凡社, 1985 年, 796 頁. また,「メッキ」の理解において, 阿部正紀先生から貴重なご助言をいただいた.
[64] Rubens(1894b), fig. 1.
[65] Rubens(1894b), pp. 270-271.
[66] Rubens(1894b), p. 283.
[67] Rubens(1894b), p. 281.
[68] Rubens(1894b), pp. 285-286.
[69] Rubens(1894b), p. 286.
[70] Rubens(1895a).
[71] Paschen(1894a).
[72] Rubens(1895a), p. 476.
[73] Rubens(1895a), p. 484.

第4章 熱輻射分布法則の導出・検証における実験研究の交流

1. パッシェンの熱輻射分布の実験研究
2. ヴィーンとルンマーによる空洞輻射源の実施提案
3. ルーベンスらのラジオメーター開発と残留線研究
4. パッシェンによる固体輻射源と空洞輻射源の取り扱い
5. ルーベンスの長波長研究における実験機器・機器構成の模索と確立
6. ルンマーらの空洞輻射源の開発
7. パッシェンの空洞輻射源の採用
8. ルンマーらによる空洞輻射の分布測定への導入
9. ルーベンスの分布法則検証への転機
10. ヴィーン法則の問題点
11. ルーベンスによる長波長領域の分布法則の検証
12. パッシェンの分布法則の有効範囲の定量化
13. パッシェン,ルンマー,ルーベンスらの1901年以降の研究
14. 小括(1)——三者の研究の方向性と機器構成
15. 小括(2)——三者の交流

旧・帝国物理工学研究所(PTR)(2001年8月11日に筆者撮影)。現在,PTRは連邦物理工学研究所(PTB)となり,ブラウンシュヴァイクを拠点としている。

本章では,1890年代後半において,異なる目的をもつルンマー,ルーベンス,パッシェンらが,熱輻射の実験研究を輻射法則の導出・検証へ方向づけながらも,それまでの経緯を反映して,異なる種類の熱輻射分布のデータを提出していく展開を取り上げる。

本章では，ボロメーターの開発，機器構成の基本的方向性の確立，波長 10 μm 以下の分散式の確証といった 1890 年代中葉までの研究を経たのち，パッシェン，ルンマー，ルーベンスたちの実験研究が輻射法則導出・検証に至っていく過程を示す。この過程では，主に 10 μm 以下の波長領域で一定の機器構成を通して着実に実験研究を進めるパッシェン，ルンマーらの研究と，10 μm を超える長波長領域の研究に特化した新しい機器構成を試みるルーベンスらの研究が見てとれる。また，パッシェンとルンマーの研究の間にも，輻射源に空洞輻射源を標準として採用するルンマーらと，固体輻射源，固体-空洞折衷型輻射源，空洞輻射源などの多種の輻射源の採用を試みるパッシェンには進め方の違いが見られる。最終的に熱輻射分布法則の導出・検証に向かう彼らの研究であるが，そこに至る過程およびその研究内容は異なっていた。これらの相違点は，1890 年代末-1900 年の熱輻射分布法則の導出・検証において多様な実験結果の提供に関係し，熱輻射のエネルギー分布の描出，機器構成の調整を進展させる一つの要因となっていた。

1. パッシェンの熱輻射分布の実験研究

パッシェンは，ヴィーンが理論的にヴィーン法則を提出した 1896 年に，ヴィーンとは独立にヴィーン法則と同型の分布式を実験的に求めていた。そのため，1890 年代後半には，実験研究者間でヴィーン式が「パッシェン式」と呼ばれることもあった。このようなパッシェンのヴィーン式導出は，理論的だけでなく実験的にもヴィーン式が得られるという見方を示し，ヴィーン式を輻射法則の信頼できる候補として押し上げたのである。

1.1 ヴィーン変位則への探究[1]
1880 年代末，輻射分布関数への試みは，ラングレーの測定結果等を利用して[2]，ミヘルゾン(1887 年)，H. F. ヴェーバー(1888 年)らに加え，ケヴェスリゲティ(Rudolph von Kövesligethy, 1862-1934)(1890 年)の手によっても行われていた[3]。三者の関数は，いずれもラングレーの測定結果と一致するとされ

たが，その式の形は異なっていた．彼らの各関数を一覧すると表 4.1 のようになる[4]．

ここで，W はヴェーバー，M はミヘルゾン，K はケヴェスリゲティを指し，E_λ は波長 λ の「輻射強度」[5]，T はそれに対応する温度，λ_m は輻射エネルギーが最大値時の波長(以下，最大波長)である．また，各式の諸定数には，C_1, C_2, C_3, C_4, C_5 という同記号をあてているが，各々は独立している．

1893 年，ヴィーンは熱力学的考察によって，輻射線の波長と温度の関係を表す式を理論的に導くことを試みた[6]．彼は，ピストンを設置した円筒内を，黒体輻射で満たしていると仮定して，ピストンを動かすと，ピストン壁で反射する輻射線の波長が変化する過程を考察した．このことを通して，ピストンの位置が x 時のエネルギー密度 $\psi(x)$ と，波長 λ との関係を求めた．さらに，エネルギー密度 ψ と温度 T の 4 乗を関係づけるシュテファン-ボルツマン法則(以下，S-B 法則と略記)を使い，次の波長 λ と温度 T に関する式を導いた．

$$\lambda \cdot T = const.$$

これはヴィーン変位則にあたる．

ヴィーンは，この関係はヴェーバーによる「エネルギーの最大値の変化と一致する」としていたので[7]，波長 λ を最大波長 λ_m と置き換え，上記式は次の(4.1)式のように表される．

表 4.1 ヴェーバー(W)，ミヘルゾン(M)，ケヴェスリゲティ(K)の輻射分布関数，最大波長と温度の関係，最大波長時のエネルギーと温度の関係を示す表

	輻射分布関数	最大波長と温度	最大波長時のエネルギーと温度
W	$E_\lambda = \dfrac{C_1}{\lambda^2}\exp\!\left(C_2 T - \dfrac{1}{C_3^2 T^2 \lambda^2}\right)$	$\lambda_m \cdot T = C_4$	$E_{\lambda_m} = C_5 \cdot T^2 \exp(C_2 T - 1)$
M	$E_\lambda = C_1 T^{\frac{3}{2}} \exp\!\left(-\dfrac{C_2}{T\lambda^2}\right) \lambda^{-6}$	$\lambda_m^2 \cdot T = C_4$	$E_{\lambda_m} = C_5 \cdot T^{\frac{11}{2}}$
K	$E_\lambda = C_1 T^4 \dfrac{\lambda^2}{(\lambda^2 T^2 + C_2)^2}$	$\lambda_m \cdot T = C_4$	$E_{\lambda_m} = C_5 \cdot T^2$

$$\lambda_m \cdot T = C_4 \qquad (4.1)$$

定数 C の添え字は便宜上付けている。また，ヴィーンは，波長幅 $d\lambda$ 時のエネルギー量 $E_\lambda d\lambda$ の熱力学的保存，S-B 法則を考えあわせ，E_λ が温度 T の5乗に比例する次の関係を見出した。

$$E_\lambda = C_5 \cdot T^5 \qquad (4.2)$$

1894 年になると，ルーベンスは，輻射体の問題点に触れながらも，実験結果に合致する最大波長と温度の関係は，次のミヘルゾンのものと同形となると結論した[8]。

$$\lambda_m^2 \cdot T = C_4 \qquad (4.3)$$

つまり，1893 年にヴィーンによって波長と温度の関係が理論的に導かれたにもかかわらず，当時の熱輻射実験は十分なものではなく，そのデータは輻射線に関する法則の決め手になっていなかった。輻射量を測定するボロメーターの開発は 1890 年代半ばまでに十分な域に達していたが[9]，安定した輻射源の開発はそれに比べると遅れをとっていた。

1.2 ヴィーン変位則の提出

こうした状況に対して，事態の改善に貢献したのがパッシェンであった。パッシェンは 1895 年 6 月に「固体スペクトルの法則性および太陽温度の新しい算出について」と題する論文を著し，その冒頭で次のように語った。「輻射と吸収の関係についてのキルヒホフ法則における輻射の関数を知ることは，長い間，多くの実験的研究および理論的研究の目標となってきた。しかし，この関数を詳しく決定するには至ってはいない」[10]。彼は，「できるだけ「完全な黒体」に近い物体を見出すこと」を試み，「「絶対黒体」の強度が，どのように温度と波長の 2 変数に依存するか」という課題に取り組んだ[11]。

ミヘルゾン，ヴェーバー，ケヴェスリゲティらは各々に分布関数を提出して，いずれもラングレーの測定結果と一致するとしていたが，それらの関数は同一ではなかった。パッシェンは，この未解決の関数を探るために，さまざまな輻射体を調べた。彼は，光沢白金，白熱ランプのカーボン，黒い酸化銅，酸化鉄，すす白金などの固体の輻射源を採用した。温度計には，白金と白金-ロジウムのル・シャトリエ熱電対，輻射計には，ボロメーターを使用した。この熱電対は1890年代前半のヴィーンとホルボルンの研究に利用されたものであり，ボロメーターは1890年代前半にパッシェン自身が開発したガルヴァノメーターを内蔵するものだった。機器構成については，1893年7月論文時と同様に，輻射源-蛍石プリズム-ボロメーターを基本としていた[12]。

パッシェンは，測定データの輻射強度の程度から，酸化銅，酸化鉄，とくにすす白金が「ほとんど反射のない「絶対黒体」に近い」という判断を下した[13]。また，その結果から，次のような最大波長と温度に関する式を得た。

$$\lambda_m \cdot T = C_4 \qquad \text{ヴィーン変位則} \quad (4.1)$$

C_4 は定数であり，酸化鉄の17のデータ(温度範囲：501-1,282 K，波長範囲：5.03-2.125 μm)によれば，2,520-2,727の幅をもつ値だった。パッシェンは温度測定にかかる誤差などを考慮して2,700[μm・K]と試算した。(4.1)式は，ヴェーバー，ヴィーンの式と同形であり，「ヴィーン変位則」を表している。

1895年論文で，パッシェンは，熱輻射線の最大波長と温度の関係を，ヴィーンの研究とは独立に，(4.1)式になることを示した[14]。ヴィーンは定数 C_4 に具体的な数値を与えなかったが，パッシェンは2,700と見積もった。1888年のヴェーバーの値は2,222，現在知られる値が2,898であることを考えると[15]，パッシェンの値2,700は大きな前進を示していた。この良好な数値は，パッシェンの固体輻射源の状態や熱輻射測定の良い精度を表していた。

1.3 ヴィーン分布式の提出

ヴィーンは，1896年に，ヴィーン法則(下記の(4.7)式)にあたる輻射分布関数を理論的に導いた[16]。その導出方法は，輻射体を気体に見立て，輻射振動を分子の運動で類推するものだった。確固たる理論的理由づけを欠くヴィーン法則であったが，輻射線のエネルギー分布を波長-温度の関数で表す段階に研究を進めるうえで重要な足がかりとなった。

ヴィーン法則を発表したヴィーンの論文は1896年6月に執筆されていたが，同年5月にパッシェンもヴィーン法則と同形式の導出を試みる論文を書いていた。その論文のタイトルは「固体のスペクトルの法則性について——第1報告」であった。彼の目的は，固体による輻射源を利用して，種々の「より黒い」物質表面から放出される輻射線の「法則性」を導き出すことであった[17]。

これを受けて，パッシェンは，それまで提出されてきた輻射線の諸関数を振り返った。上記でも触れたヴェーバー，ミヘルゾン，ケヴェスリゲティの三者の輻射分布関数に基づいて，最大波長と温度に関する式，エネルギー最大値と温度に関する式，さらに1893年のヴィーンによる一連の関連式を比較検討したのである[18]。パッシェンは，比較のために次の式を検証対象にした。

$$\lambda_m \cdot T^\beta = C_4 \qquad (4.4\text{-a})$$

$$E_{\lambda_m} T^{-\alpha} = C_5 \qquad (4.4\text{-b})$$

α, β は任意の定数である。

この実験における輻射源は，酸化鉄を表面に一様に付着させた白金線条を電気で加熱したものであり，輻射測定にはボロメーターが使用され，温度測定には白金-白金-ロジウム熱電対が使用された。機器構成は，1895年論文と同様，輻射源-プリズム-ボロメーターを基本とするものだった。

390-1,397 K(117-1,124℃)の温度範囲の実験結果から，図4.1，図4.2，図

第 4 章　熱輻射分布法則の導出・検証における実験研究の交流　131

Fig. 1.

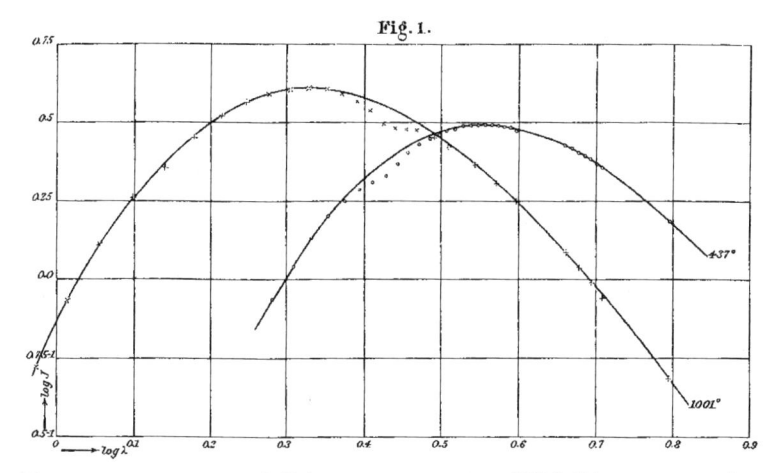

図 4.1　パッシェンの 1896 年論文の 437°C と 1,001°C の等温曲線（Paschen, 1896）[19]。$\log J$ は $\log E$ を意味する。

4.3 のグラフが得られた。三つのグラフはいずれも横軸を波長の(比の)対数，縦軸を輻射エネルギーの(比の)対数としている。

(4.4-a)式の β の数値は 0.9500 と算出され，1 から「5％」ズレる結果となり，定数 C_4 は 2,513-2,800 間の値(平均値 2,609)をとると考えられた[20]。(4.4-b)式の α は 5.6577，定数 C_5 は 3.519×10^{-16} と算出された。

パッシェンは論文末尾の「1896 年 6 月の補足」で[21]，波長 λ と最大波長 λ_m の輻射エネルギー比 $\dfrac{E_\lambda}{E_{\lambda m}}$ に対する新たな式を加えた。

$$\frac{E_\lambda}{E_{\lambda m}} = \left\{ \frac{\lambda_m}{\lambda} \exp\left(\frac{\lambda - \lambda_m}{\lambda}\right) \right\}^{\alpha} \tag{4.5}$$

ここで，α は(4.4-b)式の α と同じである。(4.5)式は，輻射エネルギーの比が $\dfrac{\lambda}{\lambda_m}$ に依存することを前提にして，測定結果の「エネルギー曲線の形」を参考に求められた[22]。(4.5)式の α は，各波長の測定値から 5.560 となった。パッシェンは，$\beta=1$ の(4.4-a)式，(4.4-b)式，(4.5)式をもとに，(4.6)式の輻射分布法則を予想した。

132

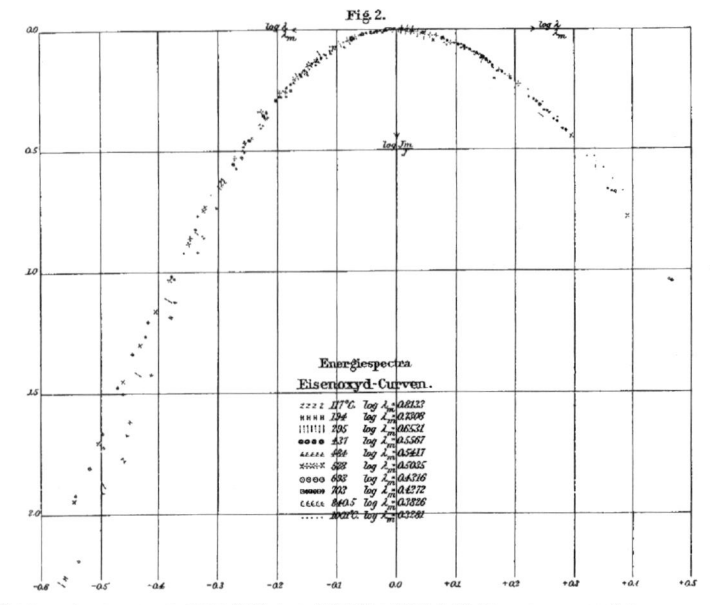

図 4.2 パッシェンの 1896 年論文の各温度の等温曲線(Paschen, 1896)[19]。
グラフの横軸は $\log \frac{\lambda}{\lambda_m}$ であり，縦軸は $\log \frac{I_m}{I}\left(\log \frac{E_m}{E}\right)$ である。
Energiespectra Eisenoxyd-Curven. は酸化鉄のエネルギー分布曲線を意味する。

$$E = C_1 \lambda^{-a} \exp\left(-\frac{C_2}{\lambda T}\right) \tag{4.6}$$

その定数 C_1, C_2 は 213,100, 10,470 と求められた。

「補足」の最後にパッシェンは，「絶対黒体のための振動励起に関するいくつかの仮定から，a＝5[α＝5 を意味する：引用者]の法則と同じものをすでに導出しており，それをもう発表しようと思う」というヴィーンからの手紙の内容を紹介した[23]。この「法則」とは，ヴィーンの 1896 年論文で発表予定の次の関数だった。

$$E_\lambda = C_1 \lambda^{-5} \exp\left(-\frac{C_2}{\lambda T}\right) \tag{4.7}$$

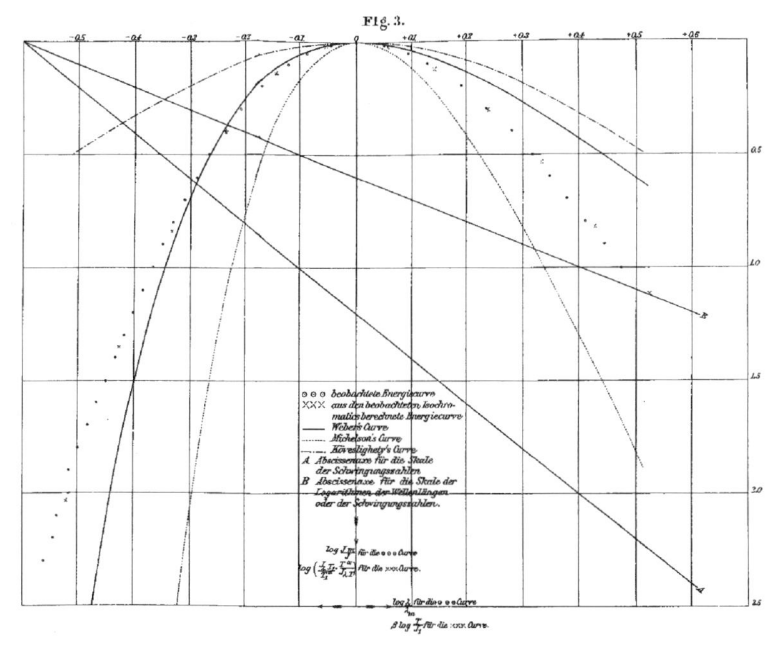

第4章 熱輻射分布法則の導出・検証における実験研究の交流　133

Fig. 3.

図4.3　パッシェンの1896年論文における測定データの等温曲線とミヘルゾン，ヴェーバー，ケヴェスリゲティの式による等温曲線(Paschen, 1896)[19]。図中の曲線は以下の通り。
○○○ beobachtete Energiecurve 測定されたエネルギー曲線。
××× aus den beobachteten Isochromatics berechnete Energiecurve 測定された等色線から計算されたエネルギー曲線。——— Weber's Curve ヴェーバーの曲線。……… Michelson's Curve ミヘルゾンの曲線。
—·—·— Köveslighety's Curve ケヴェスリゲティの曲線。
A Abscissenaxe für die Skale der Schwingungszahlen 振動数を目盛りとした横軸。
B Abscissenaxe für die Skale der Logarithmen der Wellenlängen oder der Schwingungszahlen. 波長または振動数の対数を目盛りとした横軸。

これはヴィーン法則であり，$\alpha=5$ を代入した場合の(4.6)式と同形である[24]。測定結果から予想された輻射分布関数と，同時期に理論的に考案されたヴィーン法則がほぼ一致したことは，パッシェンに自信を与えたにちがいない。彼は，α の数値を実験的に5.6前後と得ていたが，彼の分布法則案を「真の輻射関数法則[輻射分布法則：引用者]からそれほどかけ離れたものではない」と判断した[25]。

1896年の時点では，分布法則を与える理論的および実験的基盤は発展途

上であった。そのなかで，ヴィーンは同年6月に明確な理論的理由づけを欠きながらもヴィーン法則を導き，また，ヴィーンとは独立に，パッシェンは同年5-6月にかけてヴィーン変位則や実験データに依拠しながら，ヴィーン法則と同形式を求めた。彼らは同時期に，一方は理論的に，他方は実験的に同形式を得ていたことを，手紙のやりとりで知った。パッシェンは，二人の式の合致を知るに至り，彼のヴィーン法則への思い入れを強くしたのである。

2. ヴィーンとルンマーによる空洞輻射源の実施提案

パッシェンがヴィーン変位則を提出した1895年の秋，PTRのヴィーンとルンマーが熱輻射実験の方法に関する論文を発表した[26]。その論点は，輻射法則を検証するのに適した，「高温度でも黒体のように振る舞う物体」およびそれを実現するための方法だった。輻射体でまず考えられるものは，融点の高い酸化金属でメッキした (überzogenen) 白金板であった。その輻射体は，一様にメッキするのが難しいうえに，高温で一部の酸化物が蒸発し，白金板の表面が変化してしまうという問題点を抱えていた。「人工的に黒化した金属板は」，「絶対黒体のように作用するとはとても考えられず」，ヴィーンとルンマーは，「空洞」を使った新たな輻射体を提案した[27]。

空洞による輻射体は，「空洞をできるかぎり一様な温度にして，一つの孔からその輻射が外へ出られるように」するものだった。そのイメージは次の

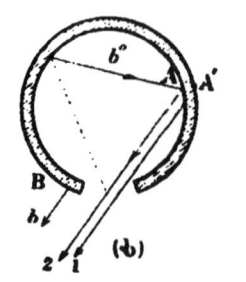

図4.4 空洞輻射のイメージ
(高田, 1991)[28]

ようになる。

　これが，ヴィーンらのいう「任意の近似で」黒体輻射（熱平衡の輻射）を生み出す方法であった[29]。また，彼らは，磁器もしくは金属製の空洞球体を，「高温については，特別に設計された炉」のなかに，「低温については，塩や，有機物質の蒸気の浴槽」のなかに置くという具体案も示した。この輻射源による輻射方法であれば，「吸収および輻射表面の個々の性質とは独立」に，「これまで可能だったものより問題のない方法」で輻射線測定が実施できるのだった[30]。このようにして，ヴィーンとルンマーは，高温で問題を抱える固体によるのではなく，空洞輻射を利用することを提案したのである。

　さらに，彼らは，輻射測定のその後の方針にも触れていた[31]。第一に，「面ボロメーターによって，空洞が様々な温度で放出する全輻射を測定」する。第二に，「分光測光器によって，様々なスペクトル範囲にある光線を測定」する。第三に，「線ボロメーターの測定によって，輻射線のエネルギー分布を温度の関数として表す」というものである。ヴィーンとルンマーは，全輻射量の測定を経たうえで，波長別の輻射線測定に進むという，空洞輻射による堅実な研究手順を考えていた[32]。

　空洞の輻射体は，単に輻射法則の検証としてだけでなく，PTRでのルンマーの光度研究にとっても大きな意味をもっていた。1895年4月-1896年2月のPTR活動報告には，「黒体輻射に関する実験は大いに期待され」，その期待が「光源による輻射を，安定した熱源による輻射に還元すること」に関わり，1890年代前半に「考えられた以上の成功」をおさめるだろうと記されている[33]。黒体輻射に近い輻射体を実現することは，ルンマーの光度研究とヴィーンの輻射法則研究の両者にとって重要であり，第一に挙げた空洞輻射源による輻射測定はルンマーとヴィーンの研究対象を結びつけるものだった。

3. ルーベンスらのラジオメーター開発と残留線研究

3.1　ラジオメーター開発

1896年に入ると，長波長領域向けの輻射測定器の研究が再度行われた。

その先鞭をつけたのが，ベルリンに留学していたアメリカ人研究者ニコルズであった。ニコルズは，1896年7月に「ラジオメーターの方法によって研究される，より大きな波長をもつ輻射線に対する石英の振る舞いについて」を発表した[34]。その論文の冒頭には，「赤外部スペクトルのエネルギー分布のこれまでの測定には，通常，熱電気の方法もしくはボロメーターの方法が使用されてきた」が，ここではラジオメーターの方法を利用することが述べられていた[35]。ニコルズのラジオメーターは，1883年にプリングスハイムのラジオメーター(第2章7節参照)をモデルとしていた。彼のラジオメーターの正面図は図4.5によって表される。

覆い A は赤色真鍮製であり，上部の鐘状の B はガラス製であり，コック H は水銀空気ポンプに繋がり，内部を真空にするのに使用された。内部の中空部分で石英糸 ce によって吊るされた雲母羽 a は照射を受けるとねじれるようになっていた。雲母羽の先にはガラス糸によって吊された鏡板 s が取りつけられ，ねじれを鏡板の向きの変化で測るのだった[36]。

このラジオメーターを使用した測定では，熱電対またはボロメーターによる測定と比べて長所と短所の両面があった[37]。長所には，敏感なガルヴァノメーターによる研究を煩雑にする磁気的・熱電気的障害作用すべてをぬぐうことができる点，測定対象の光源以外からの輻射線の作用をより良く補正できる点，照射を受けて熱をもったボロメーター線条の周りに現れる気体の作用に起因する障害を回避できる点の3点が挙げられた。それに対して，短所は，ボロメーターや熱電対に比べてもち運びが不便な点，ラジオメーターの照射を受ける蛍石製の窓部分でスペクトルの反射や選択吸収が起こってしまう点，現行型(1897年当時)のラジオメーターでは真空化作業を1週間に一度は必ず行わなければならない点の3点だった。

このような長所と短所をあわせもつラジオメーターをニコルズは敢えて使用して見せた。彼はこの測定器で，約 $9\,\mu$m に及ぶ赤外部輻射線の石英に対する反射，透過，分散を測定し，その実験結果をグラフに表した(図4.6参照)。

このグラフの横軸は波長，縦軸は透過率もしくは反射率(%)または屈折指数(＝反射能)を表す。グラフ中の上部の凹凸の曲線は透過を表し，中部の曲

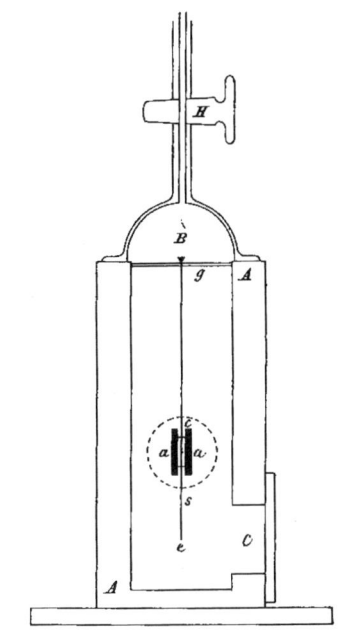

図 4.5　ニコルズのラジオメーターの正面図
　　　　（Nichols, 1897）[38]

線は分散（□印：ニコルズのデータ，×印：ルーベンスのデータ），下部の曲線は反射を示す。分散については，実験結果とケテラー–ヘルムホルツ分散式が 8.05 μm までの波長範囲で合致することが確認された一方[39]，ラジオメーターの照射を受ける蛍石製窓のスペクトル吸収のために 9 μm までが測定限界と考えなければならなかった。

3.2　残留線の長波長研究

つづいてニコルズはルーベンスとともに，1897 年 1 月に「大きな波長の熱輻射線による実験」を著した[40]。この論文で示される研究方法と実験結果の一部は，すでに，1896 年 9 月 23 日のドイツ科学者医学者会議で報告され，1896 年 10 月には『ナトゥーアヴィッセンシャフトリヘ・ルンドシャウ』(Naturwissenschaftliche Rundschau)誌上で論じられていた[41]。改めてまとめら

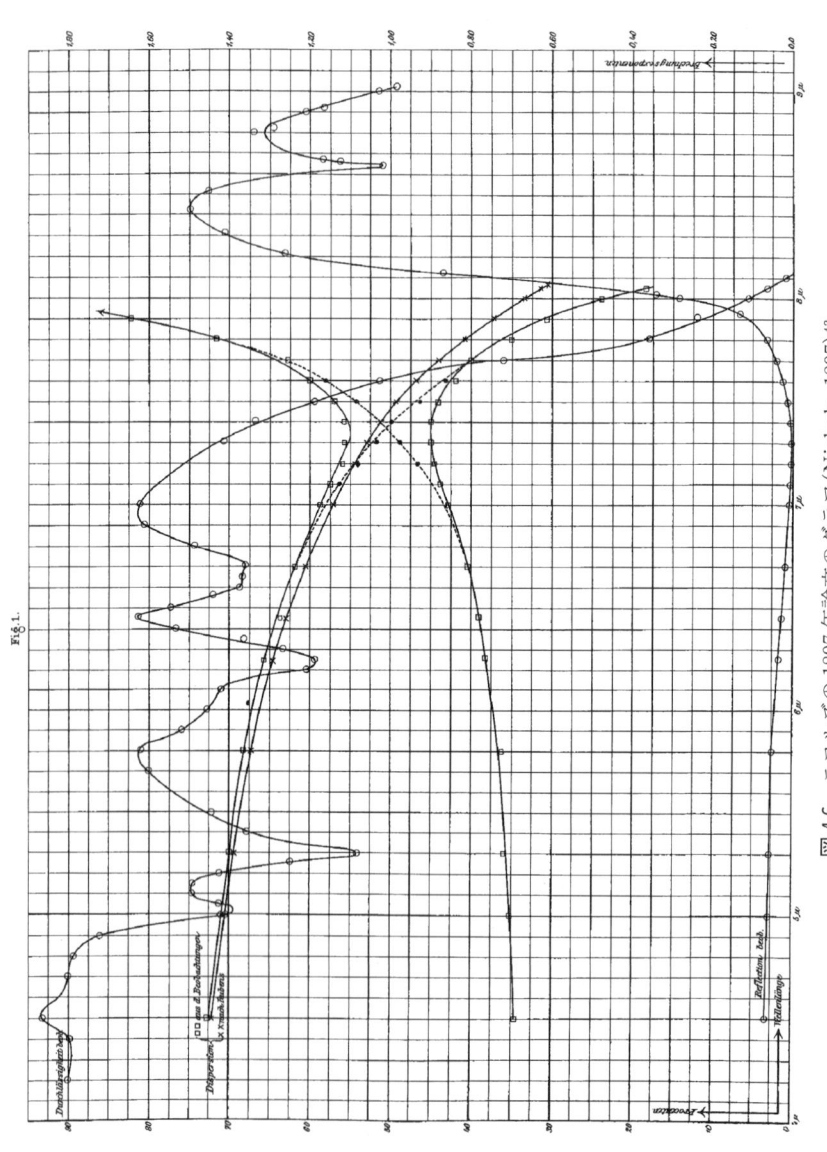

図 4.6 ニコルスの 1897 年論文のグラフ (Nichols, 1897)[42]。*Brechungsexponenten* は屈折指数、*Durchlässigkeit beob.* は測定された透過曲線、□□ *aus d. Beobachtungen* はニコルスの測定に基づく分散曲線、× *Knoch.Rubens* はルーベンスの分散曲線、*Reflection. beob.* は測定された反射曲線、*Wellenlänge* は波長、*Procenten* はパーセントである。

れた本論文の目的は4点あった。それは，プリズムや回折格子といった従来の「分光構成を利用せず，ある程度同質の長波長の熱輻射線を与える」方法を示すこと[43]，その方法が与える実験結果を提出すること，長波長の熱輻射線の種々の物質に対する吸収，反射，屈折といった性質の研究に取り組むこと，長波長熱輻射線の電磁的特徴を明らかにすることの4点であった。最後の電磁的特徴については，1893年にガルバッソ(Antonio Giorgio Garbasso, 1871-1933)が行った，43 cmと70 cmの波長をもつ電波の反射に関するデータと同様な結果となるかどうかを確認するものだった。

ルーベンスとニコルズは，まず，本実験が熱輻射線に関する従来の研究とは異なることを前置きした。それは，これまで熱輻射線の波長範囲が10 μm を超えない領域だったのに対して，今回は10 μm をはるかに超えることであった。大きな波長領域では，ケッテラー-ヘルムホルツ分散式において無視されてきた，当該屈折率に対する高次の波長を考慮に入れる必要があった。また，分光方法についても，15 μm を超える波長を扱う場合，岩塩および蛍石プリズムの不透過性の問題が生じてしまうため，回折格子の利用が有効であった。回折格子にも，「回折像の強度の弱さ」，「スペクトルの重なり」といった「重大な欠点」が存在していたが[44]，ルーベンスらは大きな波長を扱う実験に際して，まず脱プリズムの方法を採用したのである。

彼らは2通りの脱プリズムの方法を採用した。それは図4.7，図4.8の構成によるものだった。

これらの構成は，後に「残留線」と呼ばれる長波長熱輻射線を利用している[45]。特定波長の「残留線」を得るには，図4.7(構成1)，図4.8(構成2)中に複数の p で表されているように，輻射線を同種類の物質によって何度も反射する必要がある。ルーベンスが以前採用していた輻射源-回折格子-プリズム-輻射測定器という構成に対して，機器構成1は，プリズムを除いて，残留線のための複数の反射物質を置くものであった。機器構成2は，回折格子も除かれ，反射物質だけを置くものとなった。

機器構成1(図4.7)では，輻射源 a はリンネマンのジルコン・バーナーである。当初は溶接バーナーで加熱した白金板であったが，長波長の熱輻射線測

140

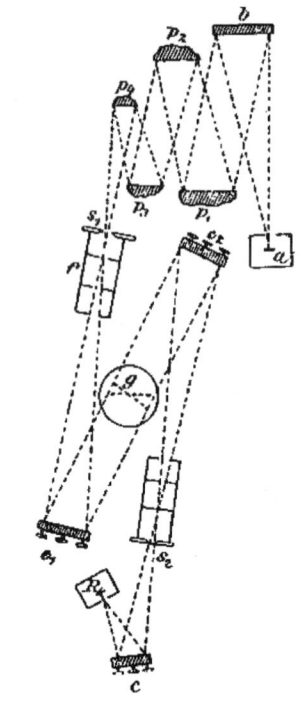

図 4.7 ニコルズとルーベンスの機器構成 1
(Rubens, 1897a)[46]

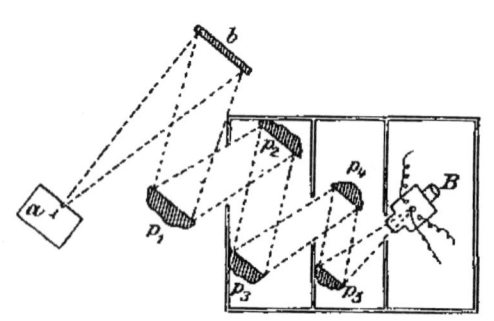

図 4.8 ニコルズとルーベンスの機器構成 2 (Rubens, 1897a)[47]

定向けに，より低温のジルコン・バーナーに取り替えられた。b は銀メッキされた凹面鏡であり，図 4.7 からもわかるように小さな角度で収束されるよう製作されていた。p から p_n までは同じ種類の物質である。s_1，e_1，e_2，s_2 は鏡スペクトロメーターであり，g は 1 / 5 mm 幅の金属線(主に銀製針金)からなる回折格子である。図 4.7 での測定器 R はラジオメーターである。この構成によって，石英，雲母，蛍石を対象物質とした実験が行われた。また，機器構成 2 (図 4.8) は，岩塩を対象物質とした場合である。岩塩によって生じた長波長の熱輻射線のエネルギーが輻射源のエネルギーの 1 万分の 1 にも満たないため，取り扱いが難しく，できるだけ輻射線の散乱を抑えるように回折格子は除かれた[48]。図 4.8 での測定器 B はボロメーターである。

この一連の実験では，輻射測定器としてボロメーターと，ニコルズの開発したラジオメーターが候補として挙げられた[49]。ここでのボロメーターの検出素子にはPTR のルンマーとクールバウムによって加工された白金線条(幅 0.5 mm，厚さ 0.001 mm)があてられ，ラジオメーターの照射窓には，ニコルズの雲母板ではなく厚さ約 2.5 mm の塩化銀板が採用された。ラジオメーターでは，輻射線が窓を通過する際のスペクトル吸収が問題視されるが，24 μm の輻射線で確かめたところ，白金線条のボロメーターよりおおよそ 2-3 倍の高い感度が確認された。また，ゼロ点の安定性に関しても，ラジオメーターはボロメーターよりも 5 倍程度の精確さをもっていた。このようにラジオメーターには大きな利点はあるものの，ルーベンスとニコルズは最終的にボロメーターを採用した。それは，ラジオメーターの場合，輻射線の経路上に，照射窓という吸収媒体が存在することを問題視したからだった。

ルーベンスとニコルズは，「残留線」方法によって，石英，雲母，蛍石の場合に 20 μm 前後の長波長の「残留線」を検出した[50]。また，3 種の物質のなかで，20 μm 超の波長を単離しないで済むという点で，蛍石の残留線(輻射線)が最も実際的であることがわかった。蛍石の残留線を利用した各種物質に対する吸収，反射，屈折に関する測定，電磁的特徴を調べる測定では，10 μm 以下の波長範囲で得られた実験結果とおおよそ同様な結果が得られた。特異な実験データについては実験機器や機器構成の各所に原因があると

彼らは判断した。

　このような平凡な実験結果のなかで1897年1月論文の注目されるべき点は，科学史家カングローも指摘しているように[51]，従来型とは異なる，プリズムも回折格子も利用しない機器構成を提供したことにある。さらに，1890年代後半に入り，ボロメーターが輻射測定器の代表格となるなか，ボロメーターではなく，ベルリン留学中のアメリカ人研究者ニコルズが開発したラジオメーターの特性に注目し，実験研究に取り込むといった点も注目される[52]。ルーベンスは，測定で扱う輻射線の波長を拡げていく過程で，機器構成に標準を設けず，見込みのある手段・方法をできる限り試す研究姿勢をとった。それは，1890年代前半で確認した姿勢と変わりない積極的なものだった。

4. パッシェンによる固体輻射源と空洞輻射源の取り扱い

4.1　固体輻射源の実験

　ハノーファーのパッシェンは，1895-96年に，酸化銅，酸化鉄，すす白金，酸化鉄でメッキした白金線条を電気加熱したものなどを輻射源として採用した。これらの輻射体は，PTRのルンマーらが問題視した，白金板といった固体輻射源であったが，パッシェンはこの諸実験を通して，ヴィーン変位則，ヴィーン法則にあたる輻射分布関数を得ていた。

　1897年になると，パッシェンは「固体のスペクトルの法則性について──第2報告」と題して，1896年の研究結果の追試を報告した[53]。彼の第一の目的は，(4.6)式の導出を論じることであった[54]。論文タイトルにあるように，今回の輻射源も固体であり，酸化銅でメッキした白金板，すすで覆った白金線条，黒鉛層で覆われたカーボン板(以下，黒鉛炭と略記)，光沢白金であった。黒鉛炭については，真空に近い球状ガラスのなかに置く場合(図4.9参照)とそうでない場合を設けた[55]。

　検証対象は，1896年論文と同様，一連の輻射線に関する(4.4-a)式，(4.4-b)式，(4.6)式であるが，1895-96年の測定結果を受けて，(4.4-a)式の β は1とされた。したがって，最大波長と温度の関係を表す検証対象式(4.4-a)

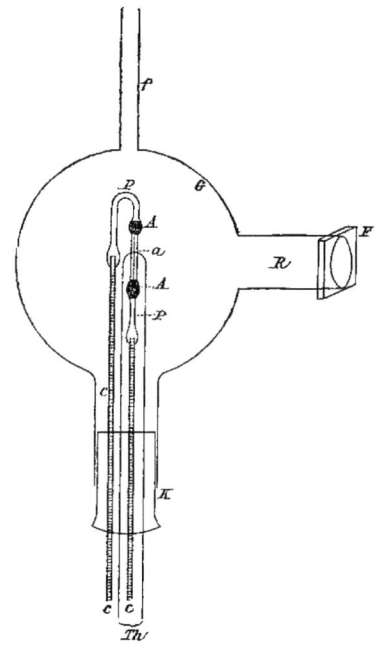

図 4.9　パッシェンの 1897 年論文のガラスカバー中の黒鉛炭
(Paschen, 1897)[56]

は, (4.1)式となり, ヴィーン変位則そのものとなった。

検証実験は, 360-1,711 K, 1-8 μm 程度の, 測定温度および波長範囲で行われ, その結果は 1896 年時の酸化鉄による結果もあわせて報告された。

定数 C_4 の値は, 2,336(光沢白金)-2,678(黒鉛炭)であった。だが, 値のばらつきにもかかわらず, パッシェンは「少なくとも 2,600」になると判断した。ヴィーン法則と同形の(4.6)式の指数 α については, 固体輻射源が反射物体から非反射性物体へ移り変わるにつれ, α の数値は 6.42(光沢白金)から 5.24(黒鉛炭)まで変動するとされたが,「絶対黒体」の α は「大きくて 5.24 になる」と予想された。定数 C_2 は「およそ 14,000」になり, C_1 の数値は変動の大きさのために具体的に示されなかった[57]。

熱輻射の分布関数についてパッシェンは,「ヴィーンが最初の論文[1893 年

論文：引用者]で，$\alpha=5$ という関係が有効であることを示したが，私の実験では α はその値になっていない。おそらくそれは，絶対黒体によって実験が行われなかったからだろう」と述べた。彼は，輻射源の黒体としての不十分さを理由に，彼の実験結果とヴィーンの理論が「矛盾するわけではない」と判断した[58]。実験結果に近いヴィーン法則とそれを導く理論にパッシェンは期待を寄せた。

1895年に，ルンマーとヴィーンが空洞輻射源の理論的有効性を示してい

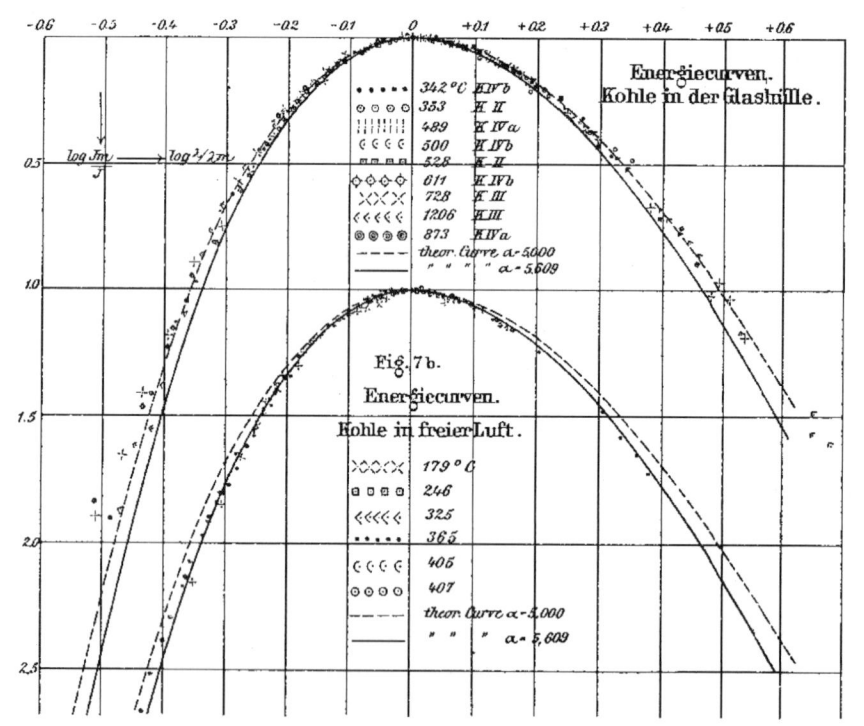

図4.10 パッシェンの1897年論文の黒鉛炭の等温エネルギー曲線(Paschen, 1897)[59]。
Fig.7a：ガラスカバー有，Fig.7b：ガラスカバー無
----- *theor. Curve α=5,000* は理論上の曲線($\alpha=5,000$ のとき)，
——— " " " *α=5,609* は理論上の曲線($\alpha=5,609$ のとき)，
Energiecurven. Kohle in der Glashülle. はガラスカバー中の黒鉛炭の曲線(Fig.7a)，
Energiecurven. Kohle in freierLuft. は空気中の黒鉛炭の曲線(Fig.7b)。

た一方で，1895-97年にパッシェンの行った熱輻射実験では固体輻射源が使用されていた。その時期に発表されたパッシェンの論文は，タイトルが表しているとおり，いずれも「固体のスペクトルの法則性について」論じられていた。固体輻射源として，1896年では，酸化鉄メッキした白金線条が，1897年では，酸化銅メッキした白金板，すすで覆った白金線条，黒鉛炭，光沢白金が採用された。このような多種の固体を用いた実験のデータは，1897年論文の最後にまとめられた（黒鉛炭のデータは図4.10を参照）。

ヴィーン変位則，ヴィーン法則の検証結果は次のようであった。変位則については，定数 C_4 が2,300-2,700程度の幅をもつ結果となったが，「少なくとも2,600」と予想された。ヴィーン法則については，波長の指数 α の値が6.24から5.24まで変動する結果であったが，「大きくて5.24」とされた。これらの最終判断は，多種のデータの平均からではなく，ヴィーン法則に最も近い数値を与えた黒鉛炭の実験データに基づいていた。平均値ではなく黒鉛炭の測定値を重要視したのは，複数種の固体輻射源を利用してヴィーン法則を肯定的に検証しようというパッシェンの積極的な姿勢の表れであった。

4.2 ルンマーらの空洞輻射源に対する評価

パッシェンは，1897年まで酸化金属メッキの白金板等の固体を輻射源としていたが，ルンマーらの空洞輻射源の提案を無視していたわけではなかった。パッシェンは，カイザーに宛てた1896年5月6日づけの手紙で，「この秋に私は，必要であれば，ルンマーとヴィーンの絶対黒体をつかって，新しい測定を行ってみようと思っています」と書いていた[60]。パッシェンは，ルンマーらの提案の半年後に，空洞輻射源に関心を示し，それを「絶対黒体」と呼んでいた。

空洞に対するパッシェンの反応は，1897年1月論文の「補遺III」に記された[61]。補遺のタイトルは，「「絶対黒体」の実現化のために」であった。彼は，「キルヒホフによれば，等温壁によって囲まれた空間の内部には，壁の温度［と同じ温度：引用者］の「絶対黒体」輻射が存在している」と冒頭に記した。つづいて，ヴィーンとルンマーが提案した空洞輻射源の「実現化は，

低温に関しては実行可能であろう」としていた。だが,「高温に関しては,実行するための方法」が必要になると見ていた。

このように考えたパッシェンは,ルンマーらと同様,高温範囲の「絶対黒体」輻射をつくり出すことを課題とした。彼の主意は,それに「適した方法」というだけでなく,「それを実行するのに難点やコストがより少なくて済む方法」を報告することだった[62]。

パッシェンも「空洞」の有効性を理解していたが,彼の提案した輻射方法は,キルヒホフが1860年論文で示した[63],箱のなかに輻射体を置くという方法に準じていた。それは,「白熱ランプの球状のガラスカバーの内側を銀張りし(versilbern),小さな炭素線条を球体の中心に置く」もので,「炭素線条の温度の絶対黒体輻射」が球体に設置された小窓を通って輻射されるのだった[64]。これは,いわば固体と空洞を折衷した輻射方法であった。

パッシェンは,輻射体の吸収能と放出能,空洞内の反射壁の反射率から,該当する輻射源の絶対黒体からのズレの度合いを計算した。彼の提案した上記の輻射方法の場合,輻射源の輻射率は,「完全な黒体の場合より0.2%だけ」少なかった[65]。このような数字をもって,固体-空洞折衷型の輻射方法が「完全な黒体」にいかに近いかをパッシェンは示した。

彼の1897年論文の報告には,固体-空洞折衷型の方法を推すもう一つの理由があった。当論文で報告された種々の機器構成のなかで,輻射法則に最も近い数値を与えたのが,真空に近い球状ガラスの中央に黒鉛炭を設置する構成であった。「補遺III」で,パッシェンはその構成による輻射源によって「絶対黒体の輻射に近づくようになる」と述べていた[66]。これらの結果をふまえて,彼は固体-空洞折衷型の輻射方法を有効と判断した。

パッシェンは,高温範囲で「実行するのに難点やコストがより少なくて済む」方法として上記のものを提案した。カングローは,パッシェンのこの方法を,高温の空洞輻射源にかかる「高価な」研究を「節約」するための方法と表現した[67]。確かに,この時期のパッシェンは研究の「コスト」問題を抱えていたが[68],1897年論文で報告した種々の実験結果を通して,高温でも「実行」可能な機器構成を選定していた。パッシェンは,固体輻射を基本と

する諸方法を検討した結果，高温範囲には固体-空洞折衷型の輻射源を最良と判断したのだった。

5. ルーベンスの長波長研究における実験機器・機器構成の模索と確立

5.1 残留線利用の方法の優位性

1897年2月になり，ルーベンスはトローブリッジ(Augustus Trowbridge, 1870-1934)と共著で「岩塩とカリ岩塩の赤外部輻射線の分散と吸収の知識への寄与」(1897年2月論文)を著した[69]。アメリカ人のトローブリッジはコロンビア大学卒業後，1893-98年にかけてベルリン大学に留学していた[70]。この論文の主題は，ルーベンスとニコルズが前論文で示した，プリズムを利用しない構成に関わっていた。残留線による方法は，極めて長い波長を扱うことを可能にするが，他方，特定の波長しか扱えないという短所をもっていた。このため，彼らは「従来のプリズムの方法は赤外部スペクトルのさらなる研究のためにどの範囲まで適用され得るのか，また，どの波長まで，カリ岩塩または岩塩のプリズム」で対応できるのかという点に関心をもち，長波長の赤外部輻射線に対するプリズム「物質の分散・吸収をできるだけ精確に調べること」を課題としたのだった[71]。

ルーベンスらは主題の鋭角プリズム p を取り入れて，図4.11のような機器構成をつくり上げた。a は輻射源であるリンネマンのジルコン・バーナー，b，e_0 は凹面鏡，s_1，e_1，e_2，s_2 は鏡スペクトロメーターであり，g は回折格子であり，c の凹面鏡はラジオメーター R の照射翼の位置に反射した輻射線の焦点が精確に位置するように設置してある。ここでルーベンスらは輻射測定器として，信頼できるボロメーターではなく高精度の可能性をもつラジオメーターを採用した。ちなみに，プリズムと回折格子の両方を使用する図4.11の機器構成は，通常，回折格子-プリズムと設置される順序を逆にしてプリズム-回折格子としてある。これは装置を据えつけやすくするためであった[72]。

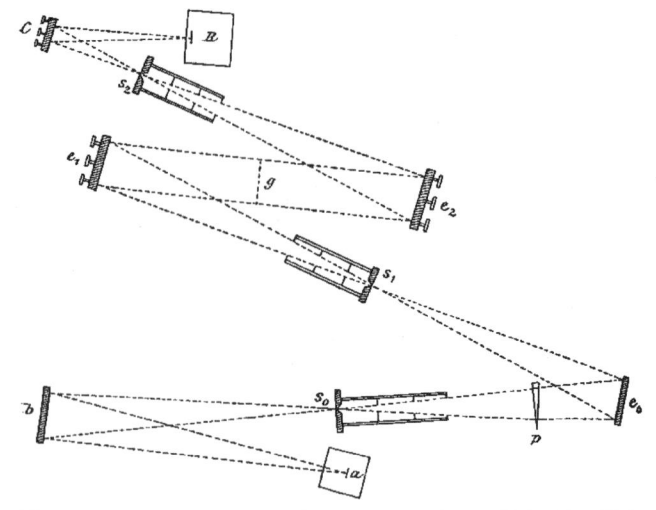

図4.11 ルーベンスとトローブリッジの1897年2月論文の機器構成
(Rubens, 1897b)[73]

　この構成による実験結果は次のようになった[74]。鋭角の岩塩プリズム二つを使う二重のスペクトル分光によって，約18 μm までの赤外部スペクトルで十分なエネルギーの輻射線を得ることができる。カリ岩塩プリズムの利用の場合，さらに大きな23 μm の波長にまで達し得る。だが，ここで得られる輻射線のエネルギー強度は，残留線利用のものと比べてはるかに小さかったのである。したがって，この結果は，20 μm に及ぶ長波長領域の赤外部輻射線を扱う場合，残留線利用の方法が優位であることを示唆していた。

5.2 熱電対列の開発

　長波長の熱輻射線測定の場合であると，熱輻射源としては「残留線」による方法の優位が明らかになりつつあったが，測定器の手段についてはラジオメーター，ボロメーターなどの優劣は明確ではなかった。そのために，ルーベンスはラジオメーターでもボロメーターでもない第三の測定器の研究・開発に取り組んだ。彼はその取り組みを，「新しい熱電対列について」と題して，『ツァイトシュリフト・フューア・インスツルメンテンクンデ』誌上で

発表した[75]。

　この論文の冒頭でルーベンスは,「熱輻射に関するラングレーの研究が現れて以来,この分野のほとんどすべての実験研究」においてどのような測定器が使用されてきたかについて言及した[76]。それには,「ラングレーのボロメーター,ボーイズのラジオミクロメーターもしくはクルックスのラジオメーター」が採用されてきた一方で[77],メローニの熱電対列は排除されつづけてきた。「旧型の熱電対列はあまりに大きく,そのために大きな熱容量をもっていた」からであった。こうした状況に対して,ルーベンスは「以前の熱電対列の欠点を新しい型によって取り除く」という課題を立て,長波長測定に対する熱電対列の有効性を示そうとした。

　ルーベンスはこれまでの熱電対列の問題点に対するその改良策を次のように述べた[78]。以前の熱電対はアンチモン-ビスマス対を使用していたが,その材料では感度は不良で,薄く引き伸ばすこともできない。重量が大きくなると,熱容量も高くなってしまう。それに対して,コンスタンタン-鉄対は引き伸ばしやすく,高い熱起電力をもつ。1℃あたりの熱起電力で比較すると,コンスタンタン-鉄で53×10^{-6}V,アンチモン-ビスマスで100×10^{-6}Vであり,コンスタンタン-鉄の値はアンチモン-ビスマスに劣っているが,薄く加工できる利点から劣る数値を補い得るのである。

　図4.12,図4.13がルーベンスの開発した新型熱電対列の概略図である。熱電対列の本体の空洞円筒Bは真鍮製で,反射円錐Jは以前の熱電対列の型と同様,輻射の増幅に対応する形となっている。図4.13のように,コンスタンタン-鉄の熱電対が10個並べられてはんだづけされた。はんだの箇所は温度感度をもたないのだった。熱電対列の感度には検流計のガルヴァノメーターの感度も重要であるため,ルーベンスは磁気による障害を避ける鉄製カバーを施した特別な装甲ガルヴァノメーターを使用した[79]。

　ルーベンスは既存のボロメーター,ラジオメーターに対する新しい熱電対列の長所を列挙した[80]。ボロメーターの場合,温度を感知する抵抗には常に電流が流れ,その1/100 A以上になり得る電流が熱を発して周囲に気流を生み,そのことが測定に大きく作用してしまうのだった。それに対して,熱

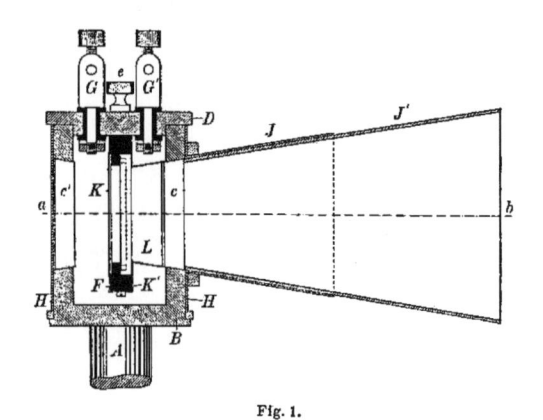

図4.12　ルーベンスの新型熱電対列の断面図（Rubens, 1898e）[81]

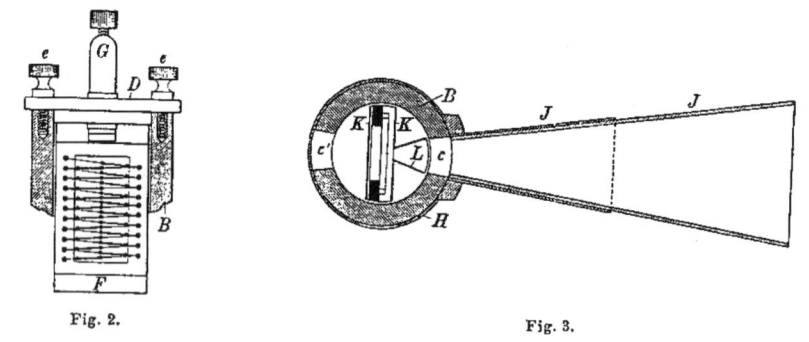

図4.13　ルーベンスの新型熱電対列の熱電対部分と上方向からの断面図
　　　　（Rubens, 1898e）[82]

電対列にはその種の電流が必要ないことから，本来同程度の感度をもつボロメーターと熱電対列であるが，誤差要因を考慮すると，熱電対列に優位性があるようだった。

　ルーベンスは，ラジオメーターについて，ニコルズのラジオメーターには極めて高い感度があることを認めつつも，以前の指摘と同様，ラジオメーターの検出部分は密閉された内部にあり，測定対象の輻射線が入射窓を通過する必要があることは大きなマイナス要因と見ていた。とりわけ，$20\,\mu m$に及ぶ長波長の輻射線は微弱であるため，その測定にラジオメーターは適当

ではないのだった。ボーイズのラジオミクロメーターとの比較については，ボーイズのものが高い感度をもつことは間違いないが，あまりに難しい製作のために輻射計として使用するのに不適としていた。

　このような比較を経て，ルーベンスは新型熱電対列に対する所見を次のようにまとめた。彼の熱電対列は，従来型のガルヴァノメーターより100倍程度感度の向上したガルヴァノメーターを使用したにもかかわらず，旧型の熱電対列と比較してそれに相応する大きな違いは見られなかった。ルーベンスはその理由を，照射を受けたはんだづけ部分の温度上昇にともない，発散される熱が細い針金からうまく放出されず余計な熱量分に反応したためと考えた。その一方で，隔壁，観察望遠鏡，反射円錐の組み方の改良は，照射輻射のスペクトル範囲の幅の調整を容易にし，外的な熱から熱電対列を効果的に保護できるようにした。また，このコンスタンタン-鉄の熱電対列は，安定状態への到達が短時間で済むことや，熱電対列部分が直立式になっていることで扱いやすい測定器となった。ルーベンスの新型熱電対列は，他種の輻射測定器の感度を圧倒してはいなかったが，上記のような細部の改良によってより精確な測定を可能にしたのである。

5.3　脱プリズム機器構成の確立

　ルーベンスはアシュキナス(Emil Aschkinass, 1873-1909)とともに[83]，1897年12月の二論文「赤外部スペクトルにおける水蒸気および二酸化炭素の吸収と放射についての観察」(以下，1897年12月論文)，「大きな波長をもつ熱輻射線に関する幾つかの液体の透過性について」，1898年3月論文「岩塩およびカリ岩塩の残留線」，1898年11月論文「石英プリズムを通る長波長の熱輻射線の単離」を立てつづけに発表した[84]。残留線を利用し始めたルーベンスは，20μm超の長波長輻射線を使った実験に取り組んでいた。1897年からベルリン工科大学の物理学研究所の助手となったアシュキナスはその研究をサポートした[85]。ルーベンスらの主眼は，ルーベンスが1890年代前半に10μm以下の波長範囲に対して行った研究を，より長い波長範囲に対して実施することだった。具体的には，10μmを超える波長範囲では，空気中の水

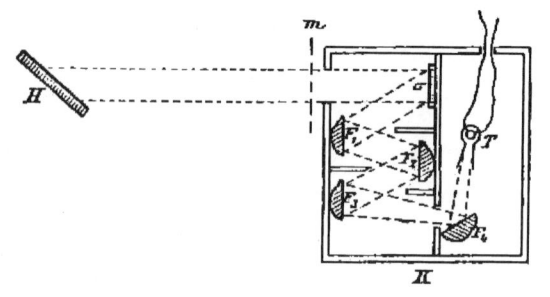

図 4.14　ルーベンスとアシュキナスの 1897 年 12 月論文の機器構成
　　　　（Rubens, 1898a）[86]

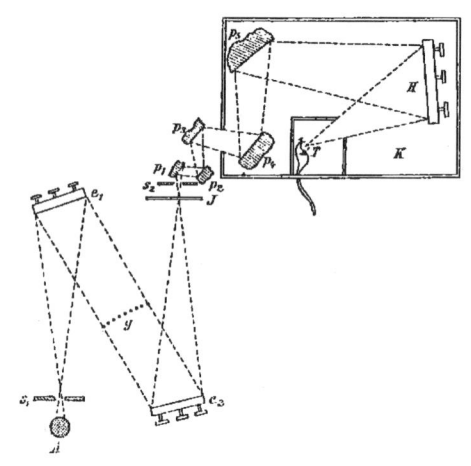

図 4.15　ルーベンスとアシュキナスの 1898 年 3 月論文の機器構成
　　　　（Rubens, 1898d）[87]

蒸気や二酸化炭素によるスペクトル吸収はどのようになるか，各種液体中での長波長輻射線の透過性はどのようになるか，岩塩とカリ岩塩の残留線の波長の値はどのようになるか，また，その残留線の各種物質に対する吸収能，反射能はどの程度になり，それは電磁的輻射線と類似性をもつか，長波長領域向けとされる石英プリズムに対して岩塩・カリ岩塩の残留線（岩塩：51.2 μm，カリ岩塩：61.1 μm）を利用して実験を行うとどのような屈折率，透過性が見出されるかなどを課題にして実験データを提出した．

ニコルズとともに脱プリズム方法を研究してきたルーベンスは, アシュキナスとの一連の実験においても, 図 4.14, 図 4.15 のような脱プリズムの構成を採用した。1897 年 12 月論文の図 4.14 の構成では, 蛍石残留線のおおよその波長分布を認識できているという前提の下, 誤差要因となるプリズムに加えて,「回折像の強度の弱さ」などをともなう回折格子も除かれた。また, この構成では, 1897 年に入ってルーベンスが開発してきた第三の輻射測定器, 熱電対列を実際に測定器として採用するようになった。1898 年 3 月論文の図 4.15 の構成では, 回折格子が再度導入されているが, それは岩塩とカリ岩塩の残留線の波長を精確に測定し直すためであった[88]。この構成でも熱電対列が測定器として採用され, 岩塩残留線の波長 51.2 μm, カリ岩塩残留線の波長 61.1 μm という数値が得られた。1897 年末から 1898 年のルーベンスとアシュキナスの研究は, 残留線, 熱電対列を使用する脱プリズム方法で, 蛍石, 岩塩, カリ岩塩の残留線の振る舞いをおおよそ把握することに成功した。残留線を利用して長波長輻射線を発生させ, それを熱電対列でとらえる構成は, 従来の研究にはなかった 50 μm を超える熱輻射実験への道を拓くとともに, ルーベンスのその後の長波長輻射線測定に活用された。

6. ルンマーらの空洞輻射源の開発

6.1 空洞輻射源開発の初段階

固体による熱輻射研究を進めていたパッシェンの 1897 年の研究に対して, 同年 10 月, ルンマーとプリングスハイムは空洞輻射による実験結果を報告した (1897 年 10 月論文)[89]。その検証対象は, 輻射体の全輻射量とその温度の関係を表す S-B 法則だった。

$$E = C_6 \cdot T^4 \qquad (4.8)$$

E は全輻射エネルギー, T は温度, C_6 は定数である。これまでの S-B 法則を検証する実験では,「完全な黒体」が使用されてこなかったというのが,

ルンマーらの問題意識だった[90]。彼らは，輻射体の全輻射量とその温度を測定して，S-B 法則の検証を試みた。このとき使用されたボロメーターは，1890 年代前半にルンマーとクールバウムが開発した面ボロメーターであるが，そのボロメーターの検流計にはドゥ・ボアとルーベンスが1893 年に開発したガルヴァノメーターが採用されていた[91]。

ルンマーらの採用した輻射源は温度範囲別に三種類あった。100°Cでは，沸騰水で熱した銅製空洞容器，200-600°Cでは，硝石壁で囲まれ，ガスバーナーで加熱された銅製空洞球，600°Cを超える温度範囲では，耐火製シャモット炉のなかでガスバーナーによって加熱された鉄製空洞容器であった。輻射測定にはボロメーターが使用された。温度測定には，500°Cまでの範囲で水銀温度計が，500°Cを超える範囲ではル・シャトリエ熱電対が使用された。図 4.16 に，100°C向け機器構成，200-600°C向け機器構成，図 4.17 に，600°C超向け機器構成の概略図を示す。

図 4.16 の右端の A が 100°C向けの銅製空洞容器であり，A の左側にある G はボロメーターを表している。左端の B は 200-600°C向けの硝石壁で囲

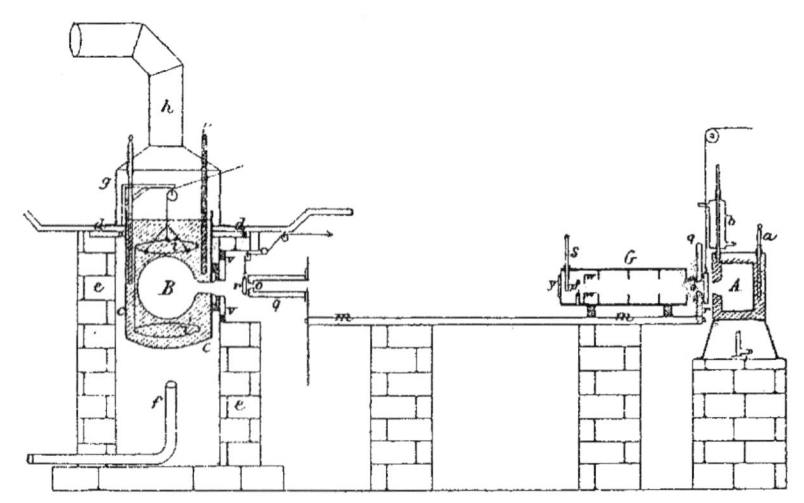

図 4.16　ルンマー-プリングスハイムの 1897 年 10 月論文における 100°C向け機器構成（右側）と 200-600°C向けの機器構成（左側）(Rubens, 1897b)[92]

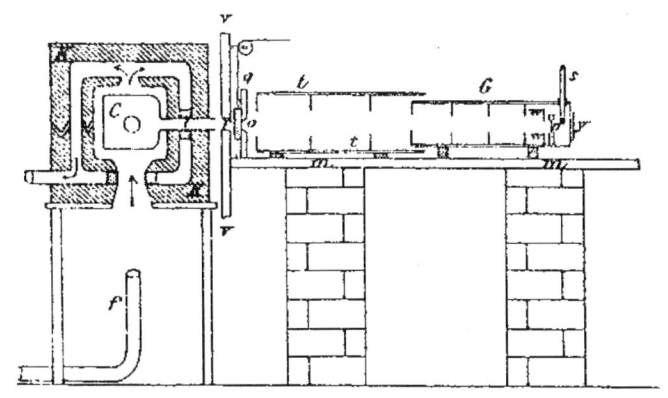

図 4.17 ルンマー，プリングスハイムの 1897 年 10 月論文の 600°C 超向け機器構成 (Rubens, 1897b)[93]

まれた銅製空洞球であり，その下には f のバーナー口が見える。

図 4.17 の左端の C は，600°C 超向けの鉄製空洞容器であり，その周りを覆う K は耐火製シャモット炉である。それらの下部には加熱用のバーナー口が見える。右端にはボロメーター G が設置されている。

290-1,560°C の温度範囲で行われた実験結果では，各温度測定から得られた，定数 C_6 の複数の数値から平均値を求めて，それを用いて輻射量の値が計算された。ルンマーらは，計算値と実測値を比較して，数値の差を測定値に対する百分率として表した。プラス側にズレた 5%台の数値は，「輻射容器内での熱平衡が完全でない」ことが原因と予想された。ルンマーらは，今回の暫定的結果だけでは，諸数値の差が「黒体輻射からの実際のズレにどの程度，対応しているか」を決定することはできないと判断した[94]。ただし，今回の数値差を信頼できるとするならば，S-B 法則の 4 乗則に対して 3.96 乗という数字を置くのが良いと考えた。4 ではなく測定データに忠実な 3.96 を選択するルンマーの傾向は，ヴィーン法則と同形式 (4.6) の指数に対して，ヴィーン法則と同一になるように整数を選ぼうとするパッシェンの傾向と対称的であった。

6.2 空洞輻射源の確立

つづいてルンマーとクールバウムは，1898年5月に同様な測定と検証の再度の結果を報告した[95]。100-1,500°Cの温度範囲によるこれらの測定において，彼らは，S-B法則を基準に，空洞輻射源が黒体に近いかどうかを確認した。

ルンマーらの空洞輻射源は，白金製円筒を電気で加熱して，一方の端に輻射口となるノズルが設置されたものだった。光度ができるだけ一様になるように，内壁は酸化鉄メッキされ，円筒内部には磁器円筒が差し込まれた。さらに，白金製円筒は，均等に白熱されるように，石綿で囲まれていた[96]。これは，その後の熱輻射装置の標準モデルとなった。図4.18，図4.19は，1901年論文時の白金製空洞輻射源であるが，形状は基本的に1898年以降変わっていない。

ルンマーらは，固体輻射による実験も実施した。それは，白金板で囲んだ箱の中に，光沢白金もしくは酸化鉄を置き，それを電気加熱するという，パッシェンが触れたものと類似な輻射源を利用していた。

ルンマーらは，(4.9)式の関係をもとにS-B法則を検証した[97]。

$$\frac{S}{T_2^4 - T_1^4} \tag{4.9}$$

Sは全輻射量，T_1はボロメーターの温度，T_2は輻射体の温度を指す。全輻射の温度四乗則であるS-B法則によれば，この関係によって求められる数値は一定になるはずであった。空洞輻射による結果では，この数値は108.4-110.7(任意単位)であり，「平均値からの偏差が百分率で−0.82%から+1.28%」であった[98]。

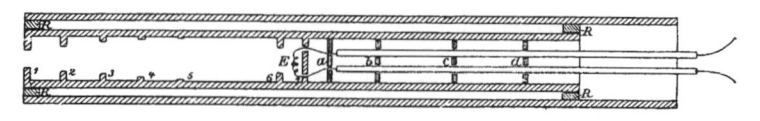

Fig. 1.

図4.18 ルンマーとクールバウムの1901年論文の白金製の円筒形空洞輻射源の断面図 (Rubens, 1901a)[99]

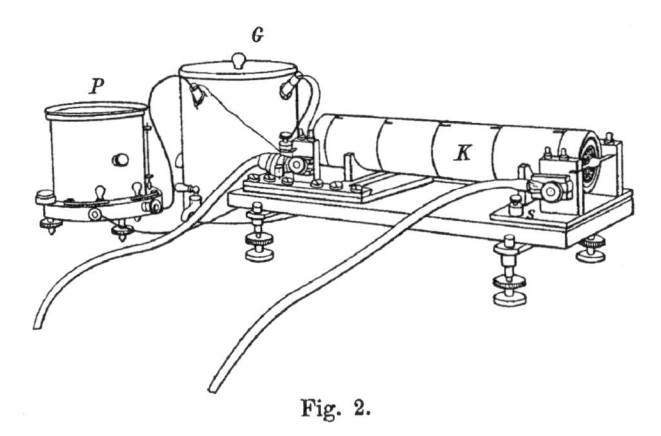

第4章 熱輻射分布法則の導出・検証における実験研究の交流　157

Fig. 2.

図 4.19　ルンマーとクールバウムの 1901 年論文の白金製の円筒形空洞輻射源の外観
(Rubens, 1901a)[99]

　他方，固体輻射による実験結果では，上の数値は極めて大きな偏差をもっていた。白金の場合，輻射体の温度が 492 K (219°C) から 1,761 K (1,488°C) へ上がる過程で，この数値は 4.28-19.64 (任意単位) という幅を示し，一定ではなく 4 倍程度の値にまで上がっていた。酸化鉄でも，同様に大きな幅をもち，温度とともに 2 倍程度の値に上がっていた。

　これらの結果から，空洞による全輻射量はおおよそ温度の 4 乗則にあてはまることがわかった。ルンマーらは，この空洞輻射をほぼ理想的な黒体輻射と判断した。それに対して，光沢白金や酸化鉄の固体輻射は，測定データが安定的でなく，「黒体輻射からほど遠い」と述べた[100]。空洞輻射の測定結果のわずかな誤差ついては，ボロメーター内部を覆う「白金すす」の「長波長の不十分な吸収」や，「気体の湿度」による原因を挙げた[101]。ルンマーらの測定結果によれば，彼らの空洞輻射源が，黒体にふさわしいと考えられる一方，パッシェンの採用した，固体を基本とする輻射源には問題点があった。

　1897-98 年の間に，ルンマーらは，1895 年に提案した空洞輻射源を実現化して輻射測定を進めた。その測定対象は，全輻射量とその温度の関係を表す S-B 法則であった。彼らの輻射源は，当初，銅製もしくは鉄製の空洞容器であったが，1898 年には電気加熱式の白金製円筒形空洞に変わり，S-B 法

則における温度の指数測定値も 3.96 から 4 に向かった。これらの結果から，空洞による全輻射量はおおよそ温度の四乗則にあてはまることがわかった。ルンマーらは，この空洞輻射がほぼ黒体輻射に準じると判断する一方，固体輻射はそうではないとみなした。

また，ルンマーらの空洞輻射源は，S-B 法則の定数((4.9)式の値)を求めるクールバウム単独の研究にも利用された。1898 年 6 月に提出されたクールバウムの論文では[102]，空洞熱輻射の複数データの平均から定数の値が 1.277 (任意単位)と得られた。より具体的には，温度 $t°C$ の黒体の 1 cm² から 1 秒間に空気に放出される全エネルギー S_t に関して，$S_{100°C} - S_{0°C} = 0.01763$ cal・cm^{-2} s^{-1} という関係が提出された。これらの数値は，輻射源の完全さから，グラーツ(1880 年)やクリスチャンセン(Christian Christiansen, 1843-1917) (1883 年)らの先行するデータよりさらに精確になっていた。クールバウムの数値は，プランクの 1899 年論文でヴィーン法則の二つの定数の計算に採用され，さらに，プランクの 1901 年論文では，自然定数 h と k (後のプランク定数とボルツマン定数)を求める際に採用された。クールバウムの測定結果から判断しても，ルンマーらの 1898 年の空洞輻射源が高精度の実験手段であったことがわかる。

7. パッシェンの空洞輻射源の採用

1898 年以降，ルンマーらが電気加熱式の円筒形空洞を輻射源の標準型と位置づけていた一方，パッシェンは，1897 年論文の「補遺」で，空洞輻射源に触れた後，「1898 年の夏」には，空洞輻射の実験を実施していた[103]。彼は，1899 年になってその実験に関する報告を行った。

パッシェンは 1899 年 4 月に「低温における黒体スペクトルのエネルギー分布について」を発表した(1899 年 4 月論文)[104]。この論文の目的は，ヴィーン法則と同形の(4.6)式の α の数値を検証することであった。使用した輻射源は，単一種類ではなく，金属製蒸気ボイラー等で熱した，酸化銅やすすによって表面加工された円筒形・電球型の金属空洞であった。また，ボロメー

ターも単一種類ではなく，白金製の検出素子の幅や表面加工(すすや白金すすによる)に違いをつけた複数種類のものだった．スペクトル調整には，カール・ツァイス(Carl Zeiss)社製の蛍石プリズムを使用した．「低温」の範囲は，373-723 K(100-450°C)であり，波長範囲は 1.887-7.738 μm であった．

パッシェンは，低い温度範囲では，(4.6)式の定数 C_1 の測定値にばらつきが見られるものの，(4.6)式の α が 5 になることを否定せず，ヴィーン法則を肯定した．$\alpha=5$ のヴィーン法則を肯定する彼の理由の一つは，図 4.20 のように，複数種類の温度時のエネルギー曲線の形が「合同」になることだっ

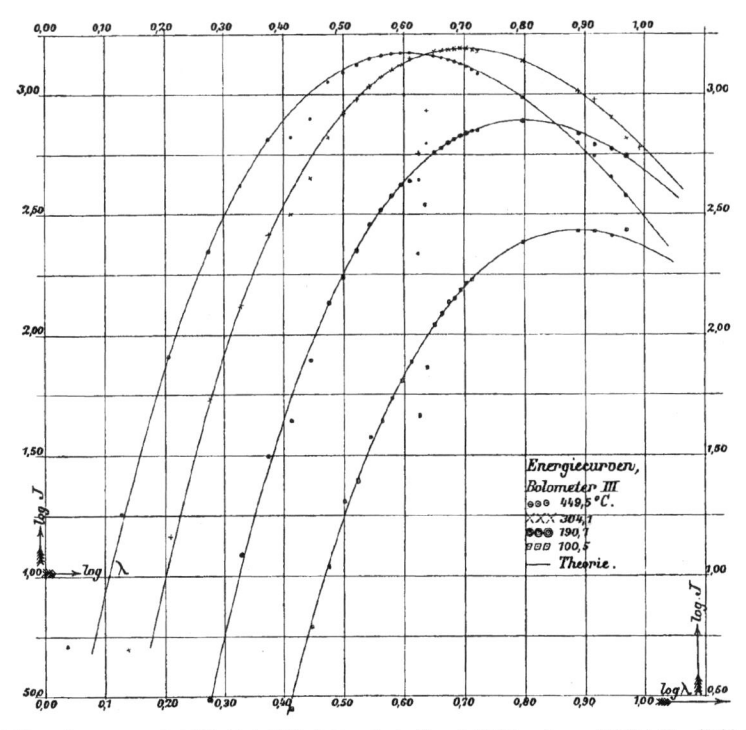

図 4.20 パッシェンの 1899 年 4 月論文のエネルギー曲線(Paschen, 1899b)[105]．縦軸：輻射エネルギーの対数，横軸：波長の対数，***Energiecurven, Bolometer III*** はボロメーターIIIによるエネルギー曲線，―― ***Theorie***. は理論に基づく曲線である．ボロメーターIIIとは，白金すすで表面加工された検出素子(白金線条)の幅が 6.3 分のものである．また，4 曲線は，上から 449.5°C, 304.1°C, 190.7°C, 100.5°Cの各曲線である．

た[106]。パッシェンによれば、「合同」になるのはその曲線が黒体輻射を表している証拠であった。

1899年12月、パッシェンは4月論文につづいて、「高温における黒体スペクトルのエネルギー分布について」をベルリン科学アカデミーで発表した[107]。ここで彼は、1,000℃超の高温領域の輻射線を対象にして、次の二つの課題に取り組むことを述べた。第一に、ヴィーン法則((4.7)式)とそれに関わるプランクの理論的仮定は「どのような範囲のなかで有効なのか」を論じること。第二に、「その法則の諸定数をできる限り正確に算出すること」であった[108]。

今回の実験では、「熱した壁に囲まれた」空洞輻射源と、「白熱面から発する全ての輻射が反射によってその面に照射し返る」ことを利用した固体-空洞折衷型輻射源の2種類が採用された[109]。パッシェンは、空洞の場合、輻射を取り出すための小孔が備えられた「壁を一様に熱すること」は難しく、とくに「温度が高ければ高いほど、各所の温度の違いが大きくなる」ことに触れた。折衷型の輻射の場合、「反射がある程度完全に遂行されること」が難しく、「高温での正確な測定」は困難であるとした。パッシェンは、これらの問題点の「克服のために行った研究をすべて分析」しながら、「できる限り目的に適った」機器構成を模索した[110]。

空洞輻射源の場合における、一つ目の構成は、直径5 cm、長さ10 cmの磁器空洞円筒を輻射源で、小孔の大きさは0.6 cm²であった。これは、1898年にルンマーとクールバウムが採用したものと同型の輻射源である。空洞円筒は、磁器円筒を取り囲む白金箔に電流を流して加熱され、金属箔の外側は、保温に優れた石綿によって覆われていた。円筒の側壁には熱電対が設置され、空洞内の温度が測定された。

この輻射源による実験は、411.6-1,053.4℃(684.6-1,326.4 K)の温度範囲で行われ、(4.1)式の定数 C_4 は平均2,915-2,932であり、(4.2)式の定数 C_5 は平均3.666-4.798×10⁻¹⁵であった。パッシェンはここでの一部のデータについて、「$\lambda_m T$ の数値と、$E_{\lambda m} T^{-5}$ の数値にみられる相違」は予測誤差「より大きい」と判断した[111]。ルンマーたちが採用した輻射方法の測定結果を、パッシェ

ンは積極的には評価しなかった。

　次に，パッシェンは異なる空洞輻射源を試みた。空洞の基本構造は，銅製および白金製の厚壁るつぼであり（図 4.21），その外側を薄い磁器るつぼで覆うものだった。空洞るつぼは，磁器るつぼの外側を覆う白金箔に電流を流して加熱され，白金箔の外側は，保温の優れた石綿によって囲まれた。空洞るつぼの大きさは，長さが 3.5 cm 程度であり，最大 3 cm の幅をもち，輻射線を放出する小孔の直径は 5 mm 程度である。空洞のなかは，熱電対によって測定された。

　パッシェンは，上記の構造を基本にして，細部で異なる三つの機器構成を設けた。一つ目の構成では，銅製の金属るつぼが採用され，二つ目では，白金製るつぼであり，その内側には第二の磁器るつぼがすき間なくはめ込まれた。三つ目では，二つ目の構成とほぼ同じであるが，白金製るつぼが磁器ではなく，酸化鉄で覆われていた。これらの構成の測定結果から，(4.1)式の定数 C_4 は平均 2,896-2,919 であり，(4.2)式の定数 C_5 は平均 $1.372\text{-}3.424 \times 10^{-15}$ であることを得た。

　また，固体-空洞折衷型熱輻射は次のように構成された（図 4.22 参照）。熱源

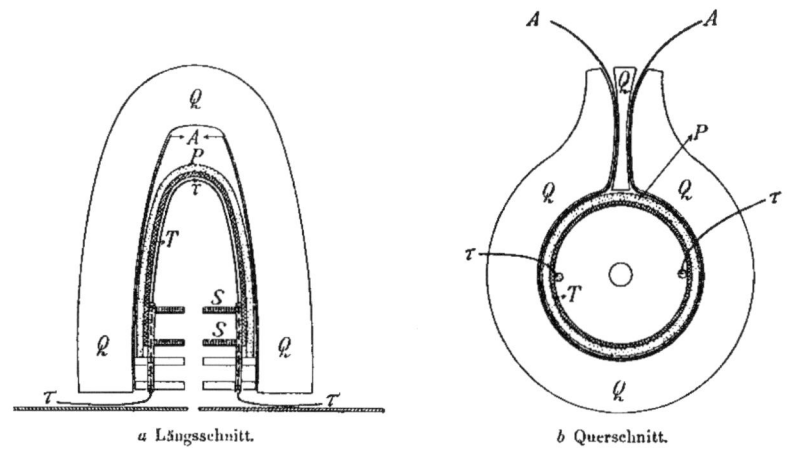

図 4.21　パッシェンの 1899 年 12 月論文のるつぼ型空洞輻射源の縦断面図（左の a）と横断面図（右の b）(Paschen, 1899c)[112]

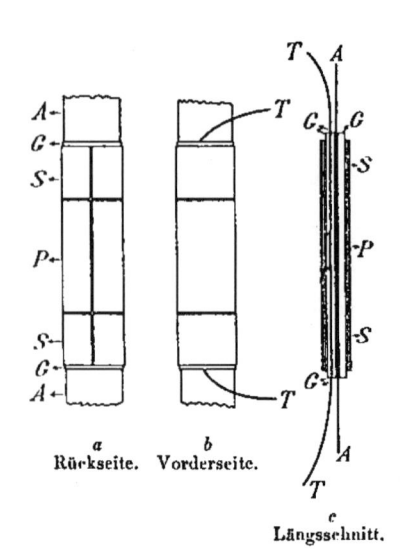

図 4.22　パッシェンの 1899 年 12 月論文の固体-空洞折衷型輻射源(Paschen, 1899c)[113]。a は裏面図，b は表面図，c は縦断面図である。

は，厚さ 0.05 mm，長さ 30 mm，幅 16 mm の白金板 P と，P に比べると短い白金板 S を並べたものであり，この板の背面に敷いた白金(もしくは白金イリジウム)箔縞 A に電流が流れ，加熱された。白金板と加熱線条の間には，絶縁のための雲母 G が差し込まれ，加熱線条とその背面に設置された熱電対 T の間にも雲母が差し込まれた。

　白金板の前面は，直径 15 cm の洋銀製の反射半球の中心点に位置するように配置され，白金板と向かい合わせになる，半球面上の箇所には小孔が開けられ，測定対象となる熱輻射線はそこから放射された。

　パッシェンは，上記の構成を基本に，各温度領域に分けた 4 種の機器構成を提示した。構成 1 は，600°C 程度までの低温においてであり，輻射源の白金板は白金黒で覆われ，ボロメーター線条は反射半球の 6 分の角度にあたる幅をもっている。構成 2 では，輻射源は構成 1 と同様であるが，ボロメーター線条の幅が 3 分に取り換えられていた。構成 3 では，ボロメーター白金

第 4 章　熱輻射分布法則の導出・検証における実験研究の交流　163

線条が酸化銅によってメッキされていた(überzogen)。構成4は，高温測定に対応するために施され，この構成では，厚さ 0.1 mm，幅 10 mm，長さ 25 mm の輻射白金板を酸化鉄で黒化した(geschwärzt)ものを輻射源として，放射される輻射線はプリズム手前でより小さく絞られていた。

　パッシェンは，ここで扱った空洞輻射と固体-空洞折衷型輻射の各機器構成によるデータを一つの表にまとめたうえで，各波長 λ，各温度 T における $\log(E\cdot\lambda^5)$ の数値を提示した。また，それらのデータによるエネルギー曲線を図4.23のように表した。

　彼は，λ，T の各測定値をヴィーン法則((4.7)式)に代入して，定数 C_1，C_2 を算出し，平均したその値は，$C_1=146{,}030$，$C_2=14{,}531$ であった。各 λ，T の測定データから得た $E\cdot\lambda^5$ の値と，(4.7)式から求めた $E\cdot\lambda^5$ の値の相

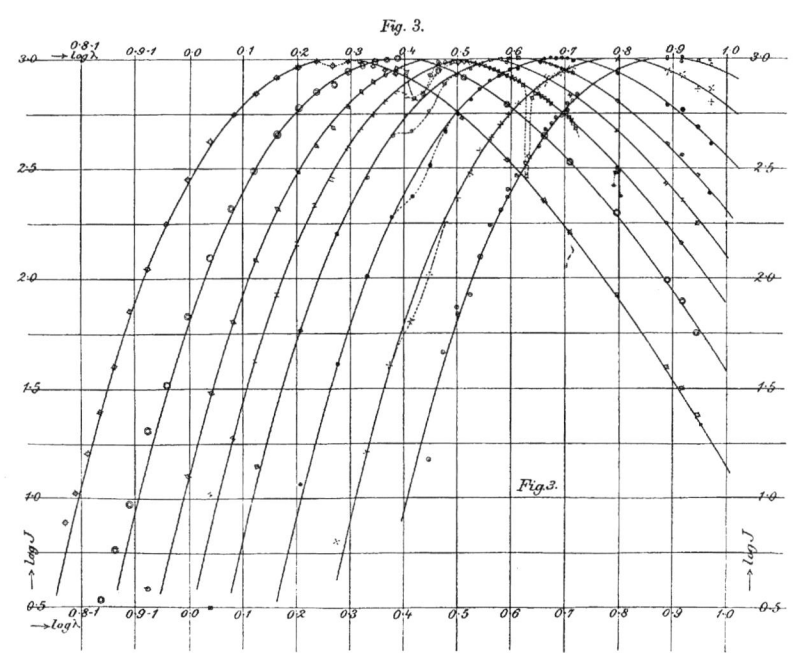

図 4.23　パッシェンの 1899 年 12 月論文のエネルギー曲線(Paschen, 1899c)[114]。縦軸は輻射エネルギーの対数，横軸は波長の対数である。

違は「数パーセント」であった。さらに，1899年4月論文時と同様，エネルギー曲線の形が温度に関係なく「合同」であることは，パッシェンに自信をもたらした。彼にとって，「合同」はその曲線が黒体輻射を表している証拠だった。したがって，パッシェンは(4.7)式の表すヴィーン法則が「証明された」と判断した[115]。

パッシェンは，上記の結果と，4月論文の低温領域の実験結果を合わせて考察した[116]。C_1の値に相違があり，「実験の問題点」はあるだろうが，ヴィーン法則は波長範囲0.7-9.2μm，温度範囲100-1,300℃内で「十分に確証」されたと考えた[117]。ただし，定数C_2の数値が高温度の測定になるに従って上昇するという問題があり，「高温で見出された定数C_2の値にあまり重きを置かないほうがよい」とした[118]。そのため，低温領域(99.9-624.1℃)で実施した固体-空洞折衷型輻射源の構成1から見出されたC_2=14,455を「より確実な」値とみなした。ちなみに，ヴィーン変位則の定数C_4は定数C_2の1/5にあたるので，それによれば，C_4は2,891となる。パッシェンは，高温実験のこのような誤差の原因が，「完全とはいえない」輻射のための機器構成，熱電対の高温測定に関わる「かなりの不精確さ」にあると考え[119]，ヴィーン法則自体に疑いをかけることはなかった。このように，空洞輻射源が採用され始めた熱輻射実験においても，ヴィーン法則に対するパッシェンの信頼は揺らぐことはなかった。

1899年を通じて，パッシェンは，固体輻射源を離れて，空洞および固体-空洞折衷型輻射源を採用するに至った。1899年4月論文の輻射源は，金属製蒸気ボイラーなどで熱した，酸化銅などからなる円筒形および電球型空洞であった。1899年12月論文には，空洞輻射の研究で先行していたルンマーらの円筒形空洞を試しつつ，磁器で覆われた銅もしくは白金製の厚壁るつぼを空洞輻射源とした。同論文では，反射壁で囲まれた状態で白金板を熱して，そこから輻射線を放射させるという固体-空洞折衷型の輻射源も採用された。パッシェンは，照射を受ける際のボロメーター線条の「不安定」な「吸収能」を補正するために，ボロメーターの金属線条の黒化加工や，線条を囲う覆いの構成や内壁加工にも工夫を加えた。パッシェンは，ルンマーらの空洞

輻射源を評価しなかったが，他のタイプの空洞輻射源や固体-空洞折衷型輻射源を採用しながら，波長範囲 0.7-9.2 μm，温度範囲 100-1,300°Cで測定を実施し，ヴィーン法則を「十分に確証」したと考えていた。

8. ルンマーらによる空洞輻射の分布測定への導入

1899年2月に，ルンマーとプリングスハイムは，ドイツ物理学会で「黒体スペクトルのエネルギー分布」を発表した[120]。彼らはまず，1895年にルンマーとヴィーンが提案した空洞輻射の方法によって，S-B法則を確証したことにつづいて，「黒体スペクトル」の，波長に関するエネルギー分布を実験的に研究することを目標として示した[121]。

この課題に取り組むにあたり，ルンマーらは，「エネルギー分布」を表す式を導出している先行研究に触れた。彼らが最初に取り上げたのは1897年のパッシェンの実験研究であった[122]。パッシェンは，白金，酸化鉄，酸化銅，すす，カーボンなどの固体の輻射源で測定を行い，次のヴィーン輻射式と同形の式を得ていた。

$$E_\lambda = C_1 \lambda^{-\alpha} \exp\left(-\frac{C_2}{\lambda T}\right) \tag{4.6}$$

パッシェンの測定結果によれば，白金とすすの場合，α は5.54(白金)，5.63(すす)となっていた。その数値を，全輻射と温度の関係にあてはめると，温度の乗数が4にならず，4.54もしくは4.63になる。これではS-B法則に合わないのであった。ルンマーらは，$\alpha=5$になるかどうかを，「完全な黒体の実験」で「決定する」必要性を訴えた[123]。

また，ルンマーたちは，1896年のヴィーンの理論研究における問題点も指摘した。ヴィーンは1896年に，次のヴィーン輻射式を導いていた。

$$E_\lambda = C_1 \lambda^{-5} \exp\left(-\frac{C_2}{\lambda T}\right) \qquad (4.7)$$

それを得るための仮説は、「恣意的な性質」のもので、その考察方法には「問題がないわけでは」なかった[124]。ヴィーンは、「気体によって放出される温度輻射」を考察するにあたり、気体分子の速度と輻射線の振動周期の関係、気体分子の数と輻射線のエネルギーの関係を仮定しマクスウェル速度分布を利用して、ヴィーン式を導出していた。

ルンマーらが問題視したのは、同様な考察を行ったミヘルゾンの結論(本章1節参照)が、ヴィーンのものと一致していないことだった。ミヘルゾンは、1887年に、「微粒子振動と、それによって引き起こされたエーテル振動との相関関係」を前提にして、「マクスウェル分布を利用する」というヴィーンと同種の考察を行っていた。そこから得られたミヘルゾンの分布式はヴィーン式と異なるだけでなく、最大波長 λ_m と絶対温度 T の関係を表す式も異なっていた。ヴィーンの場合、ヴィーン変位則と呼ばれる(4.1)式であったが、ミヘルゾンの場合、(4.3)式だった。

$$\lambda_m \cdot T = const. \qquad \text{ヴィーン変位則} \quad (4.1)$$
$$\lambda_m^2 \cdot T = const. \qquad \text{ミヘルゾン式} \quad (4.3)$$

このように、同様な考察をしているにもかかわらず、二者の結論は合致していなかった。パッシェンの測定結果によれば、ミヘルゾン式は「正しくないようだった」[125]。また、ヴィーンは、ルンマーとともに、空洞輻射の方法を提案したが、彼の理論的考察では、その輻射エネルギーは「放射している粒子の数」に関係しており、黒体輻射にもかかわらず、輻射源の物質属性に依存していた[126]。ルンマーらは、これでは、黒体輻射の性質と矛盾すると考えた。これらの諸問題を回避するために、できる限り、輻射実験による測定結果のみから、輻射法則の形を与えることを、彼らは試みたのである。

この実験での輻射源は、1898年の研究と同じものであり、電気加熱式の

円筒形の空洞であった。空洞は熱電対によって測定された。スペクトルは蛍石プリズム-反射鏡によって生み出され，このプリズムはルーベンスから提供されたものだった。輻射計のボロメーターは，「ルンマー-クールバウムの面状ボロメーターの方式」でつくられていた[127]。ボロメーターの入射口は，ビロードで覆われ，「ボロメーター線条を通り過ぎた輻射線もまたビロード壁にあたり，それらの大半は吸収されるのだった」。ボロメーター内蔵の検流計には，1893年にドゥ・ボアとルーベンスが製作したガルヴァノメーターが使用された。測定されたエネルギーをノーマル・スペクトルに換算するに際には，1894年のパッシェンの研究による「ケテラー-ヘルムホルツの

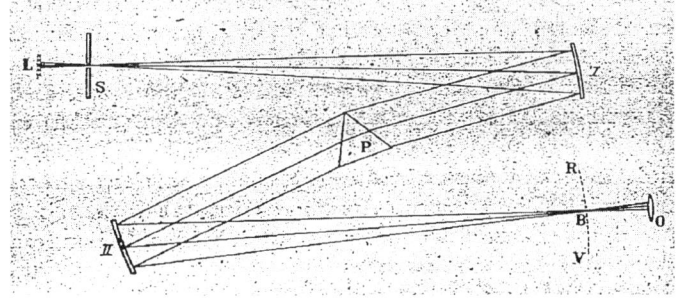

図4.24 ルンマーらの1900年前後の機器構成 (Hoffmann, 2001)[128]

分散式の定数が使用された」[129]。

ルンマーらの採用した機器構成は上記のものであった。図 4.24 における L は輻射源，S はスリット，I と II は凹面反射鏡，P はプリズム，B はボロメーター(の位置)である。ルンマーとプリングスハイムは，ルンマー自身が開発したボロメーター，ルーベンスがドゥ・ボアと共同開発したガルヴァノメーター，ルーベンスが研究していた蛍石プリズム，パッシェンの基準化した分散式といった先行する諸成果を利用して機器構成をつくり，熱輻射のエネルギー分布の測定に参入したのだった。

ルンマーらは，800-1,400 K(約 500-1,100°C)の温度範囲，0.7-6.0 μm の波長範囲の測定を行った。その実験データに基づく，等温における波長-輻射強度の関係を表す測定グラフ(等温曲線：図 4.25 参照)からは，(4.6)式の α は 5 と求められ，等色における温度-輻射強度の関係を表す測定グラフ(等色直線)からは，(4.6)式の α は 5.2 と求められることを報告した。

(4.6)式中の 2 定数の数値が波長の増大にともなって大きくばらつくこと

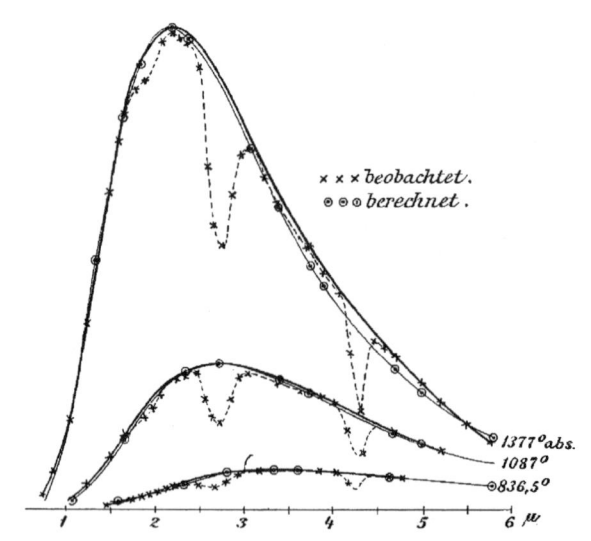

図 4.25　ルンマー，プリングスハイムの 1899 年 2 月論文の等温エネルギー曲線 (Lummer, 1899a)[130]。縦軸は輻射エネルギー，横軸は波長である。

に関しては，ばらつきが「黒体輻射の本質に基づくのか，もしくは，系統的に調整するのが困難な観測誤差に由来しているかどうかは，大きな波長領域に及ぶ，そして大きな温度範囲に及ぶ実験によってはじめて決定されうるのであろう」と記していた[131]．1899年2月時点のルンマーらは，分布法則を調べる実験の方法を明示した一方，実験結果についての明確な結論を示すことはなかった．彼らは，空洞輻射源を含む装置やその構成からくる誤差を問題としながら，エネルギー分布の測定範囲をより長波長・高温度へ拡げて行う次の段階の実験に期待を寄せたのである．

9. ルーベンスの分布法則検証への転機

ルーベンスは1899年8月に「蛍石の残留線について」と題する論文を発表した(1899年8月論文)[132]．この論文では，彼の1898年論文で採用した，残留線と熱電対列を利用する機器構成によって，岩塩，カリ岩塩ではなく「蛍石の残留線」の実験を行うこと，そしてその測定の誤差を確かめることが主題であった．ここで採用された機器構成は図4.26であった．

1898年3月論文時の図4.11のように，図4.26でも回折格子が導入されているのは，蛍石残留線の波長をより精密に測定するためであった．また，この構成の輻射源には，長波長領域に対して強く安定的なアゥアー灯が採用されていた[133]．

この実験結果によれば，蛍石の残留線には，第一の波長24.0 μm だけでなく第二の波長31.6 μm が存在するようであった．これらの点は，図4.27の左右両側曲線グラフ(縦軸：輻射強度，横軸：回折角度)の内側に見られる第一の極大が波長24 μm にあたり，その外側のわずかな第二の極大が波長31.6 μm にあたることから見て取れるのだった．

図4.27のグラフ中の I-V の記号は，蛍石板によって2-6回反射された輻射線(残留線)であることを意味している．上のグラフから，蛍石による反射回数が2，3回(グラフ I, II)であると，第二の残留線は確認できないが，反射回数を増やすと，第二の残留線もはっきりと現れるのだった．

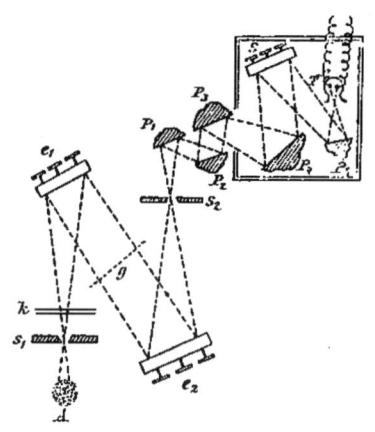

図 4.26　ルーベンスの 1899 年 8 月論文の機器構成
(Rubens, 1899b)[134]

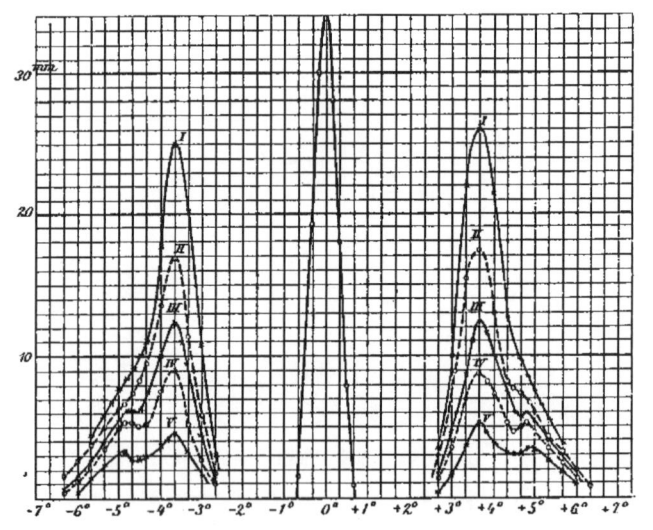

図 4.27　ルーベンスの 1899 年 8 月論文の蛍石残留線を表すグラフ
(Rubens, 1899b)[135]

反射回数が少ない場合に第二の残留線が感知されなかった点については，ルーベンスは，彼の1897年1月論文でボロメーターまたはラジオメーターを測定器とした実験でも第二の残留線は感知できていなかったことを引き合いに出した。「我々の以前の測定の結果，とくに共鳴板による残留線の反射についての研究の結果」を見ても，第二の残留線の波長(31.6 μm にあたる波長)の検出は「まったく手つかず」状態にあることを率直に表明した。その一方で，ケテラー–ヘルムホルツ分散式に照らして，分散式による計算値と，ここでの実測値を比較するとおおよそ「合致」が見られるのであり，測定結果の信頼度は統一的ではなかった[136]。

また，誤差の検証に，「黒体から放射される残留線強度の温度に対する依存性」，つまり波長-輻射強度-温度の関係を表す輻射のエネルギー分布を考慮に入れると深刻な問題も示された[137]。それは，ルーベンスの弟子ベックマン(Hermann Beckmann, 1873-1933)による学位論文の研究内容(1898年に学位論文提出)に関連していた[138]。ベックマンは1898年に蛍石の残留線を使用して193-873 K 間の輻射強度，波長を測定し分析していた。分析結果によれば，ヴィーン法則は実験結果と「完全に整合する」が，ヴィーン法則中の定数であるはずの C_2 の値はパッシェン，ルンマーらの実験結果(1896-99年)を基にした 14,500 よりもはるかに大きい 24,250 になるのだった[139]。ヴィーン法則は以下のように示される。

$$E_\lambda = C_1 \lambda^{-5} \exp\left(-\frac{C_2}{\lambda T}\right) \qquad (4.7)$$

ヴィーン式中の E_λ は，輻射の波長 λ と $\lambda + d\lambda$ 間にある輻射エネルギー密度を表すが，ルーベンスは熱電対列の針の振れる度合いとしている。このベックマンの結論に注目したルーベンスはここで再び蛍石残留線による測定を行ったが，その結果もベックマンの得た値に近い 26,000 という数値だった。ルーベンスは，長波長領域においてヴィーン式が測定値から大きくズレることを残留線の誤差問題とからめて考察していた。

この1899年8月論文を通して,ルーベンスは蛍石に24.0 μm と 31.6 μm の二つの主要な残留線があることを示唆し,さらに,測定誤差の問題として,第二の残留線の測定に関する点,「黒体から放射される残留線強度の温度に対する依存性」に関する点を明らかにした。とりわけ2点目の誤差については,エネルギー分布を表す輻射法則の定数が短波長領域と長波長領域ではまったく異なる数値になるという深刻な結果を示していた。ルーベンスは,蛍石残留線の測定誤差問題に取り組むなかで,当時確からしいとされていたヴィーン法則の長波長領域の問題点を示唆して,さらなる「精確なヴィーン法則の検証」の必要性を認識することとなった[140]。

10. ヴィーン法則の問題点

1899年11月,ルンマーとプリングスハイムは,「1. 黒体と光沢白金スペクトルにおけるエネルギー分布;2. 白熱固体の温度測定」を発表した[141]。1899年2月論文で触れた点を受けて,測定温度および波長の範囲をさらに拡げた輻射エネルギー分布測定を行うことを目的としていた。この実験で使用された実験器機,機器構成は,前論文時と基本的に変わらず,円筒形空洞輻射源-蛍石プリズム-ボロメーターという構成だったが,測定誤差を抑える細部の工夫が施されていた[142]。輻射源の光度がより一定になるように,複数種の円筒形空洞(内壁に磁器製筒束を貼るなど)を製作し,水蒸気や二酸化炭素による輻射線のスペクトル吸収を抑えるために,スズ泊を貼った木箱内にボロメーターを置き,内部の湿度をヘルツの湿度計で調べることも行った[143]。また,スリットの前部にあるバルブの厚さを調整して,黒体の輻射口とスリットの間にある空気のスペクトル吸収をできるだけ抑え,輻射源に働く張力を測り,その数値によって加熱電流を調整することによって,輻射源の高温度を一定に保った。さらに,より優れた蛍石プリズムを使用するために,前回のルーベンスのプリズムではなく,シュトラスブルクのブラウン(Karl Ferdinand Braun, 1850-1918)のプリズムを採用していた[144]。

今回の測定波長の範囲は,前回の実験と大きな違いはなく,約8 μm 以下

であったが，測定温度は 2,000 K 近くに及び，より高い温度範囲を実現できていた。この実現は，輻射源の改良によるところが大きかった。また，ここでの実験結果は，図 4.28 のグラフで表された。

ルンマーらは，高温測定の実施によって，ヴィーン式中の定数 C_2 の数値が 1.2-5.0 μm 間で 13,500-16,500 であるのに対し，8.3 μm では 18,500 になるデータを提出した[145]。それは，波長約 24 μm の蛍石残留線の場合における定数 C_2 が 24,000 になるという 1898 年のベックマンの報告を考え合わせると，高温・長波長領域において理論値と実測値のズレが大きくなる傾向と解釈できた(ズレについては図 4.28 を参照)。だが，他方でルンマーらは，1899 年に行った複数タイプの空洞輻射源の測定結果から，定数 C_4 を 2,940 としてヴィーン変位則の有効性を示し[146]，ヴィーン分布式のように，(4.6)式の α にあたる数値がおおよそ 5 になるだろうとしていた[147]。ただし，「温度とともに増大するズレは，いずれの場合も，拡散する輻射によるスペクトルの不純化に起因する誤差をはるかに超えている。私たちはヴィーン-プランク式の有効性について最終判断を下す前に，より大きな温度範囲・波長領域における実験に手を拡げていく必要がある」とつけ加えた[148]。ルンマーらは，実験機器・機器構成の細部に改良を加えて，高温度・長波長範囲の熱輻射測定におけるヴィーン式の適用可能性の問題点を明らかにしつつあった。

また，彼らの熱輻射実験が黒体による実験に近いとしながらも，このことがより普遍的に「可視光領域」でも有効とみなされ得るには測定範囲のさらなる「拡大」が必要であることをつけ加えた。黒体の普遍性に触れるにあたり，「可視光領域」をもち出した理由は，アーク灯(Bogenlampe)などの標準化に役立ち得るかという点で，ルンマーの所属先，PTR 光学研究室の光度標準研究に関係していた[149]。ルンマーらは，光度標準研究と結びつけながら，熱輻射エネルギー分布の測定を進め，長波長・高温測定という課題箇所を絞っていた。

高温・長波長領域におけるヴィーン法則のズレを問題視し始めたルンマーらは，その点に対する答えを 1900 年 2 月のドイツ物理学会で報告した(1900 年 2 月論文)[150]。ルンマーらの行った実験の構成は，基本的に，従来通りの円

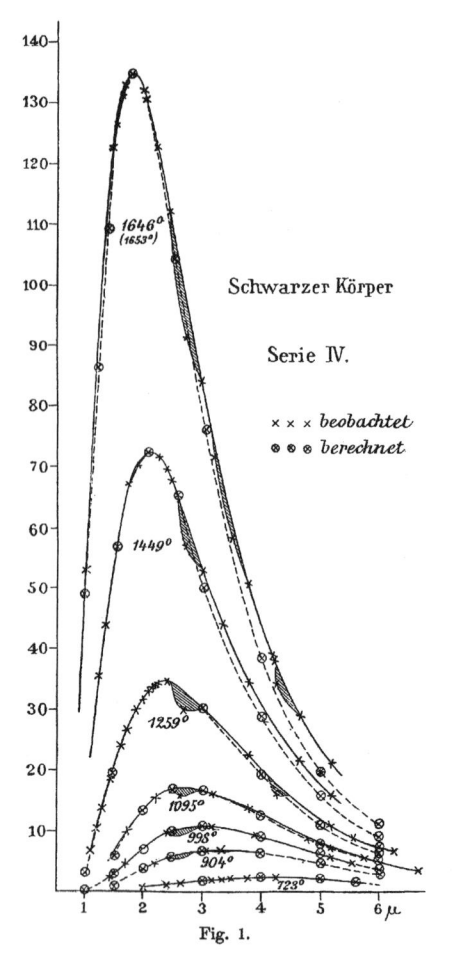

図4.28 ルンマー，プリングスハイムの1899年11月論文の空洞輻射のエネルギー分布曲線(Lummer, 1899b)[151]。
××× *beobachtet* は測定値の曲線，⊛⊛⊛ *berechnet* は計算値の曲線である。グラフから，波長が大きくなるにつれて，測定値と計算値(理論値)にズレが生じていることが読みとれる。

筒形空洞輻射源-プリズム-ボロメーターだったが，細かな点に変更が加えられていた[152]。今回の構成におけるプリズムには，蛍石ではなく，ルーベンスから提供されたカリ岩塩があてられた。カリ岩塩プリズムは，蛍石プリズムとは異なり，測定に有効な波長範囲が 12-18 μm だったのである[153]。また，輻射源と輻射口の間の弁を，水洗金属製弁と厚さ 4 mm の蛍石板のどちらにでも交換可能にすることよって，輻射線の精密な調整が図られた。水洗弁は，冷水で洗浄された温度計によって弁の温度を精確に測定できるという利点をもっていた。蛍石板は，7 μm 以下の波長をすべて完全に通過させる一方で，12 μm 以上の波長の輻射線を完全に吸収するので，対象としていない波長の輻射や輻射の拡散の対策に有効だった。

　高温だけでなく長波長に対応し得る機器構成によって，ルンマーらは 1,650 K に及ぶ温度範囲，12-18 μm の長波長領域の熱輻射実験を実現し，重大な測定結果を得た。この測定結果は，等色におけるエネルギー強度の対数と温度の逆数の関係に基づいて図 4.29 のように表された。

　測定データによれば，長い波長において，ヴィーン法則の計算値と測定値の相違が計算値の最大 50% に達しており，ヴィーン式中の定数 C_2 の値は，波長が 12.3 μm → 17.9 μm になると，24,800 → 31,700 に変化するのだった。この実験結果は，ヴィーン法則のままでは定数 C_2 を「自然定数」とできないこと[154]，波長が長くなると，ヴィーン法則から系統的にズレることを鮮明に表していた。したがって，1899 年 11 月時の結果も含めて考えると，ヴィーン法則を表す分布式は，温度が高く，波長が長い輻射の場合に適用できないことが明らかになったのである。

　この結果を受けて，ルンマーらは既存の輻射分布式の比較，新しい分布式の提出を試みた[155]。比較対象になったのは，ヴィーン分布式，ティーゼン分布式，レイリー分布式，ルンマー-ヤンケ分布式であった[156]。それらは下記の式に基づいて表現できた。

$$E_\lambda = C_1 T^{5-\mu} \lambda^{-\mu} \exp\left(-\frac{C_2}{(\lambda T)^\nu}\right) \tag{4.10}$$

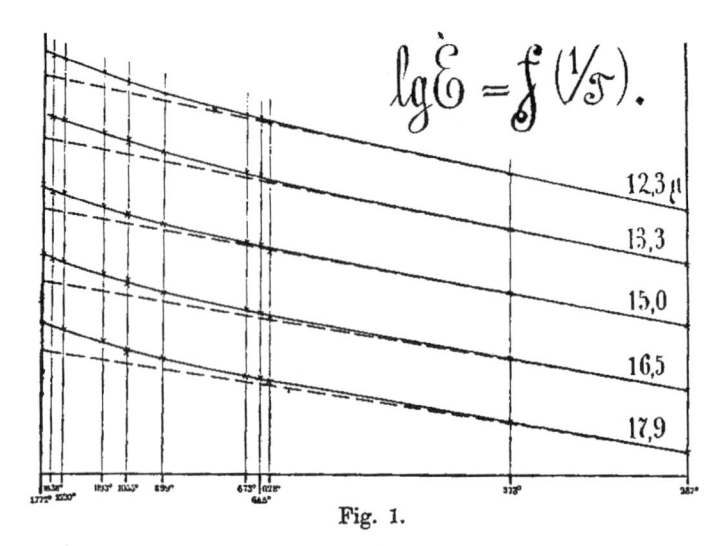

図 4.29 ルンマー，プリングスハイムの 1900 年 2 月論文のグラフ(Lummer, 1900c)[157]。等色における輻射エネルギーの対数(縦軸)と温度の逆数(横軸)の関係を表す。点線グラフはヴィーン式の理論値に基づき，実線グラフは測定値に基づく。いずれの波長においても，理論値と測定値にズレが見てとれる。

C_1, C_2 は定数であり，T は温度，E_λ は，輻射の波長 λ と $\lambda + d\lambda$ 間にある輻射エネルギー密度を表す。この式によれば，ヴィーン式は $\mu=5$, $\nu=1$ ((4.7)式)，ティーゼン式は $\mu=4.5$, $\nu=1$(次節の(4.12)式)，レイリー式は $\mu=4$, $\nu=1$(次節の(4.13)式)，1899 年 11 月時のデータに基づくルンマー-ヤンケ式は $\mu=4$, $\nu=1.2$ であった。

今回の，1,650 K (1,377℃)までの温度範囲，17.9 μm までの波長範囲の諸データと，1899 年 11 月時の 8.3 μm までの波長範囲の諸データを合わせると，波長の長短にかかわらず高い温度範囲で合致しないのはヴィーン式であった。レイリー式は長い波長範囲でよい合致を示すが，短い波長ではその合致はよくなかった。ティーゼン式は高温範囲では測定データをよく再現するが，低温範囲においてはそうではなかった。ルンマー-ヤンケ式は，高温の場合，10 μm までの波長範囲，低温の場合，18 μm までの波長範囲でよく合致した。だが，ルンマー-ヤンケ式を新しく $\mu=4$, $\nu=1.3$ にするなら

ば，さらに良い精度で測定結果を再現できることがわかった。そのため，ルンマーらは，(4.10)式に $\mu=4$, $\nu=1.3$ を代入した分布式を，新しいルンマー-ヤンケ式として，「最もよく」合致する分布式とみなしたのである[158]。この新しいルンマー-ヤンケ式は，その後，ルンマー-プリングスハイム式と呼ばれた。

　だが，ルンマーらはルンマー-プリングスハイム式を完全な分布式としていたわけではなかった。実際には，1,200 K (927℃)を超える温度領域で「精確に再現」できないという問題をはらんでいたからである。彼らは，反射鏡の選択反射を考慮に入れると，超高温領域におけるズレをわずかに抑えることができると考える一方，$\nu=1.3$ は最終的な数値ではなく，1.3 より小さいが 1.3 にかなり近い値になるだろうと見ていた。ルンマーとプリングスハイムにとって，「1 μm から 18 μm まで」の広い波長範囲において実測値に沿うエネルギー分布式はルンマー-プリングスハイム式だったのである[159]。

　1899 年 11 月論文，1900 年 2 月論文を通して，ルンマーらは，それまでの円筒形空洞輻射源-プリズム-ボロメーターの機器構成をさらに高精度に仕上げた。輻射源の内壁に工夫を加え，輻射源から輻射口であるスリットへの間のバルブ部分の厚さや材質を変更し，ボロメーターを木箱内に置き，蛍石プリズムだけでなくカリ岩塩プリズムも利用するなどした。その結果，彼らは，2,000 K (1,727℃)に及び，18 μm に達する温度・波長範囲に対応可能な機器構成を構築できたのである。彼らの構成によって実施された測定は，当時有力な輻射法則とされていたヴィーン分布式が高温領域では実験データに合わないこと，加えて，レイリー式の短波長におけるズレ，ティーゼン式の低温におけるズレをともに明らかにした。ルンマーとプリングスハイムの 1899-1900 年にかけての実験研究は，従来よりも広い範囲の温度と波長を扱い，当時知られる複数のエネルギー分布式を網羅的に検証し，最終的にルンマー-プリングスハイム式という新しい分布式をもたらした。新しい分布式は，$\mu=4$, $\nu=1.3$ を代入した(4.10)式であり，数値の美意識よりも測定データに忠実であろうとするルンマーの研究傾向を表すものであった。

11. ルーベンスによる長波長領域の分布法則の検証[160]

　1900年に入り，ルーベンスはクールバウムとともに長波長領域におけるヴィーン法則の問題にテーマを絞り，研究に取り組んだ．彼らの研究によっても，長波長領域におけるヴィーン法則のズレが徐々に明らかになるなか，ルーベンスは1900年10月7日にプランクと会って，ヴィーン法則の問題点を伝えたのである[161]．その結果，プランクは数週間でヴィーン法則の式に代わるプランク式(4.11)を導出し，その内容を1900年10月19日ドイツ物理学会例会の「飛び入りの報告」で発表した[162]．

$$E_\lambda = C_1 \lambda^{-5} \frac{1}{e^{\frac{C_2}{\lambda T}} - 1} \qquad \text{プランク式} \quad (4.11)$$

C_1，C_2は定数であり，Tは温度，E_λは，輻射の波長λと$\lambda + d\lambda$間にある輻射エネルギー密度を表す．

　ルーベンスとクールバウムはそれを受けて，ヴィーン式，プランク式を含めた当時知られた熱輻射エネルギー分布式を長波長領域の実験データと照合した．彼らはその結果を1900年10月25日に「さまざまな温度における黒体の長波長熱輻射線の放射について」と題して報告した[163]．

　報告された実験では，長波長の熱輻射線の発生に，数年かけてルーベンスが取り組んできた数種類の残留線が利用され，残留線の測定には熱電対列が使用されていた．検証対象となる分布式にはヴィーン式(ヴィーン法則)，プランク式だけでなく，ティーゼン式，レイリー式，ルンマー-プリングスハイム式が加えられ，当時知られるエネルギー分布式が網羅されていた．各式は(4.12)，(4.13)，(4.14)で表される．

$$E_\lambda = C_1 \cdot \lambda^{-5} \sqrt{\lambda T} \, \exp\left(-\frac{C_2}{\lambda T}\right) \qquad \text{ティーゼン式} \quad (4.12)$$

$$E_\lambda = C_1 \cdot \lambda^{-5} \lambda T \, \exp\left(-\frac{C_2}{\lambda T}\right) \qquad レイリー式 \quad (4.13)$$

$$E_\lambda = C_1 \cdot \lambda^{-5} \lambda T \, \exp\left(-\frac{C_2}{(\lambda T)^{1.3}}\right) \qquad ルンマー-プリングスハイム式 \quad (4.14)$$

　ここでの機器構成は，図 4.30 のように，1897 年末以降ルーベンスが採用してきたものを基本的に踏襲していた。P の反射板には，蛍石と岩塩が採用され，反射された残留線は蛍石の場合，24.0 μm，31.6 μm の波長を取り，岩塩の場合，51.2 μm の波長を取るものだった。1899 年 8 月論文でルーベンスが確証できないとした蛍石残留線の第二波長(31.6 μm)は，蛍石反射を 4 回確保することで確実なものとみなされるようになった。また，輻射源 K は，これまでのジルコン・バーナーやアゥアー灯ではなく，輻射法則の検証に適う円筒形の空洞輻射源であった。ここでの輻射源は，PTR のルンマーらの白金製の空洞輻射源を基本としながら[164]，ルーベンスらが改良したものも採用された。ルーベンスらの改良輻射源は，マークヴァート(Marquardt)素地の空洞を白金板で巻いたもの(300-1,500℃)と，酸化鉄で黒化された鉄製空洞をニッケルらせんで電気加熱するもの(300-600℃)の 2 種類であった[165]。ルーベンスらはこれら複数の空洞輻射源を使い，300-1,500℃の温度範囲で熱輻射実験を行った。ルーベンスとクールバウムの採用した構成は，ルーベ

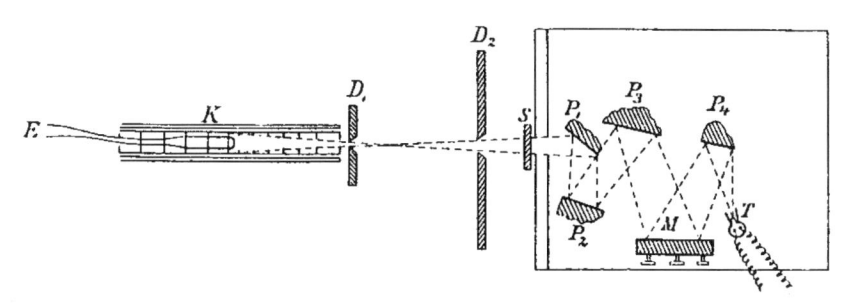

図 4.30　ルーベンス-クールバウムの 1900 年 10 月論文における機器構成 (Rubens, 1900)[166]

ンスが1890年代後半に模索してきた20μmに及ぶ長波長輻射線向けの機器構成と，ルンマーらのかかわってきた空洞輻射源の成果が融合した形となった。

この構成によって行われた実験結果は図4.31，図4.32，表4.2，表4.3のようなグラフと表に表わされた。図4.31，図4.32の二つのグラフには，実線による測定結果の曲線，ヴィーン式，ティーゼン式，レイリー式，ルンマー–プリングスハイム式(新しいルンマー–ヤンケ式)の計算値の曲線が描かれている。また，表4.2，表4.3の二つの表には，6種類の輻射エネルギー密度Eが並べてあり，最も左側には測定結果，左から二つ目以降，ヴィーン式，ティーゼン式，レイリー式，ルンマー–プリングスハイム式，プランク式の各計算値が順に示されている。

図4.31，図4.32のグラフを見ると，ヴィーン式と測定値との不一致が明らかであり，表4.2，表4.3を合わせて見てとると，レイリー式，ルンマー–プリングスハイム式，プランク式の測定値との合致が同程度であることが確認できる。加えて，レイリー式は短波長領域で一致しないことが明らかとなっていたので[167]，広範囲に測定値との関係が良好な分布式はルンマー–プリングスハイム式，プランク式だけであった。さらにルーベンスらは，最後に残った二つの式を比べると，式の「単純さ」からプランク式に優位性があると判断した[168]。最終的にルーベンスが最良とした分布式はプランク式であった。

共同研究者らと長波長輻射線の研究を重ねたルーベンスは，1899年に，残留線・熱電対列を利用して長波長輻射線を測定する実験環境を整えた。同時に，残留線測定の誤差を明らかにするために，熱輻射のエネルギー分布を道具立てとすることも考察していた。1900年に入ると，輻射法則を検証していたルンマーらの空洞輻射源とその改良型輻射源を，残留線反射板と熱電対列の機器構成に組み入れて，長波長領域における輻射法則検証の構成を確立した。このような機器構成の最終整備が，1900年末におけるルーベンスとクールバウムのプランク式の確証を可能にしたのだった。

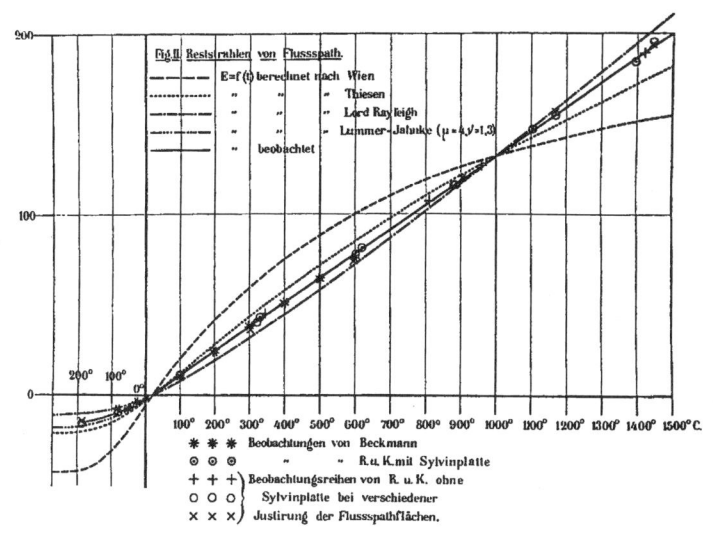

図 4.31 蛍石の残留線(波長：24.0 μm, 31.6 μm)のグラフ(Rubens, 1900)[169]。縦軸は輻射強度，横軸は温度である。Wien はヴィーン，Thiesen はティーゼン，Lord Rayleigh はレイリー，Lummer-Jahnke はルンマー−ヤンケを指す。また，実線は測定値によるグラフを示す。

表 4.2 蛍石の残留線(波長：24.0 μm, 31.6 μm)と測定結果表(Rubens, 1900)[170] この表では，図 4.31 にはなかった Planck(プランク)式によるデータも示されている。

Tabelle I.

Reststrahlen von Flussspath, $\lambda = 24.0\mu$ und 31.6μ.

Temperatur in Celsius-Graden t	Absolute Temperatur T	E beob.	E nach WIEN	E nach THIESEN	E nach RAYLEIGH	E nach LUMMER u. JAHNKE	E nach PLANCK
− 273	0	—	− 42.4	− 20.7	− 10.7	− 17.8	− 15.4
− 188	85	− 15.5	− 41.0	− 20.2	− 10.5	− 17.5	− 15.0
− 80	193	− 9.4	− 26.8	− 14.0	− 7.4	− 11.5	− 9.3
+ 20	293	0	0	0	0	0	0
+ 250	523	+ 30.3	+ 50.6	+ 35.7	+ 25.3	+ 30.0	+ 28.8
+ 500	773	+ 64.3	+ 88.9	+ 71.8	+ 58.3	+ 64.5	+ 62.5
+ 750	1023	+ 98.3	+114.5	+104	+ 94.4	+ 98	+ 96.7
+1000	1273	+132	+132	+132	+132	+132	+132
+1250	1523	+167	+145	+157.5	+174.5	+167	+167.5
+1500	1773	+201.5	+155	+181	+209	+201	+202
+ ∞	∞	—	+226	+ ∞	+ ∞	+ ∞	+ ∞

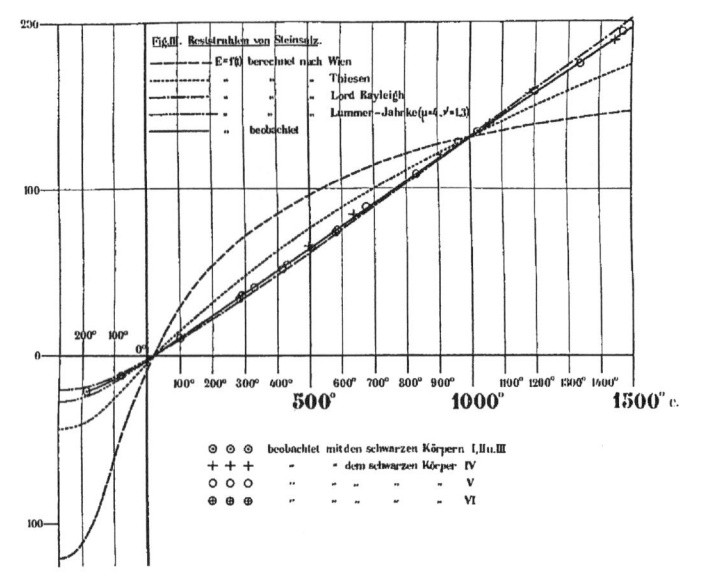

図 4.32 岩塩の残留線 (波長:51.2 μm) のグラフ (Rubens, 1900)[171]。
縦軸は輻射強度, 横軸は温度である。Wien はヴィーン, Thiesen はティーゼン, Lord Rayleigh はレイリー, Lummer-Jahrke はルンマー-ヤンケを指す。また, 実線は測定値によるグラフを示す。

表 4.3 岩塩の残留線 (波長:51.2 μm) の測定結果表 (Rubens, 1900)[172]
この表では, 図 4.32 にはなかった Planck (プランク) 式によるデータも示されている。

Tabelle II.

Reststrahlen von Steinsalz, $\lambda = 51.2\,\mu$.

Temperatur in Celsius-Graden t	Absolute Temperatur T	E beob.	E nach WIEN	E nach THIESEN	E nach RAYLEIGH	E nach LUMMER u. JAHNKE	E nach PLANCK
− 273	0	—	−121.5	− 44	− 20	− 27	− 23.8
− 188	85	− 20.6	−107.5	− 40	− 19	− 24.5	− 21.9
− 80	193	− 11.8	− 48.0	− 21.5	− 11.5	− 13.5	− 12.0
+ 20	293	0	0	0	0	0	0
+ 250	523	+ 31.0	+ 63.5	+ 40.5	+ 28.5	+ 31	+ 30.4
+ 500	773	+ 64.5	+ 96	+ 77	+ 62.5	+ 65.5	+ 63.8
+ 750	1023	+ 98.1	+118	+106	+ 97	+ 99	+ 97.2
+1000	1273	+132	+132	+132	+132	+132	+132
+1250	1523	+164.5	+141	+154	+167	+165.5	+166
+1500	1773	+196.8	+147.5	+175	+202	+198	+200
+ ∞	∞	—	+194	+ ∞	+ ∞	+ ∞	+ ∞

12. パッシェンの分布法則の有効範囲の定量化

1900 年初頭，ルンマーとプリングスハイムは，ルーベンスのカリ岩塩プリズムを使い，18 μm までの長波長範囲の実験を行った．その実験結果から，波長が長くなると，ヴィーン法則から系統的にズレていくことが鮮明になった．さらに，ルーベンスとクールバウムも 1900 年後半に，長波長スペクトルの研究に有効な残留線によって長波長範囲の実験を行い，ヴィーン法則からのズレを得ていた．ルーベンスらは，当時提出されていた分布式を長波長範囲で検証するために，51.2 μm に及ぶ岩塩などの残留線を利用した．彼らは，これまでにない長い輻射線の実験データによって，ヴィーン分布式 (ヴィーン法則) のズレとプランク式の妥当性を明らかにした[173]．

ルンマーやルーベンスたちに対して，パッシェンも 1900 年に改めて輻射法則の検証実験を行っていた．パッシェンは，1900 年 11 月に受理された「黒体の輻射法則について」と題する論文で新しい実験結果を提出した (1900 年 11 月論文)[174]．そこで彼は，ヴィーン式が高温範囲でも短波長であれば有効だが，長波長になると「大きなズレ」を生じることを認めた[175]．そして，彼もまた当時提出されていた輻射分布式を検証してみたのである．

パッシェンの実験の輻射方法は，空洞輻射源-プリズム-ボロメーターの構成を基本に，複数種の空洞輻射源，蛍石プリズムを利用したものだった (図 4.33 参照)．H は空洞輻射源，s_1 - s_7 までが反射鏡，S_1，S_2 がスリット，P_1，P_2 が蛍石プリズムである．つまり，輻射線は，7 回反射鏡で反射され，2 回プリズムで屈折されるのだった．輻射源 H の種類は，酸化鉄で内壁をメッキした白金製るつぼ型空洞 (空洞 I)，I の空洞体積を 2 倍にして白金壁を 2 倍の厚さにしたもの (空洞 II)，球体の磁器空洞 (空洞 III)，内外壁ともにニッケル張りした (vernickelt) 後，酸化鉄で黒化した銅製容器 (空洞 IV) の四つであった．パッシェンは輻射源に空洞タイプだけを採用するようになったが，ルンマーらのものと同一ではなく，るつぼの形状で材質も複数種類あった．

これらの空洞輻射源を使用して，パッシェンは，1-8.8 μm の波長範囲，

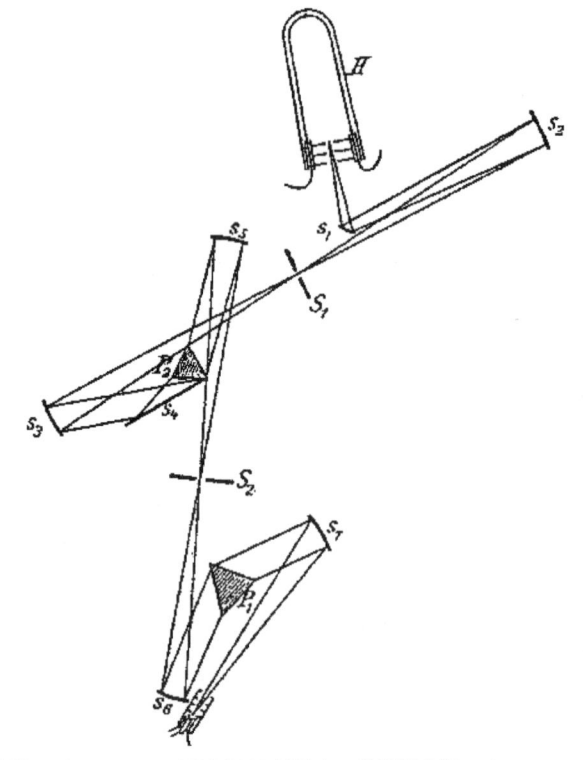

図 4.33　パッシェンの 1900 年 11 月論文の機器構成(Paschen, 1901a)[176]

400–1,500 K の温度範囲で実験した。その結果から，波長と温度の積 $\lambda \cdot T$ 〔$\mu \cdot$K〕が約 3,000 より小さい場合に，ヴィーン式が有効であることが明らかになった[177]。さらに，$\lambda \cdot T$ がそれより大きな場合にはヴィーン式は無効になるが，それに代わって，プランク式は 500–13,000 の包括的範囲で有効であることを示した[178]。1899 年までヴィーン法則を肯定的に検証しつづけてきたパッシェンも，1900 年 11 月にはプランク式の有効性を発表していた。プランク式が報告されたのは 1900 年 10 月 19 日であるから，パッシェンの対応は極めて早かったといえる。パッシェンはルンマーやルーベンスらよりも早くに，ヴィーン法則をただ否定するのではなくその有効範囲を $\lambda \cdot T$ の

数値で表し，プランク法則の有効範囲も同じく $\lambda\cdot T$ でいち早く定量化していた。

　熱輻射研究史の先行研究では，ルンマーとプリングスハイム，ルーベンスとクールバウムの実験研究の存在感は極めて大きい。それは，ヴィーン法則を否定する結果を提出し，新たなプランク法則の案出および確認に関わったとされるからである。確かに，ルンマーらは1899年末に長波長範囲におけるヴィーン式とのズレに注目し，1900年初めにそのズレの重大さを明確にしていた。また，1900年後半に，ルーベンスらは，51.2 μm に及ぶ長い波長の輻射線実験を実現して，ヴィーン式，レイリー式ではなく，プランク式が最も有効であることを報告した。だが，これらの報告は，どの分布式が低温・高温，短波長・長波長領域において実験結果に合致するかしないかという定性的な傾向の強い結論に終始していた。それに対して，1900年11月論文で，パッシェンは，るつぼ型空洞輻射源-蛍石プリズム-ボロメーターという構成による実験報告を行った。その測定範囲は決して広いとはいえないが，測定誤差の少ない1-8.8 μm の波長，400-1,500 K の温度であった。この実験を通して，パッシェンは，ヴィーン分布式とプランク分布式の有効範囲を $\lambda\cdot T$ の数値で表し，輻射エネルギー分布法則の有効範囲を定量化することに初めて成功したのである。

13. パッシェン，ルンマー，ルーベンスらの1901年以降の研究

　1900年にヴィーン分布式，プランク分布式などの分布法則に関する実験の成果が集中的に提出されたが，その後，実験に携わった科学者たちはどのような研究を展開したのか。1901年に，後の展開を象徴する出来事があったのである。

　1901年のいくつかの論文で，ルンマー，プリングスハイム側と，パッシェン側が，熱輻射実験をめぐって論争した。1901年7月に『アナーレン・デア・フィジーク』誌に受理された論文で，ルンマーとプリングスハイムは，パッシェンの実験の非有効性を強く主張した[179]。その非難は徹底

的で,パッシェンの輻射源は黒体(熱平衡)になっていないこと,対数のエネルギー曲線を使用し,曲線の「形」を正否の判断材料にしていること,パッシェンの算出するヴィーン変位則の定数 C_4 の数値が徐々に増大していることなどを理由に,パッシェンの実験結果は信頼できないとした。したがって,ルンマーらにとって,パッシェンのヴィーン式,プランク式の検証やそれらの式の有効範囲を示した結果は有効ではなかった。

それに対して,パッシェンは1901年9月に受理された論文で反論した[180]。パッシェンは彼の 9 μm までの実験結果は間違っておらず,例えば,パッシェンが以前肯定していたヴィーン式をルンマーらが根本的に否定したが,λT(波長と温度の積)が 3,000 以下の範囲では有効になることを改めて主張した。また,ルンマーらが支持する分布式の一つティーゼン式が 3,000 以下で有効にならないこともつけ加えた。さらに,ルンマーらが,パッシェンの変位則の定数 C_4 の測定値が 2,890 から 2,915,2,920 へ推移していることを,ルンマーら自身の値 2,940 に近づいている,もしくはより確からしい値に近づいているかのように解釈したことにも反論した。ルンマーらは,2,814-2,980 という測定値の幅があるなかで,定数 C_4 の値を 2,940 としたが,パッシェンの測定結果によれば,2,909-2,929 の幅で定数 C_4 は大きくても 2,920 程度にしかならないはずだった。しかも 2,940 より 2,920 の方がプランク式との対応が良かった。パッシェンは,ルンマーとプリングスハイムの批判に反論し,彼自身の実験結果の有効性を訴えた。

このルンマーらとパッシェンの間で展開された論争の正否は,後から見ると,どちらも正しい面をもっていた。変位則の数値やヴィーン分布式の有効範囲の点ではパッシェン側が正しいが,パッシェンの輻射源や実験結果の解釈に対するルンマーらの指摘もまた適当であった。この論争から読み取るべき点は,どちらがより正しかったかということより,二者間の論点がかみ合わず,二者間の目的が異なるままだったことにある。

ルンマーらにとっての力点は,光度標準にからむ輻射源にあり,彼らの研究はより完全な輻射源を求める方向にあった。そのため,1890年代後半を通して必ずしも理論的に適当とはいえない輻射源を扱っていたパッシェンの

実験は，ルンマーらから見ると，間違った研究と映ることになった。一方，パッシェンは1890年代中葉から熱輻射のエネルギー分布に関心をもち，その法則性を求めることに力点を置いていた。加えて，ルンマーらの空洞輻射源の研究が始まる以前から熱輻射研究に携わっていたパッシェンにとっては，まず実際に使える輻射源を活用することから始めなければならず，先行者ゆえの問題を抱えたまま1890年代後半の研究が展開されていた。輻射源の扱いは部分的に適切ではなかったとはいえ，エネルギー分布を求めるための機器構成や先行する測定データという点ではパッシェンの研究は重要であった。

ルンマーらとパッシェンは，輻射源の開発と，エネルギー分布法則の探求という異なる目的をもって熱輻射実験を行っていた。それが1900年に至って，お互いの強みを発揮する形で，熱輻射実験とその結果を相補し合っていた。だが，上記の論争からわかるように，実験に対する主眼はくい違ったままだった。ルンマー側はより完全な輻射源を，パッシェン側は輻射エネルギー分布の法則性を目指していた。結果的に相補的関係にある二者の実験も，二者同士からすると，互いの意図にそぐわない間違った実験と映ったのである。

熱輻射実験におけるそれぞれの主眼が決して調和せずくい違ったままだったことは，1901年以降のルンマー，パッシェン，ルーベンスらそれぞれの研究の方向性にも表れている。

1901年10月に受理された論文でルンマーとプリングスハイムは，パッシェンの実験やヴィーン分布式を再度批判しつつ，S-B法則とヴィーン変位則を温度測定の基準に適用することを提案した[181]。ルンマーとプリングスハイムはともに1905年にベルリンからブレスラウ大学に転任した後，ルンマーは温度輻射の研究をつづけ，プリングスハイムも部分的に共同研究者となった。ルンマーの研究はカーボンのアーク放電を利用して太陽の温度を達成することは可能かという課題と関わり[182]，より高い温度の熱源を得るための研究だった。

パッシェンは，1901年にチュービンゲン大学教授となったのち，1890年代後半にルンゲの共同研究者として断続的に携わっていた可視分光学の研究

を本格的に始めた[183]。1908年には，チュービンゲンに一時滞在していたリッツから結合法則の報告を受けて，水素原子スペクトルのパッシェン系列を発見し，1914-15年にはボーア理論によって説明されるヘリウム原子のスペクトル線の微細構造を実証した。1901年以降のパッシェンの研究は，1890年代の熱輻射研究と同様に，法則性を求め確かめる傾向をもっていたが，その対象は可視部を中心とする分光学現象となっていた。

1901年以降のルーベンスは，1890年代の大半を費やした「赤外線の性質を光の電磁理論に関係づける」課題に取り組みつづけた[184]。PTRのハーゲン(Ernst Hagen)との共同研究では，25.5 μm までの赤外線の金属に対する吸収，反射，放射を調べ，1910年には 2-5 μm の金属の熱輻射がマクスウェル理論に従う振る舞いをすることを確かめた。1910年以降は，より長い波長の赤外線の発見にも力を入れて，共同研究者とともに，石英を利用して 108 μm(1910年)，210 μm および 324 μm(1911年)，臭化カリウムとヨウ化タリウムの残留線で 88.3 μm と 151.8 μm(1914年)を得た。1901年以降のルーベンスは，1890年代と同様に，マクスウェル理論との関係づけを視野に入れながら，さまざまな共同研究者と遠赤外線の検出とその振る舞いの観察を行った。また，1900年時点のルーベンスの共同研究者クールバウムは[185]，ルーベンスと同じベルリン工科大学所属だったが，1901年にPTRのII部(工学部)の高電圧研究にも携わり，他方，ホルボルンと高温計を製作するなどして，ルーベンスとの共同研究は一時的なもので終わった。

このように，1901年以降のルンマー，パッシェン，ルーベンスら三者の研究は，1890年代の方向性を基本的に継承していた。1900年前後の熱輻射実験において，実験機器・構成や波長の測定範囲をめぐって相補的関係にあった三者の研究だったが，その関係はあくまで結果的であった。熱輻射実験に込められたそれぞれの意図は融合することなく，1901年以降も，各科学者の目的に沿って各研究は展開されたのである。

14. 小括(1)――三者の研究の方向性と機器構成

　パッシェンは，1893年以降，ノーマル・スペクトルの研究，気体輻射の研究，蛍石プリズムの分散研究を経て，固体輻射源-蛍石プリズム-ボロメーターという機器構成をつくり上げてきた。その結果，1895-96年の彼の測定データに基づいて，ヴィーン変位則，ヴィーン法則と同形の輻射分布関数を得た。二つの関数は，ともにヴィーンによって1893年，1896年に理論的に得られていたが，パッシェンの研究では実験的に導出されていた。それを可能にしたのは，機器構成の確立に加え，酸化鉄でメッキした白金などの，当時としては良好な固体輻射源であった。固体による熱輻射実験で，パッシェンは理論的にも有効と見込める輻射分布関数を得ていた。空洞ではなく，固体の輻射源を使用していたパッシェンだが，彼の試みは実験的アプローチによる輻射法則の確立へ向かう本格的な研究の第一歩となった。

　他方，ルンマーは，1895年にヴィーンとともに空洞輻射源の提案を行い，その理論的有効性を示していた。ルンマーはその後，ベルリンを去ったヴィーンではなく，主にプリングスハイムと共同研究を進め，空洞輻射を実際に黒体輻射源として使用する試みを進めた。1897年の段階で，彼らは空洞輻射源を温度領域別に分けて，100℃以下の場合，銅製空洞容器，200-600℃の場合，銅製空洞球，600℃以上の場合，鉄製空洞容器としていた。機器構成は単純で，空洞輻射源につけたスリットから輻射線を放射し，それをボロメーターでとらえるものであった。このような輻射源・機器構成で実施されたことは，全輻射量と温度の関係を表すS-B法則の検証であった。この検証を通して，彼らの輻射源が理想的な黒体に近いかどうかを調べることもできた。さらに1898年になると，ルンマーはクールバウム，プリングスハイムらと組んで，空洞の形をより加熱しやすい円筒形に変え，その材質も鉄や銅ではなく白金に変えた。白金は極めて高価であるがより融点の高い金属であった。円筒形空洞輻射源によるS-B法則の検証は小さな誤差範囲で成功し，円筒形空洞輻射がうまく機能することも証明できたのである。

ルーベンスは，1896年に入ると，10μmを超える長波長測定に向けた実験器具，機器構成の研究に取りかかった。1897年にルーベンスはニコルズが開発したラジオメーターを試しながら，長波長スペクトルの不透過問題をともなうプリズムを採用しない機器構成を構築した。ルーベンスとニコルズは分光器として「残留線」の方法を導入した。「残留線」とは，輻射を同種類の結晶に対して複数回反射させて得られる，特定の長い波長をもつ輻射線である。ルーベンスらは，より長い波長向けの機器構成を模索するなか，輻射源-残留線のための反射物質-ボロメーターもしくはラジオメーターという新しい構成を採用し始めた。

　1897年，パッシェンはそれまでの研究よりさらに多様な輻射源を使用した。その輻射源には，酸化鉄メッキの白金に加えて，酸化銅メッキの白金，球状ガラスの中心に置いた黒鉛カーボン，光沢白金を採用した。固体輻射源-プリズム-ボロメーターという従来の構成で実験を行い，複数種の固体輻射源のなかで最もヴィーン法則に近い数値を与える黒鉛カーボンの実験データをパッシェンは重要視した。この時点の彼の研究では，ヴィーン法則を確証すること，それに適う輻射源の追求が何より重要であった。

　ルンマーらはヴィーン法則の確証というよりは黒体に限りなく近い輻射源を探究していた。その理論的理想型が空洞輻射源であり，それを体現したものが，1898年以降の電気加熱式の円筒形空洞輻射源であった。1899年になると，ルンマーらは，輻射源に円筒形空洞を，分光器に蛍石プリズムを，輻射計にボロメーターを採用して，輻射エネルギーの波長別分布を調べ始めた。輻射源がより厳密に黒体輻射であるかどうかを調べるには，分布法則に関する測定が必要だったのである。この機器構成には，ルンマー自身が開発したボロメーター，そこに内蔵される，ルーベンス，ドゥ・ボアが開発したガルヴァノメーター，ルーベンスが研究した蛍石プリズム，パッシェンの研究した蛍石プリズムの分散式といった先行する諸成果が凝縮されていた。1899年を通して，ルンマーらは，円筒形空洞輻射源-蛍石プリズム-ボロメーターという構成を採用し，高温度・長波長領域のヴィーン法則の問題を示唆することになった。ルンマーらの機器構成は，ルーベンス，パッシェンらの研究

と相互交流して生まれ，その成果がヴィーン法則からのズレを明らかにしたのである。

パッシェンは1899年になると，固体輻射源だけでなく，固体-空洞折衷型輻射源，円筒形，電球型，るつぼ型空洞輻射源を使用し始めた。彼は，温度領域別に利用できる輻射源を網羅的に試しながら，ヴィーン法則の検証を目指していた。その結果，1,300 K に及ぶ高温領域ではヴィーン法則中の定数 C_2 の数値が温度とともに増大する問題を認識していながら，高温測定には大きな誤差がともなうとして，その問題点を考慮に入れなかった。パッシェンにとっては，ヴィーン法則の肯定的検証が第一だったのである。温度範囲の広い，多様な型の輻射源による1899年の実験を通しても，パッシェンのヴィーン法則に対する検証は肯定的なままだった。

ルーベンスは1897年にトローブリッジと共同で，プリズムの方法による測定の特性を明らかにする研究を行い，プリズムの方法による長波長輻射線は，「残留線」の方法のものに比べるとかなり弱い強度であることを明らかにした。その後，ルーベンスと共同研究者は1897-99年の蛍石，岩塩，カリ岩塩の残留線の研究を通して，10 μm をはるかに超える波長範囲に適した機器構成を確立した。それは，「残留線」のための反射物質の設置を基本とする，完全にプリズムを除いた構成だった。この機器構成によって，ルーベンスは蛍石残留線(波長24.0 μm, 31.6 μm)，岩塩残留線(51.2 μm)，カリ岩塩残留線(61.1 μm)の検出に成功した。

1897-99年のルーベンスらの採用した測定器は，従来のボロメーターに加えて，ニコルズの開発したラジオメーター，ルーベンス自ら新たに開発した熱電対列であった。ルーベンスは熱電対列の欠点を補い，他の測定器よりも長波長輻射線測定に利点をもつコンスタンタン-鉄の熱電対列を開発し，それを長波長研究に適用した。1899年になり，ルーベンスは，輻射源-残留線のための反射物質-熱電対列という長波長向け機器構成をつくり上げた。また，ほぼ同時期に，彼の弟子ベックマンのヴィーン法則に関する測定データを受けて，ルーベンスは長波長領域の熱輻射線の誤差検証を始めた。その結果，輻射エネルギー分布法則をルーベンスの機器構成で検証する契機が生ま

れたのである。

このような1900年に至るまでの研究を通して，二つの機器構成が確立した。一つは，パッシェンとルンマーらの，輻射源-プリズム-ボロメーターという基本構成であり，10 μm以下の波長範囲を主な守備範囲としていた。もう一つは，ルーベンスらによる，輻射源-残留線物質-熱電対列という基本構成であり，20 μm以上の波長を守備範囲としていた。パッシェン，ルンマーらの構成は短波長向け，ルーベンスらの構成は長波長向けであった。

1900年になると，ルンマーとプリングスハイムは，ルーベンスからの提供でカリ岩塩プリズムを得て，蛍石でなくカリ岩塩で分光する構成を採用した。彼らの扱う波長範囲は，プリズムの変更にともない，12-18 μmになった。この構成による測定は，ヴィーン法則の長波長におけるズレを明らかにした。ルンマーらは，空洞輻射源-カリ岩塩プリズム-ボロメーターという構成で，12-18 μmにおける熱輻射エネルギー分布の定性的データを与えた。また，輻射源-プリズム-ボロメーターを基本構成とするパッシェンもこれまでと異なり，輻射源を空洞型だけに絞り，空洞輻射源-蛍石プリズム-ボロメーターという構成を採用した。この構成による1900年末のパッシェンの研究は，10 μm以下の波長範囲のままだったが，ヴィーン分布式とプランク分布式の有効範囲を $\lambda \cdot T$ の数値で表す定量データを提供した。

他方，ルーベンスはクールバウムとともに，1900年10月に，輻射源-反射物質-熱電対列という構成による熱輻射エネルギー分布の測定データを報告した。その機器構成の輻射源は，バーナーやアゥアー灯ではなく，分布測定に適う円筒形空洞輻射源であった。この測定に際して，ルーベンスはPTRのルンマーらの円筒形空洞輻射源を採用したが，加えて，空洞の材料や加熱金属を変更したルーベンスら独自の改良空洞を製作・採用した。ルーベンスらは，空洞輻射源-蛍石，もしくは，岩塩の反射物質-熱電対列という構成で熱輻射測定を行い，20-60 μm の波長範囲の輻射法則に関する定性的データを提出した。

1900年の熱輻射実験を通して，ルンマーらは，空洞輻射源-カリ岩塩プリズム-ボロメーターの構成で，12-18 μmの波長範囲の熱輻射エネルギー分

布法則に対する定性的データを与えた．パッシェンは，空洞輻射源-蛍石プリズム-ボロメーターの構成で，10 μm 以下という従来の波長範囲のままであったが，エネルギー分布の高精度なデータを示し[186]，その波長範囲のヴィーン式とプランク式の有効範囲を定量化した．ルーベンスらは，空洞輻射源-蛍石，もしくは，岩塩の反射物質-熱電対列という上記二者とはまったく異なる構成で，20-60 μm の波長範囲の離散的データを提供し，非常に長い波長範囲の各種輻射法則の定性的振る舞いを明らかにしたのである．

15. 小括(2)——三者の交流

　結果的に，パッシェンの実験は 10 μm 以下を，ルンマーらの実験は 10-20 μm を，ルーベンスらの実験は 20 μm 以上をカバーし，60 μm まで及ぶ熱輻射のエネルギー分布の鳥瞰図が提出された．1890 年代後半を経て 1900 年に至る熱輻射の実験研究は，パッシェン，ルンマー，ルーベンスらの各研究を通して，それまでより長い波長範囲を覆う広範なエネルギー分布の全体像を与えた．三者の実験研究は，当初，異なる目的をもって行われていたが，1890 年代後半に入り，高精度の長波長熱輻射線を測定するなかで，エネルギー分布法則の検証・導出に携わり，波長範囲の異なるエネルギー分布のデータを相補し合いながら展開された．その結果，エネルギー分布の広範な鳥瞰図が提供されたのである．

　1900 年の研究では，結果的に，20 μm をおおよその境とした短波長範囲で空洞輻射源-プリズム-ボロメーターの構成(パッシェン，ルンマー側)が対応し，より長い波長範囲には空洞輻射源-(残留線のための)反射物質-熱電対列の構成(ルーベンス側)が対応できていた．だが，この 2 タイプの機器構成は独立に発展したのではなく，同タイプの構成をとるが異なる実験研究間で，または，異なるタイプの構成をとる実験研究間で，輻射源・分光系・熱輻射測定器の研究を相互に活用し合いながら誕生したのである．

　第 2 章，第 3 章で見たように，パッシェンの空洞輻射源-蛍石プリズム-ボロメーターの構成が確立するまでには，とくに 1890 年代前半・中葉におけ

る次の研究が重要であった。ルンマーらのボロメーター加工研究，スノーの研究を経由してルーベンスらのガルヴァノメーター研究，機器構成に関するプリングスハイムの赤外線研究，エネルギー分布の実験データの誤差要因に関するルーベンスの金属選択反射の研究，分散データに関するルーベンスの分散研究である。これらの研究成果が1893年のパッシェンの熱輻射実験に集約され，輻射源-プリズム-ボロメーターというパッシェンの機器構成を生んでいた。つまり，パッシェンの築いた構成は，後に同タイプの機器構成を採用する同系のルンマーの研究からだけでなく，異なる機器構成を採用するに至るルーベンスの研究側からも主に金属選択反射，プリズムの分散式の成果を通して影響を受け，パッシェンの構成が誕生していた。

また，1900年に採用されたルンマーらの空洞輻射源-カリ岩塩プリズム-ボロメーターの構成，ルーベンスらの空洞輻射源-反射物質-熱電対列の構成についても同じことがいえる。本章8節，10節で見たように，ルンマーらが採用したボロメーターに内蔵されたガルヴァノメーターはルーベンスとドゥ・ボアが開発したものであり，当初の蛍石プリズム，1900年のカリ岩塩プリズムはどちらもルーベンスから提供されていた。プリズムを扱ううえで欠かせない分散式はパッシェンの研究に依拠していた。本章11節では，ルーベンスの採用した空洞輻射源がPTRのルンマーらの成果をベースにしていることを確認した。ルンマーの構成では，同タイプの構成を採用したパッシェンの過去の研究に加え，異なる構成を採ったルーベンスのプリズムが取り入れられ，ルーベンスの構成においても，異なる構成を採用するに至るルンマーらの空洞輻射源が部分的に導入されていた。つまり，ルンマーの構成は，ガルヴァノメーター，プリズムを通して，ルーベンスの構成は，空洞輻射源を通して，異なる構成を採る実験研究の成果をうまく取り入れることで誕生していたのである。

このように，同タイプおよび異なるタイプの機器構成を採用した各実験研究間が交流し合うことで，1900年に各波長別の実験器機構成が確立するに至った。こうした過程があったからこそ，低温・短波長領域，高温・長波長領域，高温・短波長領域，高温・長波長領域を網羅する熱輻射エネルギー分

布式の検証が可能になったといえる。その結果，ヴィーン式だけでなく，レイリー式，ティーゼン式，ルンマー-ヤンケ式，プランク式の検証が進み，各分布式の有効範囲が明らかになり，ヴィーン式を否定し，プランク式を有力視する状況も生まれ得たのである。

[注と文献]

[1] ヴィーン「変位則」という名称は，ルンマーらの1899年2月論文で初めて使用された (Lummer (1899a), pp.26-27)．本書では便宜上，それ以前の歴史記述についても「変位則」と呼ぶことにする．

[2] ラングレーのボロメーター開発については，Loettgers (2003) が詳しい．

[3] 三者の輻射分布関数の導出方法は，以下の文献が詳しい．Kangro (1970), pp.27-45；天野 (1943), 39-40頁．小林 (1988), とくに26-28頁．

[4] Paschen (1896), pp.455-457.

[5] Paschen (1896), p.456.

[6] Wien (1893a).

[7] Wien (1893a), p.62.

[8] Rubens (1894b).

[9] Hoffmann, 2001；20世紀の物理学 (1999a), 25-26頁．

[10] Paschen (1895b).

[11] Paschen (1895b), pp.294-296.

[12] 1894年6月論文 (Paschen (1894e)) 時ではそれに回折格子を加えていたが，すでに蛍石プリズムの正確な分散式が提出されていること，選択反射等の問題をともなうと考えられることなどから，回折格子は採用されなかった．

[13] Paschen (1895b), p.298.

[14] Forman (1981), p.346.

[15] Kangro (1970b), p.77．現在の2898という数値は，例えば，物理学辞典 (1992), 121頁に示されている．

[16] Wien (1896a).

[17] Paschen (1896), p.458.

[18] Paschen (1896), pp.455-458.

[19] Paschen (1896), fig.1-3.

[20] Paschen (1896), p.474.

[21] Paschen (1896), pp.487-492.

[22] Paschen (1896), p.489．「エネルギー曲線の形」を参考にするパッシェンの傾向については以下の拙稿を参照せよ．小長谷 (2006b), とくにIII-2節．

[23] Paschen (1896), p.492．ここで紹介した，ヴィーンからパッシェンへの連絡内容については，以下の箇所で詳細な記述がある．Kangro (1970b), pp.87-89．

[24] Wien (1896a), pp.667-669；Paschen (1896), p.492；20世紀の物理学 (1999a), 157頁．

[25] Paschen (1896), p.492.

[26] Wien(1895).
[27] Wien(1895), pp. 451-53.
[28] 高田(1991), 40 頁.
[29] Wien(1895), p. 453.
[30] Wien(1895), pp. 454-456.
[31] Wien(1895), p. 455.
[32] 輻射法則を意識した記述は，ヴィーン変位則やヴィーン法則の導出にあたったヴィーン自身の意向が強く反映されていると思われる．
[33] 物理部光学部部門の該当する記述は，以下の文献の pp. 207-211 にかけてあり，空洞輻射源についてはとくに p. 209 にある．PTR(1896).
[34] Nichols(1897).
[35] Nichols(1897), p. 401.
[36] Nichols(1897), pp. 402-403.
[37] Nichols(1897), p. 406.
[38] Nichols(1897), p. 402.
[39] Nichols(1897), p. 416.
[40] Rubens(1897a).
[41] Rubens(1897a), p. 418；Rubens(1896).
[42] Nichols(1897), Taf. III, fig. 1.
[43] Rubens(1897a), p. 418.
[44] Rubens(1897a), p. 420.
[45] 「残留線」は，「赤外線に対して選択反射をする結晶体(溶解結晶を含む)の面で赤外線の反射を数回くりかえすとき得られる特定波長の線．反射のたびに結晶に固有な特定波長の成分の比率が増して，ついにはこの波長だけが残る．…(中略)…イオン結晶の光学型(光学モード)格子振動の縦振動数と横振動数の中間の振動数のものだけが全反射されると考えられる」(理化学辞典(1998), 548 頁)．「残留線」という名称は，ルーベンスとアシュキナスの 1898 年論文上(Rubens(1898a), p. 586)で付けられたとされる(Kangro(1970b), p. 163)．しかし，ルーベンスとニコルズの 1897 年 1 月論文(Rubens(1897a), pp. 436-440)にはすでに「残留線」という言葉が使用されているので，おそらく 1896 年末にはその名称は決まっていたと思われる．「残留線」そのものはルーベンスとニコルズの 1896-97 年の研究ですでに扱われており，ルーベンスは「1896 年 E. F. ニコルズとともに残留線の発生・検出に成功」したとされる(物理学辞典(1992), 2269 頁)．
[46] Rubens(1897a), fig. 1.
[47] Rubens(1897a), fig. 7.
[48] Rubens(1897a), p. 440.
[49] Rubens(1897a), pp. 426-428.
[50] 実験結果のなかで興味深い点は，蛍石の残留線の平均波長が，当時のボロメーターの測定によると 24.4 μm であるのに対して，データ比較のためのラジオメーターの測定による値は 23.73 μm だったことである．のちに，蛍石の残留線波長の一つが 24.0 μm となることを考えると，ラジオメーターによる数値のほうが優れていたといえるだろう(Rubens(1897a), pp. 436-440).
[51] Kango は，1897 年 1 月論文(Rubens(1897a))と同内容の 1896 年論文(Rubens(1896))を，「ルーベンスとニコルズが分光系(Spektralanordnung)を利用しない新しい測定方

第 4 章　熱輻射分布法則の導出・検証における実験研究の交流　197

法を発表した」ことで評価している．Kangro(1970b), pp. 161-162.
[52] ルーベンスがアメリカ人研究者と共同研究した点について，カングローはニコルズだけでなく，スノーやトロープリッジとの共同研究を例にとり，「ルーベンスは何度もアメリカ人と共同研究した」と述べた(Kangro(1981c), p. 583).
[53] Paschen(1897).
[54] Paschen(1897), p. 663.
[55] Paschen(1897), pp. 685-86.
[56] Paschen(1897), p. 686.
[57] Paschen(1897), pp. 707-711.
[58] Paschen(1897), p. 711.
[59] グラフを対数で表す方法について，パッシェンは C. ルンゲの助言によるものとしている(Paschen(1897), p. 723). そこには，「エネルギー曲線を対数的に描く」よう助言したルンゲに対する謝意が表されている．この点については，Kangro(1970b), p. 89 も参考にせよ．
[60] Kangro(1970b), p. 155.
[61] Paschen(1897), pp. 719-723.
[62] Paschen(1897), p. 719.
[63] Kirchhoff(1860).
[64] Paschen(1897), pp. 721-722.
[65] Paschen(1897), p. 721.
[66] Paschen(1897), p. 722.
[67] Kangro(1970b), pp. 155-156.
[68] P. フォアマンによれば，「パッシェンは 1895 年の中頃から 1896 年の末まで，場所と費用の不足から，彼のボロメーター研究を完全にあきらめなければならなかった」．しかし，「1897 年の春に，パッシェンは，ベルリン科学アカデミーから補助金を得て，さらにハノーファーの学科の増築を受けて，［ベルリンの PTR の人たちと：引用者］同様な設備を構築しはじめた」(Forman(1981), p. 346). ベルリン王立科学アカデミーは，1897 年 4 月，パッシェンの「黒体スペクトルエネルギーについての実験」に対して，1100 マルクの補助金を承認した(*Sitzungsberichte der königlich preussischen Akademie der Wissenschaften zu Berlin*, (1897), p. 453). この額は，当時のパッシェンの年俸の少なくとも 1／3 以上に相当する．19 世紀末のハノーファー工科大学では，ドイツの他の大学と同様，理工系学生の数の増大にともない，実験物理学の施設の拡充が図られた(THH(1931)). 上記の「学科の増築」も同じ時期に行われた．
[69] Rubens(1897b).
[70] トロープリッジは 1893 年にコロンビア大学を卒業し，1894-98 年にベルリン大学に在籍し，1898 年にベルリン大学で博士号を取得した．同年にアメリカのミシガン大学に講師として招かれ，1900 年に准教授，1903 年にウィスコンシン大学教授，1906 年にプリンストン大学教授となった．彼の主な研究は電気・電信に関連していた(Kangro(1970b), p. 162).
[71] Rubens(1897b), p. 724.
[72] Rubens(1897b), pp. 725-726.
[73] Rubens(1897b), p. 726.
[74] Rubens(1897b), p. 739.
[75] Rubens(1898e).

[76] Rubens(1898e), p. 65.
[77] ボーイズの「ラジオミクロメーター」については本書第2章7節を参照.
[78] Rubens(1898e), p. 65.
[79] Rubens(1898e), p. 67. このガルヴァノメーターについては, のちにルーベンスとドゥ・ボアが論文を発表した. Du Bois(1900)を参照.
[80] Rubens(1898e), p. 68.
[81] Rubens(1898e), p. 66.
[82] Rubens(1898e), p. 67.
[83] アシュキナスは, 1890-95年にかけてベルリン, フライブルク, ミュンヘンの大学で学び, 1895年にベルリン大学で学位取得した. 1896年にベルリン大学の物理学学科(Institut)助手, 1897年にベルリン工科大学物理学研究室(Labor)助手. 教授資格論文は「赤外スペクトル領域の異常分散について」(1899年). 彼の主な研究は, 金属の熱輻射, 電波についてであった(Kangro(1970b), p. 163 を参照).
[84] Rubens(1898a);Rubens(1898b);Rubens(1898d);Rubens(1899a).
[85] Kangro(1970b), p. 163.
[86] Rubens(1898a), p. 585.
[87] Rubens(1898d), p. 243.
[88] Rubens(1898d), p. 242.
[89] Lummer(1897b). ちなみに, 1895年時点でルンマーの輻射源研究の共同研究者だったヴィーンは, 1896年秋にベルリンを去り, アーヘン工科大学に赴任した. 彼はそこで「カナール線等の実験研究」を行った(天野(1943), 43頁;Kangro(1970b), p. 157).
[90] Lummer(1897b), p. 396.
[91] Lummer(1897b), p. 397.
[92] Lummer(1897b), p. 398.
[93] Lummer(1897b), p. 401.
[94] Lummer(1897b), p. 409.
[95] Lummer(1898b).
[96] Lummer(1898b), pp. 108-110.
[97] Lummer(1898b), p. 110.
[98] 兵藤(1988), 44頁.
[99] Lummer(1901a). 図は831頁と833頁. 図4.18中の E はル・シャトリエ熱電対の照射箇所を示す.
[100] Lummer(1898b), p. 111.
[101] Lummer(1898b), p. 110-111.
[102] Kurlbaum(1898). この論文の内容は以下の文献にも紹介されている. Kangro(1970b), pp. 158-160.
[103] カイザー宛ての1898年7月17日付け手紙. Forman(1981), p. 346を参照.
[104] Paschen(1899b).
[105] Paschen(1899b), p. 415.
[106] Paschen(1899b), p. 414.
[107] Paschen(1899c).
[108] Paschen(1899c), p. 959.
[109] Paschen(1899c), p. 960.
[110] Paschen(1899c), p. 961.

111 Paschen(1899c), p. 964. パッシェンの原論文中では $E_{\lambda m}$ は J_m と表記されていることを断っておく.
112 Paschen(1899c), p. 964.
113 Paschen(1899c), p. 967.
114 Paschen(1899c), p. 971.
115 Paschen(1899c), p. 974.
116 1899年12月論文(Paschen(1899c))で, 1899年4月論文(Paschen(1899b))の定数 C_1, C_2 の数値として示された値は 633,000, 14,450 であった. だが, 実際に 1899年4月論文時に提出された数値は 629,100, 14,450 であり, 一致していない. 1899年4月論文時のデータを算出し直した可能性がある.
117 Paschen(1899c), p. 975.
118 Paschen(1899c), p. 976.
119 Paschen(1899c), p. 976. 熱電対の高温測定に関わる「かなりの不精確さ」について, パッシェンは「ホルボルン, ヴィーンらの実験によれば」と記している. それは, 1890年代前半に行われたホルボルンとヴィーンによる白金-白金ロジウム熱電対研究を指すと思われる. 例えば, 以下の論文を参照. Holborn(1892b); Holborn(1895). また, ここでの引用箇所は, Kangro(1970b), p. 178 でも注目されている.
120 Lummer(1899a).
121 Lummer(1899a), p. 26.
122 Lummer(1899a), pp. 28-29.
123 Lummer(1899a), p. 29.
124 Lummer(1899a), p. 30.
125 Lummer(1899a), p. 30.
126 Lummer(1899a), p. 31.
127 Lummer(1899a), p. 31.
128 Hoffmann(2001), p. 254. ホフマンの論文では, この図で示された構成の採用年を明確にしていないが, 1899年以降のルンマーらの構成と考えられる.
129 Lummer(1899a), p. 32;また, Paschen(1894e)を参照.
130 Lummer(1899a), p. 34.
131 Lummer(1899a), pp. 36-37. このコメントはカングローも引用している(Kangro(1970b), p. 167).
132 Rubens(1899b).
133 Rubens(1898d), p. 243 を参照. アゥアー灯は「ガスマントルを用いたガス灯」である. ガスマントルとは, 「ガス灯の点火口にかぶせ, 灼熱白光を生じさせる網状の筒」である(『広辞苑 第五版』岩波書店, 1998).
134 Rubens(1899b), p. 577.
135 Rubens(1899b), p. 578.
136 Rubens(1899b), p. 582.
137 Rubens(1899b), pp. 582-583.
138 Rubens(1899b), p. 582 の脚注3)には, 1898年にチュービンゲン大学に提出されたベックマンの学位論文が紹介されている.
139 Rubens(1899b), p. 583.
140 Rubens(1899b), p. 588.
141 Lummer(1899b).

[142] Lummer (1899b), pp. 216-218.
[143] Lummer (1899b), p. 216.
[144] Lummer (1899b), pp. 219-220.
[145] Lummer (1899b), p. 222.
[146] Lummer (1899b), pp. 219-221.
[147] Lummer (1899b), pp. 234-235.
[148] Lummer (1899b), p. 226. ここでいう「ヴィーン-プランク式」はヴィーン分布式を指す.
[149] Lummer (1899b), p. 235.
[150] Lummer (1900c).
[151] Lummer (1899b), p. 217. 点線がヴィーン式に基づく理論値によるグラフ, 実線が実測値によるグラフである.
[152] Lummer (1900c), pp. 167-169. 円筒形空洞輻射源について詳しくいうと, 白金製の高温向け輻射源と, すす, 白金塩化物または酸化鉄で内部を黒化した低温向け輻射源が利用された. 高温向け空洞輻射源は電気加熱され, 低温向け空洞輻射源は, 沸騰水, 溶解硝石によって加熱された.
[153] Lummer (1900c), p. 169.
[154] Lummer (1900c), p. 172.
[155] Lummer (1900c), pp. 173-180.
[156] ルンマー–ヤンケ式については第6章6節4を参照.
[157] Lummer (1900c), p. 170.
[158] Lummer (1900c), p. 180.
[159] Lummer (1900c), p. 180.
[160] 本節に記された1900年のルーベンスの実験研究については, 以下の文献でも詳述されていることを付記しておく. Kangro (1970b), pp. 200-206；天野清 (1943), 66-67頁.
[161] Kangro (1970b), p. 206.
[162] Planck (1900d).
[163] Rubens (1900).
[164] Rubens (1900), p. 935.
[165] Rubens (1900), pp. 935-936.
[166] Rubens (1900), p. 933.
[167] Rubens (1900), p. 941.
[168] Rubens (1900), p. 941. 輻射エネルギーの分布式の理論的導出に取り組んでいたプランクも,「単純さ」を鍵にしてプランク式を得ていた (Cf. Planck (1900d), p. 203).
[169] Rubens (1900), p. 936.
[170] Rubens (1900), p. 940.
[171] Rubens (1900), p. 937.
[172] Rubens (1900), p. 941.
[173] Kangro (1970b), pp. 197-204；天野 (1943), 60-67頁.
[174] Paschen (1901a).
[175] Paschen (1901a), p. 278.
[176] Paschen (1901a), p. 284.
[177] Paschen (1901a), pp. 286-293.
[178] Paschen (1901a), pp. 297-298. パッシェンは, ここでヴァナーの実験結果も引用してい

る．Kangro(1970b), p. 182 も参照．
[179] Lummer(1901b).
[180] Paschen(1901d).
[181] Lummer(1902).
[182] Hoffmann(1985), p. 289.
[183] 1901年以降のパッシェンの研究は以下の文献を参考にした．Forman(1981), pp. 347-348.
[184] 1901年以降のルーベンスの研究は以下の文献を参考にした．Kangro(1981c), pp. 582-583. ルーベンスは1906年にベルリン工科大学からベルリン大学実験物理学教授に転任している．
[185] 1901年以降のクールバウムの研究は以下の文献を参考にした．Hermann(1981a).
[186] 1899年時のヴィーン変位則の定数 C_4 の測定値もそのことを示す．当時のパッシェンの測定結果による値は2,891，ルンマーらの値は2,940であった．現在知られる数値は2,898なので，パッシェン側が良い数値を与えていたことになる．2,898という数値は，例えば，物理学辞典(1992), 121頁を参照．

第5章 目的・機器・機器構成をめぐる動向と実験プログラムの相違と交流

1. 熱輻射実験の「始動」・「準備」・「確立」期
2. 三方向の実験研究における「目的」の変遷
3. 三方向の実験研究における「機器」の選択・開発・研究
4. 三方向の実験研究における「機器構成」の変遷
5. 三方向の「実験プログラム」の相違と交流
6. 小　　括

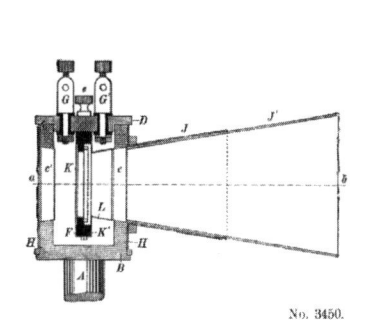

No. 3450.

3450.　**Thermosäule von Prof. Dr. Rubens.**

(Vergl. Zeitschrift für den physikal. u. chemisch. Unterricht Jahrg. XI, III. Heft S. 126—130.)

Aus 20 Elementen Eisen und Constanten von geringer Masse und Wärmecapacität, daher sichere Ruhelage. Empfindlichkeit 1000 Mikrovolt für 1° Celsius . . . . | 60 M.

ルーベンス教授の熱電対列のカイザー‐シュミット社の広告。60マルクという値段が付いている。出典：*Preis-Verzeichniss über Elektrische Meissinstrument und Physikalische Apparate von Keiser&Schmidt Berlin N. No. 20. Johannis-Strasse No. 20*, April 1901, p.14.

本章では，1880年代末－1900年のドイツにおける熱輻射実験の発展過程を，「目的」「機器」「機器構成」という三点に注目し改めて考察している。そこでは，異なる目的に向けた実験機器が同じ目的のために活用されていく過程，同じ目的の研究であるが異なる実験機器を開発・採用していく過程などが見出される。これらの過程から，三方向の実験プログラムの相違や相互交流を通した熱輻射実験の発展の様子が示される。

本章では，1890年代に熱輻射実験の中心にいたドイツのパッシェン，ルーベンス，ルンマーらの三方向の研究を，時期と研究内容に沿って整理することで，本書の主要な分析対象をまとめ直す。さらに，これらの考察に際しては，「目的」，「機器」，「機器構成」，これらを包含した「実験プログラム」とその相違と交流に着目する。

1. 熱輻射実験の「始動」・「準備」・「確立」期

1880年代末から1900年の熱輻射の実験研究は，おおよそ三つの期間，「始動」，「準備」，「確立」期に分けられる。

一つ目の期間は，パッシェンの研究を通して，他の目的の異なる研究が熱輻射実験に活用され，集約されていく1880年代末-1893年である。パッシェンの研究は，回折格子の分光機能を調べる赤外分光学研究を契機に熱輻射のエネルギー分布の測定に方向づけされ，ルーベンスらの研究は，長波長輻射線の光学的性質を検証しマクスウェル理論の実証を試みる電磁気研究に方向づけされていた。また，ルンマーらの研究は，PTR光学部門における光度標準研究の一環として熱輻射を扱い，標準研究に指向されていた。1880年代末-1893年において，彼らの三つの研究は「熱輻射」現象を扱い，それをとらえるための装置のボロメーターやガルヴァノメーターを開発するという共通項をもっていたが，各々の目的の方向は異なっていた。そのなかにあって，パッシェンはルンマー，ルーベンスらよりも早い1893年の段階で，熱輻射のエネルギー分布測定に取り組み，ルンマーらの異なる目的の諸研究による成果を，熱輻射実験のための機器構成づくりに活用したのである。この時期のパッシェンの研究は，1890年代の熱輻射実験を本格的に始動させる役割を果たしたのである。

二つ目の期間は，目的の異なる三方向の研究から，1900年前後の輻射法則検証に不可欠な道具立てが，ボロメーター，ガルヴァノメーターにつづき，さらに準備されていく1893-95年である。パッシェンは，気体輻射に対するキルヒホフ法則の適用可能性，二酸化炭素および水蒸気の吸収スペクトルの

解明，蛍石プリズムの分散式の再検討を行っていた。ルーベンスは，蛍石だけでなく岩塩，石英，フリント珪酸塩，カリ岩塩のプリズムの分散を調べて，広範な波長範囲に適用可能な分散式の提出を試みていた。また，ルンマーはボロメーターの研究に取り組む一方，ヴィーンとともに，熱輻射のエネルギー分布法則を検証するのに適した，「高温度でも黒体のように振る舞う」熱源として，空洞輻射源を提案したのだった。1890年代末，熱輻射エネルギー分布法則の測定の精度が飛躍的に向上するには，空気中の二酸化炭素，水蒸気の吸収スペクトル，蛍石プリズム，カリ岩塩プリズムの分散，気体輻射の振る舞い，気体輻射に関連する空洞輻射源への研究が不可欠であった。1893-95年の時期，これらの基礎的な諸成果が集中して提出され，1890年代末の熱輻射実験に向けた道具立てが整えられたのである。

　三つ目の期間は，当初目的の異なる三方向の研究が，熱輻射のエネルギー分布測定を目標とする研究に収斂され，それらの研究が輻射分布法則導出をめぐって交わるようになる1896-1900年である。パッシェンは，空気中のスペクトル吸収など測定誤差要因の解明を経て，1896-97年に固体輻射源-蛍石プリズム-ボロメーターという機器構成でエネルギー分布測定を行い，実験的にヴィーン分布式を求めた。ルンマーらは，1895年の空洞輻射源の提案後，研究を重ね，1898年以降は円筒形空洞輻射源を標準型としながら，高温領域の黒体実験に迫り，1899年の空洞輻射源-蛍石プリズム-ボロメーターの機器構成を経て，1900年初頭に空洞輻射源-カリ岩塩プリズム-ボロメーターという構成で長波長領域のヴィーン分布式からのズレを明らかにした。また，ルーベンスらは，1896年に残留線を発見して以来，岩塩，カリ岩塩の残留線を利用して$50\,\mu m$を超える長波長領域の輻射線を扱うことを可能にし，長波長輻射線検出のボロメーターの欠点を補うため，それに代わるコンスタンタン-鉄の熱電対列を開発して，輻射源-(残留線のための)反射物質-熱電対列という長波長輻射線向け基本構成をつくり上げた。パッシェンらの機器構成は$10\,\mu m$以下の短波長領域に強みを発揮し，先行して熱輻射分布測定を先導し，ルンマーらの機器構成は短波長領域を基本としながら，短波長と長波長の中間的範囲$10\text{-}20\,\mu m$にまでエネルギー分布の測定範囲を

拡げた。ルーベンスらの機器構成は長波長領域に強みを発揮し，当時まったく未知の 50 μm を超える波長領域の熱輻射エネルギー分布の測定を実現した。1896-1900 年の時期，三方向の研究は異なる波長領域のデータを提出し，エネルギー分布の測定データを補い合った。この結果，広い波長範囲で高精度な輻射分布測定が行われ，輻射法則の検証・導出にとって決定的な熱輻射実験が確立したのである。

このように，1880 年代末-1900 年にかけての熱輻射実験の動向はおおよそ三つの時期に分けられる。それは，異なる目的の研究の諸成果を集約することによって 1890 年代の熱輻射実験を始動するパッシェンの研究が現れる 1880 年代末-1993 年の「始動」期，1890 年代末の高精度な熱輻射実験にとって不可欠な道具立てが整えられる 1893-95 年の「準備」期，三方向の実験研究が相補的に機能して，高精度で広い測定範囲の熱輻射データが提供され，熱輻射実験の確立とととともにプランク輻射法則が提出される 1896-1900 年の「確立」期である。

以下では，この各時期における，パッシェン，ルンマー，ルーベンスらの三方向の研究の「目的」，「機器」，「機器構成」の動向，さらに彼らの「実験プログラム」を見ていく。そのなかで，彼らがどのような「目的」をもち，どのような「機器」を選び，その開発を行ったか，そして，それらの機器をどのように組み合わせて「機器構成」をつくり上げたか，さらに，これらをまとめると，三方向の研究はどのような「実験プログラム」をもち，それらがどのように交流して，実験精度の向上，波長・温度の測定範囲の拡大に結びついたかを考えていく。

2. 三方向の実験研究における「目的」の変遷

1880 年代末-1993 年に「目的」を異にしていたパッシェン，ルンマー，ルーベンスらの三方向の研究は，1893-95 年になると，それらの「目的」が部分的に交わり始め，1896-1900 年には，一時的とはいえ，それらの「目的」が熱輻射分布測定に向けられるようになる。本節では，これらの「目

的」の展開を見ていく。

2.1 始動期における「目的」の動向

ルンマーは 1889 年に PTR 光学部門の正規研究員となり，当初はブロードゥンとともに光度単位の測定器としてフォトメーターを開発していた。そのフォトメーターは，ルンマー–ブロードゥン立方体で知られる，優れた視感測定器であった。だが，対象となる光が十分に視感できる波長領域であれば良いが，「暗い」領域になると精確な測定を期待できないという短所をもっていた。それを補うために，ルンマーとクールバウムが研究したのはボロメーターであった。1892 年に，彼らは，その研究の最初の本格的な報告のなかで，1880 年代にすでにラングレーらがボロメーターを実際に使用してきたものの，先行する研究には欠点があることを紹介していた。ラングレーらは $10^{-5}°C$ の温度変化を測定したとしているが，ガルヴァノメーターの振れで表された「それまでの感度の申告は」，「十分に精確ではなかった」。このような欠点を補い，光度標準を測定し得るボロメーターを開発することがルンマーらの目的だった。彼らは，ボロメーターを使用する方法で「"輻射単位" を得るために，光源の輻射を，ある定まった熱源の輻射に還元する」ことを考えていた。

ルーベンスは，1889 年にベルリン大学で赤外部輻射線の「金属の選択反射」をボロメーターで測定する研究を行い，学位論文を取得した後，ベルリン工科大学のパルツォウと共同して「電気測定へのボロメーター原理の応用」の研究に携わった。つづいて 1890 年にリッターとの共同で電波の針金格子に対する振る舞いをボロメーターで調べ，ルーベンス単独の研究で導線に生じる定常電波をボロメーターで測定している。1891-93 年になると，赤外部波長の輻射線を再び扱い始めて，液体，固体の種々の物質に対する分散，材質の異なる針金格子に対する偏光を測定した。1889-93 年間のルーベンスは，ボロメーターという測定器を一貫して使用し，赤外部波長の輻射線を中心に，その光学的性質を調べつづけていた。1890 年にヘルツ振動子による電波測定を行ったのち，ルーベンスは，マクスウェル理論の実証というヘル

ツと同様な目的をもちながら，測定対象を赤外部輻射線に変えて実験を進めていた。つまり，ヘルツが扱った電波を，赤外線(赤外部輻射線)に代えて，赤外線の光学的性質をボロメーターでとらえようとした。1891年の赤外部波長の屈折率の測定，1892-93年の赤外部波長の偏波の測定は，ヘルツの実験研究とのアナロジーを確認するための研究だった。この時期のルーベンスの目的は，電波で成功したヘルツのマクスウェル理論実証実験を，赤外線(赤外部輻射線)に対して行い，赤外部においてもマクスウェル理論の実証を確認することであった。

1880年代末-1891年にかけて，パッシェンは，学位論文を提出したシュトラスブルク大学，最初に助手として赴任したミュンスター・アカデミーで，「金属接触電位差」などの電気化学研究に取り組んでいた。その彼が，他の分野の研究に携わるようになったきっかけは，1891年にハノーファー工科大学の助手に転任したことだった。ハノーファーでのパッシェンの上司カイザーとルンゲは，1880年末-1890年代初頭にかけて，1885年に提出されたスイスのバルマーの水素スペクトル式の一般化を，スウェーデンのリュドベリと競い進めていた。カイザーとルンゲがアルカリ金属，アルカリ土類金属のスペクトルを調べているなかで，パッシェンは助手としてハノーファーに赴任した。

カイザーらがスペクトル分析で問題にした一つの点は，「プリズムでは，それをつくる物質の均質度と大きさの点で分解能に限界がある」ことで，その解決のために彼らは「回折格子の改良」を必要としていた。そこで彼らが助手パッシェンに指示したのは，回折格子研究を採用して行われていたアメリカのラングレーの実験を改良することだった。ラングレーは，1880年代に，太陽光や加熱物質による光のスペクトルを測定するために，輻射源-凹面回折格子-プリズム-ボロメーターという構成で実験を行っていた。この構成の分光系には，参考にすべき回折格子が採用されていた一方，問題となったプリズムも併用されていた。そのため，パッシェンは，プリズムを採用していないプリングスハイムの機器構成(1883年)を参考に[1]，輻射源-回折格子-ボロメーターという基本構成をつくった。この構成でパッシェンが取り組ん

だのは，ラングレーが進めていた，「ノーマル・スペクトル」の描く熱輻射のエネルギー波長分布曲線の測定であった．この測定に大きな関心を寄せたパッシェンは，ハノーファー赴任後初めての本格的な論文「回折格子スペクトルのボロメーターによる研究」(1893年)を記した．その論文の「目標」は，「白熱固体のノーマル・スペクトルをボロメーターによって精確に測定すること」であった．この時点のパッシェンの目的は，上司らの指示に重なる形で，熱輻射エネルギー分布曲線を精確に与える，より精密な実験を試みることだったのである．

このように，1880年代末-1893年において，光度標準を求めるルンマーらは，視感の困難な波長領域もカバーできる光度計の開発を研究の目的として，ルーベンスらは電波を扱ったヘルツの実験を赤外線(赤外部輻射線)で実施してその是非を問うことを目的としていた．また，パッシェンは最終的に「ノーマル・スペクトル」の描く熱輻射のエネルギー分布曲線を精確に得ることを研究の目的と置いた．三方向の研究は，熱輻射現象を扱いながらも，その目的は相違していたのである．

2.2 準備期における「目的」の動向

1892-93年にかけて「ノーマル・スペクトル」を精確に得ることを目標としたパッシェンは，その後数年かけて，熱輻射のエネルギー分布測定の精度を上げる研究を重ねた．1893年論文時，測定誤差の原因とみなしたのは，金属反射鏡と凹面回折格子による選択反射能，ボロメーター線条による選択吸収能，空気中の二酸化炭素と水蒸気によるスペクトル吸収であった．1893-94年の間，上記の誤差問題を考慮しながら，より精確な測定を目指して研究が行われた．パッシェンがまず取り組んだのは，波長別の熱輻射エネルギーではなく，全輻射の強度と温度の関係を調べて，この関係がどのようになるか，S-B式に合致するかどうかを測定結果と照合した．その後，気体輻射の問題に取り組み，気体輻射にキルヒホフ法則を適用できること，二酸化炭素および水蒸気による気体輻射では温度が異なっても同様な吸収縞が現れることなどを明らかにした．また，この実験では空洞の輻射源が使われ，

ルンマーらが提案する空洞輻射源が実際に使用可能であることを示唆した。気体輻射の実験でパッシェンは，誤差の原因のできる限りの除去に努め，回折格子を採用するのを止めて，その代わりに蛍石プリズムを使用していた。彼は，誤差のさらなる除去のために，蛍石プリズムの分散の再測定を行い，有効な測定波長範囲が 2-8 μm であること，ケテラー分散式が最も測定結果に合致することを導いた。準備期における上記研究を通して，パッシェンは「ノーマル・スペクトル」測定における誤差原因をアプローチ可能な波長範囲で解明した。この時期のパッシェンの目的は，熱輻射エネルギー分布測定の誤差要因の解明と，その誤差の除去であった。

1880 年代末-1893 年を通して，赤外部領域におけるマクスウェル理論の実証を目的としたルーベンスは，つづいて，その実証を遂行するための細部の問題の解決にあたった。第一の問題は，パッシェンも研究していたプリズムの分散であった。より精確な分散式を得ることは波長測定に不可欠だったのである。1894 年，ルーベンスは当時知られていたブリオ分散式を蛍石プリズムの測定データと照合し，6.48 μm 以下の波長範囲で合致することを明らかにした。つづく論文では，岩塩プリズムを使用して，9 μm 以下の広範な波長範囲ではブリオ式ではなくケテラー式が有効であることを示した。さらに，1895 年論文になると，石英，フリント珪酸塩，カリ岩塩，岩塩のプリズムの自らのデータに加えて，パッシェンの蛍石プリズムのデータを照合して，9 μm 以下の波長範囲におけるケテラー分散式のさらなる有効性を示した。ルーベンスは 1894-95 年にかけて，赤外部輻射線の測定に不可欠な，長波長に適用可能な分散式の導出と検証を行った。準備期におけるルーベンスの目的は，より広範な波長領域に有効な分散式を得ることであった。

ルンマーは，1889 年から数年間，ブロードゥンと共同でフォトメーターを開発・研究した。その後，クールバウムとともにボロメーターの開発を手がけて，1892 年に彼らの面ボロメーターを発表した。この一連の研究は光度標準を測る手段のためであった。ルンマーとクールバウムは引き続き 1894 年においても，光度単位とそれに向けた測定器の研究を続けていた。1894 年の報告では，光源として加熱白金板，比較のために白熱電球を採用

し，光度を測る手段としてボロメーター，比較のためにフォトメーターを使用し，加熱白金板-ボロメーターという組み合わせで光単位を定義できるとした。さらに，1895年になると，ルンマーはヴィーンとともに「空洞をできるかぎり一様な温度にして，一つの孔からその輻射が外へ」放出されるようにする空洞輻射源を提案し，それが「吸収および輻射表面の個々の性質とは独立」に理想的な輻射線を放射できることを理論的に示した。光度標準を研究していたルンマーらは，既存の白金や白熱電球を輻射源として採用し，自ら開発したフォトメーターやボロメーターで測定を行い，1895年になると理想的な輻射源の開発にも携わった。準備期におけるルンマーらの目的は，光度標準測定をさらに精密にするための，そして，温度標準にも応用できる，輻射測定器と輻射源の開発・研究であった。

　このように，1893-95年の準備期において，パッシェンは，熱輻射エネルギー分布測定を遂行するために，二酸化炭素のスペクトル吸収や蛍石プリズムの分散など測定誤差の原因を解明し誤差を除去することを目的としていた。ルーベンスは，赤外部領域の輻射線測定を確かなものにするため，長波長にも有効な分散式の導出と検証を目的としていた。ルンマーらの目的は，光度標準測定に適う安定した測定器および輻射源の開発・研究であった。準備期の三方向の研究は，当初の各目的の遂行に必要な細部の課題を解決し，その道具立てを提供した。また，三方向の研究において，分散式にかかわる点でパッシェンとルーベンスの目的が同じくされ，空洞輻射の使用という点でパッシェンとルンマーらの目的は同じくする部分をもつようになっていた。

2.3　確立期における「目的」の動向

　1893-94年，パッシェンは，二酸化炭素・水蒸気のスペクトル吸収，蛍石プリズムの分散などに関する，熱輻射エネルギー分布の精密な測定に必要な課題解消に努めた。1895年，おおよそ測定の条件が整ったと判断した彼は，光沢白金や白熱ランプのカーボンなどを輻射源に，蛍石プリズムを分光系に，輻射測定器にボロメーターを採用して，まず輻射線の最大波長と温度の関係を調べた。その結果は，ヴィーン変位則と同様であった。1896年になると，

酸化鉄でメッキした白金線条を加熱したものを輻射源として，固体輻射源-プリズム-ボロメーターという構成で実験を行い，ヴィーン法則と同型の波長分布式を実験的に求めた。1897年には，酸化鉄メッキの白熱線条だけでなく，酸化銅メッキの白金板，すす白金線条，黒鉛炭，光沢白金という多様な固体を採用して，固体熱輻射の波長分布を測定した。その結論では，パッシェンのヴィーン式を肯定的にとらえようとする意図の下，ヴィーン法則と同型式を追認した。1896-97年の一連の研究は，「固体のスペクトルの法則性について」という共通タイトルの論文でまとめられたことからわかるように，その目的は，固体輻射源を利用して，より黒体に近い物質表面から放出される輻射線の「法則性」(分布法則)を導き出すことであった。実験的に得られたパッシェンの分布式が，同時期に理論的に求められたヴィーンの式と一致したことは，パッシェンに，彼の実験とそこから得られた分布式への大きな信頼をもたらしたにちがいない。したがって，1898-1900年のパッシェンは，ヴィーン式の肯定的検証，その有効範囲の検証など，ヴィーン式を「法則性」の中心に据えたのであった。当初，より黒体に近い輻射から分布の「法則性」を得ることを目標としていたパッシェンは，1897年以降，「法則性」を表す式をヴィーン分布式であるとみなして，その目的をヴィーン法則の検証としていった。

　ルンマーは1895年にヴィーンと空洞輻射源を提案した後，プリングスハイムと共同でその実用化の研究を始めた。1897年時点の空洞は，温度範囲で異なるものであり，100℃では沸騰水加熱による銅製空洞，200-600℃ではガスバーナー加熱による銅製空洞，600℃超ではガスバーナー加熱による鉄製空洞であった。この各種の空洞輻射が，黒体輻射になり得るかどうかを見るために，全輻射量と温度の関係を調べ，S-B法則を確かめた。この実験では，測定誤差が大きく，S-B法則を確証できなかったので，ルンマーはクールバウムとともに1898年に改めて実証を試みた。1898年の空洞輻射源は，白金製円筒を電気加熱したものであり，内壁に磁器円筒を，外壁に石綿を設けていた。この実験では，1%程度の偏差内でS-B法則を確証することができた。その後，ルンマーは再度プリングスハイムとの共同研究のなかで，

電気加熱式の円筒形を空洞輻射源の標準として，黒体輻射に関わる実験をつづけた。1899年2月には，気体分子運動と輻射線の振動数に関する仮説にもかかわらず，結論の異なるミヘルゾン分布式とヴィーン分布式を，実験を通して検証するため，最大波長と温度の関係，輻射エネルギーの波長分布を調べた。この時点のルンマーとプリングスハイムは，測定データのばらつきのため，明確な結論を出せなかったが，波長範囲・温度範囲を広げて1899年末-1900年初頭にかけて再実験・再々実験を行った。その結果，ヴィーン変位則が確証された一方，$10\,\mu m$ を超える波長範囲のヴィーン法則と測定値のズレが確証された。この時期のルンマーは，クールバウム，プリングスハイムと共同して空洞輻射源の標準型を追求し，ヴィーン変位則，ヴィーン輻射法則の検証を標準追究の基準とみなしていた。検証実験を繰り返すことによって，空洞輻射源の標準の完成度が高められていった。1896-1900年のルンマーらは，理想的な光源・熱源としての空洞輻射源を追求するなかで，ヴィーン変位則の肯定，ヴィーン法則の否定を確証するに至った。

　ルーベンスは，1895年に長波長領域にも適用可能なケテラー分散式を検証した後，$10\,\mu m$ 超の長波長輻射線の光学的性質に関する測定を試み始めた。それとともに，その測定に適う輻射測定器と分光系を研究していた。測定器として最初に候補に挙げたのは，ドイツに留学していたアメリカのニコルズが1896年に発表したラジオメーターであった。ラジオメーターは，ボロメーターのように熱電気作用を利用するものではなかったので，熱電気に起因する誤差を排除できる長所をもっていた。だが，輻射線の入射部分に蛍石製窓を使用しており，蛍石のスペクトル吸収がともなうという短所ももっていた。ルーベンスはニコルズを共同研究者に迎え，長波長輻射線の測定に取り組むなか，蛍石などの物質表面の反射から生じる $10\,\mu m$ を超える特定波長の「残留線」を発見した。「残留線」の利用は，長波長赤外部の輻射線の扱いを可能にする長所をもたらしたが，特定の波長しか扱えない短所もあった。ルーベンスはトローブリッジとともに，岩塩プリズム・カリ岩塩プリズムの利用による輻射線測定と，残留線利用の測定の比較を行い，プリズムの方法では微弱な輻射線しか得られない一方，残留線には十分な強度があ

ることを確かめた。したがって，残留線利用の測定には，長波長領域において大きな強みがあることが認められた。

　その後，ルーベンスは 20 μm を超える残留線を扱うための測定器として熱電対列の採用を考え，その総合的長所からコンスタンタン-鉄による熱電対列を開発し利用し始めた。残留線・熱電対列という新しい分光系・測定器を導入して実験を開始したルーベンスはアシュキナスとともに，どの種類の物質でどの大きさの波長の残留線が得られるかを調べた。ルーベンスらが蛍石・カリ岩塩・岩塩の残留線の波長を確かめるなかで，ルーベンスの弟子ベックマンは蛍石残留線を使ってヴィーン法則を照合し，大きなズレを見出した。当初，ルーベンスはこのズレが残留線の測定誤差に起因すると考えたようで，その誤差を調べるために，残留線データとヴィーン法則の照合を始めた。この測定の延長線上で，1900年後半のルーベンスとクールバウムの実験が行われ，プランク法則が確証されたのである。この時期のルーベンスらの研究は，長波長輻射線の光学的性質の実証という当初の目的を汲みながら，そのための実験機器の整備，機器構成づくりを再度行い，長波長測定の誤差検証という点で輻射法則検証に展開したのだった。

　このように，1896-1900年のパッシェンは，熱輻射エネルギー分布法則に関する実験研究を本格的に始めるなかで，ヴィーン法則の実験的導出に至った。それがヴィーンの理論的な導出結果と合致すると考えたパッシェンは，その後，ヴィーン法則検証を主な目的としていった。ルンマーらは，標準研究に即した光源・熱源の標準型を求めることを目的としたが，理想的な光源・熱源を求めるなかで，電気加熱式の円筒形空洞輻射源を採用し，その測定精度を確認するためにヴィーン変位則，ヴィーン輻射法則の検証にあたった。ルーベンスらは，赤外部輻射線のマクスウェル理論実証をさらに長い波長領域に拡げることを目的として，新しく発見した残留線，新たに開発した熱電対列を実験に導入したが，残留線の波長測定を確かめるにあたって，長波長領域における輻射法則の検証という副次的目的も付加した。確立期における三方向の研究は，主要目的・副次的目的に「輻射法則」がからみ合い，結果として，10 μm 以下，10-20 μm，20-60 μm の各長短波長範囲のエネル

第 5 章　目的・機器・機器構成をめぐる動向と実験プログラムの相違と交流　215

ギー分布データを相補的に提供したのである。

2.4　実験「目的」の動向

　1880 年代末-93 年の始動期の当初，電気化学研究を行っていたパッシェンは，1891 年にハノーファー工科大学へ転任後，上司の可視分光学研究の課題の一部に取り組み，回折格子を使用した赤外分光測定を行い始めた。その測定を実施するなかで，熱輻射のエネルギー波長分布に関心をもち，その精確な測定の追究を目的とするようになった。だが，当時，熱輻射測定には複数の誤差原因がともなったので，1893-95 年の準備期のパッシェンは誤差原因を解明し，その除去に努めた。それに際しては分散式の精確な導出も試みられた。1896-1900 年の確立期になると，パッシェンの熱輻射測定に取り組む条件が整えられ，熱輻射のエネルギー分布から法則性を見出すことが彼の目的となった。彼にとって，「法則性」を表す式はヴィーン分布式であり，ヴィーン分布式の肯定的検証が，彼の実質的な目的だったといえる。1890 年代を通してほぼ一貫するパッシェンの目的は，熱輻射のエネルギー分布の「法則性」の探求だった。

　始動期のルンマーと彼の共同研究者は，PTR の課題のために光度標準研究を進めていた。当初，彼らは標準測定のための測定器の開発に取り組み，視感式のフォトメーターと熱電気式のボロメーターを開発・研究していた。とくに，可視部と赤外部の境界の光の「暗い」領域を測定できるボロメーターの開発は，始動期の後半部と準備期にかかる重要な目的となった。1895 年以降は，測定器の開発から輻射源の開発に力点が置かれ，光源・熱源両者の標準になり得る輻射源の追究が行われた。確立期のルンマーらは，理想的な輻射源として空洞輻射源を開発・研究し，その完成度を調べるために，S-B 法則，ヴィーン変位則，ヴィーン法則の検証を行ったのである。1890 年代にほぼ一貫するルンマーらの目的は，光度標準測定，さらに温度を含めた輻射標準測定をより精密化することだった。

　始動期のルーベンスは，赤外線の選択反射の測定，ヘルツの電磁波測定の再実験，赤外線の反射・屈折・偏光の測定を行い，その大半を赤外部輻射線

の光学的性質の研究に注いでいた。その目的は，ヘルツの電波に関する実験の目的を赤外線にあてはめたもので，赤外部領域でのマクスウェル理論の実証にあった。準備期のルーベンスは，その目的に適う実験を遂行するための条件づくりを行った。主には，赤外線を単離するのに使用されたプリズムの分散の測定と分散式の導出であった。確立期のルーベンスは，より長い遠赤外部の輻射線を単離しそれを検出するための機器構成と機器の研究を進めるなかで，残留線を発見し，弟子のベックマンの研究をきっかけに，残留線による熱輻射のエネルギー分布測定に取り組むようになった。マクスウェル理論に関する目的の研究で使用されてきた機器構成や機器が分布測定に適用されたことで，この時期のルーベンスは，遠赤外線の光学的振る舞いの観察と重ね合わせて，長波長領域における熱輻射のエネルギー分布法則の検証を目的としていた。1890年代を通してほぼ一貫するルーベンスらの目的は，より広い波長範囲の赤外部におけるマクスウェル理論の実証であった。

　始動期・準備期・確立期の三者の研究の「目的」は，当初まったく異なっていたが，分散式や輻射源を通して重なる部分をもち始め，確立期には熱輻射のエネルギー分布測定と関連してその交わる度合いを強めていた。最後に，三者の各時期の目的をまとめた一覧表を表5.1として付しておく。

3. 三方向の実験研究における「機器」の選択・開発・研究

　パッシェン，ルンマー，ルーベンスらの三方向の研究においては，ボロメーター，ラジオメーター，熱電対列の輻射測定器(輻射測定器に内蔵されたガルヴァノメーターも含む)，そして，プリズム，回折格子などの分光系，固体・空洞・固体-空洞折衷型の輻射源といった「機器」が開発され，研究された。それらの機器の開発・研究では，三方向の異なる研究が部分的に相互交流し合う場面が見られた。

　以下では，1890年代を中心とする個々の実験機器の発展経過と，それらの機器の開発を通して三方向の研究が相互交流する様相について改めて確認する。また，三方向の研究で開発されたわけではないが，使用された温度計

表5.1 各時期の三方向の実験研究の「目的」

	パッシェン	ルンマー	ルーベンス
1890年代-1900年に一貫する目的	熱輻射のエネルギー分布法則の実験的導出	光度(および温度)標準測定の精密化	広い波長範囲の赤外部におけるマクスウェル理論の実証
1880年代末-1893年の始動期の目的	分光測定の課題克服のため、回析格子による熱輻射のエネルギー波長分布の測定の改善	光度標準測定の発展のため、視感式のフォトメーターと熱電気式のボロメーターを開発	赤外線に対してマクスウェル理論を実証するため、赤外部輻射線の光学的性質を調査
1893-95年の準備期の目的	熱輻射のエネルギー分布測定に際しての誤差原因の解明とその除去	光度標準測定の精密化、および温度を含めた輻射標準測定のための測定器と輻射源の開発・研究	マクスウェル理論実証のための測定に際しての課題の克服
1896-1900年の確立期の目的	熱輻射のエネルギー分布法則としてのヴィーン法則の検証	空洞輻射源の開発・研究の一環として輻射関連法則の検証	残留線による遠赤外線測定の一環として熱輻射法則の検証

の熱電対にも触れることにする。

3.1 ボロメーター

ボロメーターとは、第1章でも触れたように、ホイートストン・ブリッジ回路中の抵抗部分の金属細片を検出素子として、そこに輻射線を照射し、照射の温度変化によって生まれる回路中の抵抗バランスの差異をガルヴァノメーター(微弱電流計)で、輻射量を測定する機器である。この機器は、1851年にスウェーデンのスワンベルクによって構想されたが、1880年代になって初めてアメリカのラングレーの手で実用化された。ラングレーはさまざまな金属細片を試して、最終的に白金を検出素子に採用した。

1880年末以降、こうした先行研究のあるボロメーターをルーベンス、ルンマー、パッシェンらは利用し始めた。ルーベンス、パッシェンはボロメーターを輻射線測定に利用し、ルンマーとクールバウムは光度計として活用したのだった。1880年末、ルーベンスは赤外部輻射線による「金属の選択反射」を測定するためにボロメーターを開発したが、その際に彼が参考にした

研究は,ラングレーのものではなく,オングストロームの1885年の研究であった。

ルーベンスのボロメーターは図5.1の構造をもっていた。入射輻射線は,木箱(c)の一壁面に設けられた四角状の穴(B)を通って,向かい合う壁面のスズ泊抵抗(E)を照射する。照射によって生じるスズ泊の抵抗値の変化を,ホイートストン・ブリッジ回路を介して,ジーメンス-ハルスケの無定位ガルヴァノメーターでとらえるのだった。ルーベンスの採用した抵抗はスズであり,温度感度は約 2.0×10^{-6}°Cであった。その後,1892年にルーベンスは,スズではなく鉄製導線を抵抗に採用したが,その温度感度も 10^{-6}°Cレベルのものであった。

ルンマーらも,1890年初頭,難しいと敬遠されてきたボロメーターの開発に取り組み,不十分と判断された,温度感度に対するガルヴァノメーターの振れの基準化を改めて行った。彼らが注目したのは,検出素子となる抵抗部分の白金細片であり,その加工法の改良であった。高い熱容量,電気的に変動しやすい性質をできるだけ抑えるために,彼らは白金細片の製造方法に工夫を凝らした。圧延の際には,白金だけを圧延するのではなく,白金薄板の10倍の厚さをもつ銀薄板と白金薄板を重ね合わせ,二重構造をもった薄板を圧延した。その後,蛇行型に切断され,フレーム上への固着,銀のエッチングおよび白金の洗浄を経て,白金片を白金黒で黒化するのだった。ルン

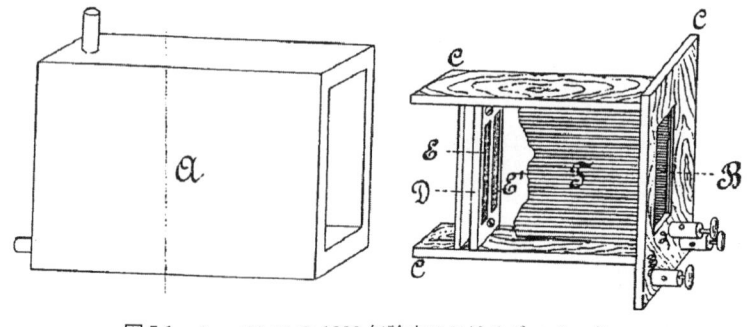

図5.1 ルーベンスの1889年論文におけるボロメーター
(Rubens, 1889b:本書図2.6と同じ)[2]

マーとクールバウムは，1890年代前半を通して，このボロメーター開発に携わり，反応時間100秒，温度感度10^{-5}°Cだったラングレーのボロメーターを，反応時間8秒，温度感度10^{-7}°Cにまで高めた。ルンマーらは，この面ボロメーター(図5.2)の利用によって光単位の確定を進めた。

ルンマーとクールバウムの抵抗に関する研究は，1892-93年のパッシェンのボロメーター抵抗製作の参考にされ，パッシェンは，ルンマーらと同様に製作された白金製抵抗を採用した。また，1896-97年にルーベンスとニコルズが取り組んだ残留線利用の初段階の実験においても，ルンマーとクールバウムの抵抗加工法によるボロメーターが利用された。さらに，ルンマーとプリングスハイムによる1897-98年の全輻射量測定，1899-1900年の輻射エネルギー分布測定にも，ルンマーとクールバウムの抵抗研究の成果が活かされた。

このように1880年代前半にラングレーが開発したボロメーターは，光や輻射線の熱測定器の重要な先行研究となり，直接的および間接的に，1880年代末以降のルーベンス，ルンマー，パッシェンらの研究に継承された。また，彼らは，先行するボロメーターをそのまま継承するのではなく，独自な工夫を加え，検出素子の材質や加工法を研究し，ボロメーターの測定精度の

図5.2 ルンマー，クールバウムのボロメーターの外観図
(Lummer, 1892b：本書図2.5と同じ)[3]

向上に努めた。ルンマー，パッシェン，ルーベンスらの研究は目的を違えて，異なる方向性をもっていたが，主に，ルンマーとクールバウムの成果は，彼らの抵抗を加工する方法を通して，他の二方向のパッシェン，ルーベンスらの研究に活用された。ルンマーらのボロメーターの研究は，三方向の研究すべての共通項となり，三つの研究間の相互交流に対する素地の一部を与えた。

3.2 ガルヴァノメーター

1890年前半を中心にパッシェン，ルーベンスらはガルヴァノメーターの改良に取り組むが，そこで主なモデルとなったのは，トムソン無定位ガルヴァノメーターであった。このガルヴァノメーターは，1863年にイギリスのウィリアム・トムソンが開発した微弱検流計である(図5.3)。

第2章で紹介したように，この型のガルヴァノメーターは，コイルに流れる電流によって生じる磁界の変化を，ワイヤに吊した磁石のねじれから検流するもので，同じワイヤにつけた鏡に光をあて，光の反射具合でそのねじれ度を測るのである。

パッシェンは，1892-93年に輻射線測定にボロメーターを使用するにあた

図5.3 トムソン・ガルヴァノメーターの使用時図(Guillemin, 1891：本書図2.8と同じ)[4]

り，ガルヴァノメーターの開発に取り組んだ。彼は，1892年のスノーの研究を経由して，間接的にトムソン・ガルヴァノメーターをモデルとした。パッシェンは，既存のガルヴァノメーターに改良コイルを導入した。それは，特注のコイルの銅製枠組みを用いて，空気の摩擦や誘導に起因する振動を制動する役割を担った。パッシェンの改良は，1 mm の振れあたり 1.5×10^{-11} A だったスノーのガルヴァノメーターの精度を，1 mm の振れあたり 2.0×10^{-13} A にまで高めた。

ルーベンスは，1880年末の「金属の選択反射」の研究では，トムソン・ガルヴァノメーターではなく，ジーメンス-ハルスケのガルヴァノメーターを使用していた。それは，第2章3節で紹介したように，二つの無定位鐘型磁石と4コイルから形成され，4コイルをホイートストン・ブリッジ回路の各抵抗にあて，照射抵抗の変化具合から検流される仕組みだった。だが，その後ルーベンスはトムソン・ガルヴァノメーターを使用するようになり，1892年には，より高い精度を求めて，ドゥ・ボアとともに自身らのガル

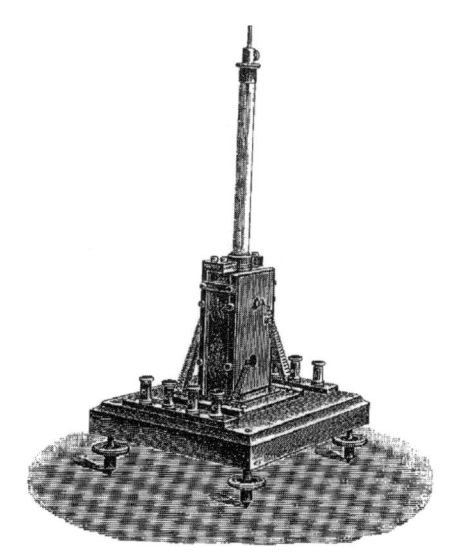

図 5.4 パッシェンの 1892 年の改良ガルヴァノメーターの外観図
(Paschen, 1893d：本書図 2.20 と同じ)[5]

ヴァノメーター開発に取り組んだ。

　ルーベンスらは，コイルの針金の巻きを針金の太さに基づいて三層に分けることでコイルの抵抗値を可変式にし，5, 20, 80, 500, 2,000, 8,000 Ω の値を採用できるようにした。抵抗値の変更はつまみボルトで調整可能であった。彼らは，電磁誘導による作用が地面に垂直な軸を中心とする回転作用に表れること，地面に対する上下方向の作用の影響を回避できること，さらに，空気の作用を打ち消すことを考慮してガルヴァノメーターの機構に改良を加えた。ルーベンスらはこのようなガルヴァノメーターの独自な開発を通して，測定精度の向上を試みた。

　パッシェンが1892-93年に開発したガルヴァノメーターは，1890年代後半における彼の輻射線測定に使用された。『インスツルメンツ・オブ・サイ

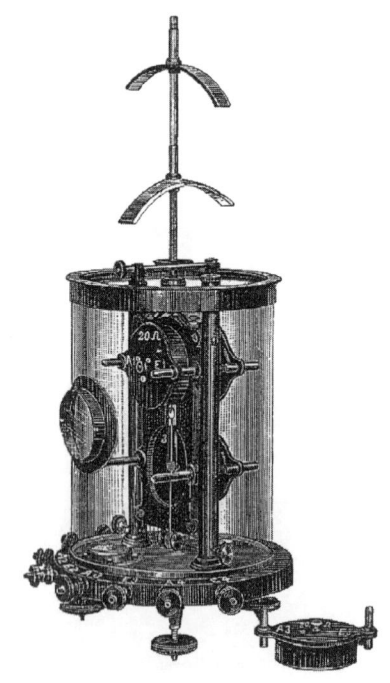

図5.5　ルーベンス，ドゥ・ボアの改良ガルヴァノメーターの外観図(Du Bois, 1893a：図2.12と同じ)[6]

エンス』(1998年)の「ガルヴァノメーター」の項目では，トムソン・ガルヴァノメーターは，パッシェンと「ダウニング(Arthur Charles Downing)によってさらに改良された」と記されている[7]。ルーベンスとドゥ・ボアの改良したガルヴァノメーターは，商業化に成功するとともに，1897-1900年のルンマーとプリングスハイムの熱輻射実験で標準ガルヴァノメーターとして使用された。また，ルーベンスが1897-98年にかけて新たに開発した熱電対列の検流計には，1892年のルーベンスとドゥ・ボアのガルヴァノメーターに鉄製カバーを施した装甲ガルヴァノメーターが使用された。ルーベンスらのガルヴァノメーター開発は，彼ら自身の研究に加えて，ルンマーらの研究に対しても貢献した。ルーベンスのガルヴァノメーターは，ルーベンスとルンマーらの研究間の交わる素地の一つとなっていた。

3.3 ラジオメーター，熱電対列

ラジオメーターでよく知られるのは，クルックスのものである。『インスツルメンツ・オブ・サイエンス』によれば，クルックスのラジオメーターは「50 m Torr程度までに真空をひいた直径数cmのガラス管の中に，針の先端を軸とした4枚羽の羽根車を入れたものである。通常，それぞれの羽根の片面は黒く塗られており，もう一方の面は白く，光を反射するようになっている。可視光や赤外線に照らされると，羽根車は回転する」のである[8]。クルックスは，このラジオメーターを1873年に発明した。その後，1883年にプリングスハイムは，回折格子による赤外部波長の測定にラジオメーターを使用した。そのラジオメーターは，ガラスで囲まれた真空(に近い)空間に鏡付きの板片を吊した糸が設置され，そのねじれ具合から輻射量を測るものであった。

ベルリンで研究していたアメリカのニコルズは，1896年に先行するラジオメーターを参考にして，彼独自のラジオメーターを製作した。それは，ガラスではなく赤色真鍮で覆われ，上部のみガラスで密閉されている。真空に近い内部には，雲母羽のついた石英糸が吊され，そのねじれ具合で照射輻射量を測るのだった。この新たに開発されたラジオメーターの輻射線測定には

一長一短があった。長所は，測定を煩雑にする磁気的・熱電気的障害すべてをぬぐうことができる点，光源以外からの輻射線の作用をより良く補正できる点，照射を受けて熱をもったボロメーター線条の周りに現れる気体の作用に起因する障害を回避できる点であった。それに対して，短所は，ボロメーターや熱電対に比べてもち運びが不便な点，ラジオメーターの照射を受ける蛍石製の窓部分でスペクトルの反射や選択吸収が起こってしまう点であった。実際の測定からも，窓部分の蛍石のスペクトル吸収のために 9 μm までが有効波長範囲と考えられた。

このような長所も短所も合わせもつラジオメーターは，ルーベンスとニコルズの 1896-97 年の共同研究で試され，1897 年のルーベンスとトローブリッジの赤外部輻射線測定には実際に使用された。だが，20 μm を超えるような長波長範囲を扱うには，蛍石製の入射窓によるスペクトル吸収の問題に対処する必要があった。その対応を含めて測定器として考えられたのが，熱電対列であった。

熱電対列は，19 世紀前半を通して，ノビリらによって開発され，使用されていた。当初一般的だった使用金属はビスマスとアンチモンであった。その旧来型の熱電対列を改良して，20 μm を超える波長領域に有効な測定器に作り変えたのが 1897-98 年のルーベンスの仕事であった。

ルーベンスによれば，旧来の熱電対列はアンチモン-ビスマス対を使用していたが，その材料では感度は不良で，薄く引き延ばすこともできない。薄く加工できないことは，必然的に熱容量も高くなるのである。それに対して，コンスタンタン-鉄は引き延ばしやすく，高い起電力をもつのである。1°Cあたりの起電力で比較すると，コンスタンタン-鉄が 53×10^{-6}V，アンチモン-ビスマスが 100×10^{-6}V であり，コンスタンタン-鉄の数値はよくないが，薄く加工できることがその数値をカバーした。ルーベンスはコンスタンタン-鉄の熱電対を 10 個並べたものを基本構造として，輻射線の入射部には真鍮製反射円錐を取りつけ，輻射を増幅する形をとっていた。熱電対列に生じる電流を測る検流計には，ルーベンスとドゥ・ボアが開発した，磁気による障害を避ける鉄製カバーつきの装甲ガルヴァノメーターを使用した。

ルーベンスは，輻射計として一般に挙げられるボロメーター，ラジオメーターに対しての，新しい熱電対列の長所を列挙した。ボロメーターの場合，温度を感知する抵抗には常に電流が流れ，その電流が熱を発して周囲に気流を生み，測定誤差につながっていた。それに対して，熱電対列にその種の電流が必要ないことから，本来同程度の感度をもつボロメーターと熱電対列であると考えられるが，誤差要因を考慮すると，熱電対列に優位性があるのだった。ラジオメーターの場合，ニコルズのラジオメーターには極めて高い感度があるとしながらも，以前の指摘と同様，ラジオメーターの入射窓に起因する誤差のためラジオメーターが優位にはならなかった。20 μm に及ぶ長波長の輻射線は極めて微弱であるため，その測定にラジオメーターは向かないのであった。

　ルーベンスの新型熱電対列は上記のような優位点に加えて，隔壁，観察望遠鏡，反射円錐の組み方の改良によって照射輻射のスペクトル範囲の幅の調整が容易となり，外的な熱から熱電対列を効果的に保護できるようになっていた。また，コンスタンタン-鉄の熱電対列は，安定状態への到達が短時間で済むことや，熱電対列部分が直立式になっていることで扱いやすい測定器となった。ルーベンスの新型熱電対列は，他種の輻射測定器の感度を圧倒してはいなかったが，上記のような細部の改良によって，長波長輻射線の測定をより精確にするものだった。実際にコンスタンタン-熱電対列が開発されて以降，ルーベンスの関わる赤外部輻射線測定には常にその熱電対列が使用され，ヴィーン法則の否定，プランク法則の確証が行われた1900年の実験においても新型熱電対列が採用されていた。

3.4　熱 電 対

　「2種の異なる金属線を接続して1つの回路をつくり，2つの接点に温度差を与えると回路に電流が流れ，熱起電力を生ずる。この熱起電力を利用した」「温度センサー」が熱電対にあたる[9]。19世紀前半にゼーベックらによって開発された熱電対は，当初ビスマスと銅の組み合わせであったが，1890年代になると，白金と白金-ロジウム合金が主流の組み合わせとなった。

白金と白金-ロジウム合金の熱電対はル・シャトリエ熱電対と呼ばれ，400℃を超える高温測定に有効な温度計として知られていた。

PTRのヴィーンとホルボルンは，1890年代初頭，ル・シャトリエ熱電対の基準化，白金とロジウムの合金比率を変えた熱電対の比較測定，金・銀・銅の融点の再測定を実施した。基準化については，それまでル・シャトリエが「彼の熱電対の動電力と温度との関係を決定するのに，ヴィオルの定めた各種金属の融点をそのまま利用していたので」，改めて行う必要があった。ヴィーンとホルボルンは1,430℃までの基準化を遂行し，白金と白金-ロジウム合金(ロジウム比率10%)の熱電対の最良であることを示したのだった。

1890年代前半にヴィーンとホルボルンによって基準化されたル・シャトリエ熱電対は，1890年代後半における熱輻射測定で大きな役割を果たした。パッシェン，ルンマーとプリングスハイム，ルーベンスらのいずれの熱輻射測定においても，輻射源の温度測定にはル・シャトリエ熱電対が使用されていた。熱電対は，パッシェン，ルンマー，ルーベンスらによって開発されたわけではないが，三方向の研究が1890年代における温度計の成果を共有していたことを確認できるものである。

3.5 分光系機器

「光のスペクトルを得るのに用いる光学装置」が分光器である。分光器には，プリズムや回折格子を用いる分散型分光器，干渉を利用した干渉分光器がある[10]。ルーベンスが1891-92年の赤外部輻射線の分散測定で，二枚のガラス平行板の干渉分光器を利用したが，1890年代の熱輻射研究の分光器はおおよそ分散型に依拠していたので，ここでは分散型分光器のみを取り扱う[11]。

17世紀後半にニュートン(Sir Isaac Newton, 1642-1727)が，ガラスプリズムを通して，異なる屈折率による白色光の分光を確認して以来，光の分光分析の一般的手段はプリズムとなり[12]，19世紀中頃のキルヒホフの研究以降は，プリズムに周辺機器を設けて(図5.6参照)，より精確で簡単な分散観察を可能にした。

他方，19世紀初めにドイツの光学機器製造技術者フラウンホーファーの

第5章 目的・機器・機器構成をめぐる動向と実験プログラムの相違と交流　227

図 5.6　反射目盛り付き分光器(1870年代)[13]

手によって回折格子が開発された。回折格子には，一般に「平面ガラス板にAl［アルミニウム：引用者］などの金属を蒸着し，その表面に等間隔に溝を刻線したもの」の平面回折格子，「凹面球面に金属を蒸着し弦に沿って等間隔に溝を刻線したもの」の凹面回折格子があるが[14]，19世紀前半時点では前者のタイプのみであった。

　1821年，フラウンホーファーは回折現象を詳細に調べ，「回折図形から波長を求める関係式を導り，主な暗線の波長を決定した」[15]。彼は，当初「細い針金を等間隔に並べた」回折格子をつくったが，「いっそう大きな分散を得るために，ガラス板にはりつけた金の薄膜にダイヤモンドで多数の平行な線を引いたもの」を開発した。また，「ダイヤモンドのエッジを利用して，ガラスに直接線を引いた」格子や，「黒い樹脂で覆ったガラスの表面に線を引くこと」による反射格子の製作も試みた。フラウンホーファー以来，平面回折格子に改良が加えられ，アメリカの L. M. ラザフォードは罫線製作機を開発して回折格子の分解能を高めた。1880年代初め，アメリカのローランドは，「溝の間隔を調整する高度に均一なネジ」をもつ罫線作成機を駆使して回折格子をつくり，かつ回折格子を凹面にしたものを作成した。凹面格子は，「光線を平行にしたり集中させたりするレンズ」を使用せずに「スペク

トルを焦点に集めることを」可能にするなど，スペクトル観察時の操作を簡略化した。回折格子の改良は，とくにアメリカでめざましかった。

　ローランドの回折格子を導入して輻射線の実験を行ったのは，同じくアメリカのラングレーだった。ラングレーの成果は，太陽光における 1.1-5.3 μm 間波長の赤外部スペクトル線図によって示された。さらに，ドイツの熱輻射研究にもローランド回折格子は利用された。ハノーファーのパッシェンは，1893 年論文の機器構成で分光器としてローランド回折格子を採用し，他の回折格子(ノバートのものなど)と比較も行った。1894 年 6 月論文の蛍石プリズムの分散測定では，アメリカのアレガニー天文台長のキーラーの好意で，当時の最高精度のローランド回折格子を使用した。ルーベンスは 1895 年論文で，パッシェンが採用したアメリカ製回折格子に対して，ルーベンスの回折格子がベルリン大学製であることが劣る点であることに言及している。当時，アメリカ製凹面回折格子の存在感は世界的に大きかったといえる。

　蛍石や岩塩などのプリズムの分散を精度よく測定するためには，優れた分光器が必要であり，1890 年代中頃に分散測定を繰り返したパッシェンとルーベンスにとって回折格子は不可欠であった。この時期，アメリカやドイツで開発された回折格子の研究を経て，10 μm 以下の赤外部輻射線の分散に関する基準化は高水準に達していた。その成果の一部は，1890 年代後半におけるパッシェンの蛍石プリズム，ルーベンスの蛍石プリズム，カリ岩塩プリズムとして現れ，ルーベンスのものは 1899-1900 年のルンマーとプリングスハイムの機器構成で分光器として利用された。ルーベンス自身は 1890 年代末になってプリズムを採用しなくなるが，熱輻射実験における高精度プリズムの提供者として存在感を示したのである[16]。

3.6　固体輻射源，固体-空洞折衷型輻射源

　熱輻射測定は，1880 年代にも多くの科学者たちによって実施されていた。輻射源には，白熱ランプのカーボン・フィラメントなども使用されていたが，その主流は，融点が高く，変質しにくい白金であった。

　1890 年代に入って，熱輻射のエネルギー波長分布測定を始めたパッシェ

ンも最初に採用した輻射源は固体輻射源の白金板であった。その後，1895-97年を通して，最大波長と温度の関係，波長と輻射量との関係を追い求めたパッシェンは，光沢白金，白熱ランプのカーボン・フィラメント，酸化銅，酸化鉄，すす白金(以上1895年)，酸化鉄でメッキした白金線条(1896年)，酸化銅でメッキした白金板，すす白金線条，黒鉛カーボン(黒鉛炭)，光沢白金(以上1897年)を輻射源として採用した。1897年時の黒鉛カーボンについては，空気を排気した球状ガラスのなかに設置する場合も設けていた。パッシェンは，1895年にルンマーとヴィーンが空洞輻射源を提案した後，空洞輻射源について，その「実現化は，低温に関しては実行可能であろう」が，高温に関しては，困難のともなう空洞以外の「実行するための方法」が必要になると考えていた[17]。パッシェンが採用した，黒鉛カーボンを球状ガラス中で加熱する方式は，彼のいう「実行するための方法」であり，固体と空洞を折衷する輻射源となっていた。この折衷型は，1899年の高温輻射測定でも採用されていた。

　1890年代の固体輻射源の研究は，パッシェンを中心に展開されていた。1890年代前半から中葉を通して，彼が固体輻射源を研究することによって，当初，単なる白金板だったものは，すすで覆った白金，酸化鉄などでメッキした白金など工夫を加えた輻射源へ変化していった。1890年代後半に入ると，高温で信頼できる固体と，低温で安定的な空洞の両者の利点を取り込む，固体と空洞の輻射源を折衷する輻射源が採用されるようになった。パッシェンは1893年の気体輻射研究で電気加熱の白金筒を扱い，空洞輻射源の高温領域への適用の難しさを認識していた。彼の1897年の研究では，黒鉛カーボンの固体-空洞折衷型輻射源による実験データが最もヴィーン法則に近い数値を与えていた。パッシェンにとって，折衷型輻射源は実際的なデータに基づく有効性をもっていた。

　パッシェンの研究した固体輻射源，固体-空洞折衷型輻射源は，1898年のルンマーとクールバウムの実験，1899年のルンマーとプリングスハイムの実験において，データ比較のために採用された。固体および折衷型の輻射源は，パッシェンの研究内で閉じていたわけではなく，ルンマーらの空洞輻射

源の重要な比較対象となり，パッシェン以外の研究と交わる素地を与えていた。

3.7 空洞輻射源

空洞輻射源の研究は，理論面では1860年のキルヒホフの研究，実験面では1893年のパッシェンの気体輻射研究などに起源があると考えることもできるが，1895年のルンマーとヴィーンの研究によって実質的第一歩がふみ出された。ルンマーらの研究は，「空洞をできるだけ一様な温度にして，一つの孔からその輻射が外へ」放出されるようにする輻射源が黒体に近いという認識を明確にもたらしたのである。だが，1890年代後半の最初の数年は，空洞輻射源が見出され順調に研究が進むというより，それを実用化するのに困難をともなう時期となった。

ルンマーとプリングスハイムは，1896-97年当初，温度領域別に空洞輻射源を設けていた。100°Cでは，沸騰水で熱した銅製空洞容器，200-600°Cでは，ガスバーナーで熱した硝石壁で囲まれた銅製空洞球，600°Cを超える温度範囲では，ガスバーナーで熱した耐火シャモット炉のなかに設置された鉄製空洞容器であった。初段階から，広範な温度範囲に適用可能な輻射源を実用化することは困難だったため，輻射源の容器の材質，加熱方法を変えて，各温度領域に対応していた。

1898年になると，ルンマーとクールバウムは加熱の容易な円筒形を採用し，材質は高価だが融点が高く変質しにくい白金が使用された。加熱方法は電気によっていた。白金製円筒形空洞は，均等に加熱されるように，その内壁は酸化鉄でメッキされ，円筒内部には磁器円筒が差し込まれ，外壁は石綿で覆われていた。1899年以降，ルンマーとプリングスハイムの実験研究では，この円筒形空洞輻射源が標準型となり，さらに改良が加えられた。

ルンマーらは，1899年11月において，輻射源に働く張力を測り，その数値次第で加熱電流の強弱を調整して，一定の高温度を保持する機能を付加した。1900年2月では，輻射源と輻射口の間のバルブに，水洗金属バルブと蛍石板の二重構造を与え，必要な輻射線の波長範囲を調整する機能を加えた。

このような細部にわたる工夫は，輻射の最大波長と温度の関係を表すヴィーン変位則の確証，輻射エネルギーの波長分布を表すヴィーン法則の否定的検証に大きな役割を果たした。また，1900年10月に報告されたルーベンスとクールバウムの熱輻射のエネルギー分布測定では，ルンマーらの円筒形空洞輻射源が基本モデルとして利用され，プランク法則の確証に寄与した。

他方，パッシェンも1899年以降は空洞輻射源を採用し始めた。1899年4月には，酸化銅やすすによって表面加工された円筒形空洞・電球形金属空洞を採用し，それは蒸気ボイラーやガスバーナーで加熱された。1899年12月には，ルンマーらの円筒形白金製空洞を併用しながら，パッシェン独自の電気加熱式つぼ形銅製・白金製空洞を採用したのだった。パッシェンは，ルンマーらの円筒形白金製空洞では誤差の小さい実験はできないとして，その空洞を主要な輻射源としなかった。1900年末にパッシェンがヴィーン法則，プランク法則の波長‐温度 ($\lambda \cdot T$) の有効範囲を定量化した実験でも，るつぼ形が使用され，内壁加工を施した白金製・磁器製・銅製空洞が輻射源として採用されていた。その定量化の精確さから，ルンマーらの円筒形空洞と同様，るつぼ形空洞も黒体に近い高精度な輻射源とみなすことができるものだった。

1895年，ルンマーとヴィーンが空洞輻射源を提案した後，ルンマーは他の共同研究者らと円筒形空洞輻射源を研究した。ルンマーらの空洞輻射源は1900年のルーベンスらの残留線利用の研究に活用され，その実験データはプランク法則提出の決定的契機となった。また，パッシェンは，ルンマーらの円筒形空洞を併用しながら，彼独自のるつぼ形空洞輻射源の実用化を図った。1899‐1900年のパッシェンの空洞研究は，輻射法則の適用範囲を定量化する研究に生かされた。空洞輻射源については，ルンマーらの研究が主軸となり，ルーベンスらの研究，パッシェンの研究における輻射源の精度向上を直接・間接的にサポートした。1890年代後半のルンマーらの研究は，円筒形空洞輻射源を介して，他の二者の輻射源研究を活発化する役割を担い，三者間の交流の素地を提供したのであった。

3.8 「機器」の研究動向

　1880年代末から1900年の「機器」の変遷を追うと，ルーベンス，ルンマー，パッシェンらの実験研究は方向性に違いはあるものの，互いに交わる部分があることを見て取れる。1890年代前半のボロメーター，ガルヴァノメーターの開発・研究では，ルンマーらのボロメーター抵抗部分の研究成果を，パッシェンやルーベンスらが利用し，ボロメーターの適用範囲を拡げていく過程，また，パッシェンとルーベンスらがガルヴァノメーターを研究することで，輻射測定の精密化が進む展開を読み取ることができた。そして，1890年代中頃のプリズム分散の研究では，パッシェンとルーベンスが蛍石プリズムなどの分散データを修正し合い，精度の高いプリズムを利用できるようにした。ルーベンスの蛍石とカリ岩塩のプリズムはルンマーらの実験にも採用された。さらに，1890年代後半の固体型・固体-空洞折衷型，空洞型の輻射源の開発・研究からは，固体型，固体-空洞折衷型を中心に研究していたパッシェン，空洞型を中心に研究していたルンマーらの二つの傾向が見出されるのだった。パッシェンとルンマーらの研究はまったく独立に進められたわけではなく，相互の型の輻射源を比較対象として使用し合うことも行われていた。また，空洞型の実用化の前段階では，固体型，固体-空洞折衷型が主要な輻射源となっており，いずれの型の輻射源も熱輻射実験の発展段階にとって重要であった。このように，ボロメーター，ガルヴァノメーター，輻射源の開発・研究から，パッシェン，ルンマー，ルーベンスら三方向の研究間に交わる部分のあったことが見て取れる。

　他方，ラジオメーター，熱電対列の研究動向に目を向けると，1890年代に輻射測定器として一般的だったボロメーターを採用せず，ラジオメーターや熱電対列の採用を模索していたルーベンスらの研究があった。ルーベンス，ニコルズは，1896-97年の研究で残留線を発見すると，$20\,\mu m$を超える長波長輻射線を測定する手段を再考し始めた。長波長輻射線はその強度が小さく，ボロメーターの測定ではその強度を十分にとらえきれなかった。まず候補として挙げられたのは，ニコルズが研究していたラジオメーターであった。ラジオメーターの長所には，磁気的・熱電気的障害作用すべてをぬぐうことが

できる点，照射を受けて熱をもったボロメーター線条の周りに現れる気体の作用に起因する障害を回避できる点などがあった．しかし，照射を受ける蛍石製の窓部分で長波長スペクトルの吸収が起こるため，9 μm までがラジオメーターの有効波長範囲であった．

1897-98 年，ルーベンスは，測定波長の有効範囲に欠点のあるラジオメーターに代わる輻射計として熱電対列を取り上げた．熱電対列には，ラジオメーターの短所となった蛍石製の入射窓はなく，より長い波長範囲にも対応できる見込みをもてるものであった．ルーベンスは，旧来のアンチモン-ビスマス対ではなく，コンスタンタン-鉄対を導入して，ボロメーターの熱電気に起因する欠点，ラジオメーターのスペクトル吸収に起因する欠点をともなわない，長波長輻射線の測定に強みをもつ新しい熱電対列を開発した．その熱電対列は，20 μm を超える長波長範囲の測定手段となった．ルーベンスが輻射測定器として当時一般的だったボロメーターを採用しなかったのは，彼の測定対象が非常に長い波長範囲だったからである．パッシェンやルンマーらは，10 μm ないし 20 μm 以下の波長を測定対象としていたのであり，異なる測定対象は輻射測定器という実験機器の開発にもその違いをもたらした．このように，ラジオメーター，熱電対列の開発・研究からは，ボロメーターなどの場合と異なり，パッシェン，ルンマーらの研究と，ルーベンスらの研究の間に明確な相違を見て取れるのである．

1880 年代末-1900 年におけるパッシェン，ルンマー，ルーベンスらの実験機器の開発・研究は，同様な機器を扱い交わり合いながら，測定精度の向上など実験研究の成熟をもたらした．他方，研究目的の違いにともなう測定対象の相違部分が，異なる種類の輻射計の発展を促した．三者の研究における実験機器開発の動向を確認すると，三方向の研究が互いに相違し独立した点をもっていながらも交流して発展するという展開を理解できる．最後に，この展開を表す図 5.7 を付しておく．

ただし，三方向の研究は 1900 年前後に輻射法則の検証と導出という結節点を生んだ後，融合するのではなく，本書第 4 章 13 節で触れたように，その後，ほぼ当初の目的に従い，別々に展開されるのである．

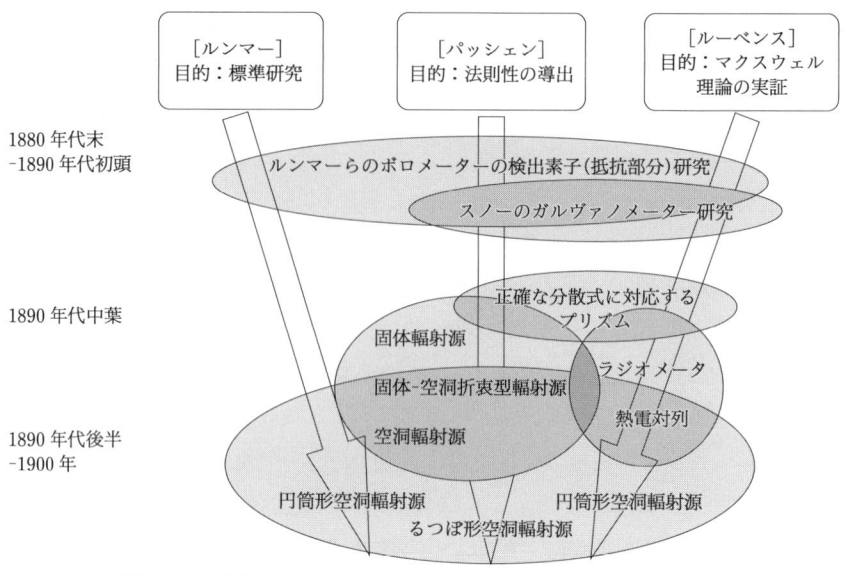

図 5.7 三方向の実験研究間の「機器」開発を介しての系譜と交流

4. 三方向の実験研究における「機器構成」の変遷

　上記では，研究の目的，実験機器の開発・研究を通して，パッシェン，ルンマー，ルーベンスらの三方向の研究は異なりつつも交じり合う部分があることを明らかにした．以下では，各々の目的をもった実験科学者が各実験機器を発展させていく展開に加え，それらの機器をどのように組み合わせ，熱輻射測定のためにどのような「機器構成」をつくり上げたかを考える．「機器構成」にも，研究の目的，実験機器の開発・研究と同様な点が見られるのである．

　おおまかにいえば，1900 年にパッシェンとルンマーが空洞輻射源-プリズム-ボロメーターという基本構成を採用していたのに対し，ルーベンスは空洞輻射源-残留線-熱電対列という基本構成を採用していた．パッシェンとルンマーの機器構成は同型であり，交流する部分をもち合わせていた．一方，

ルーベンスの機器構成は，パッシェンらと異なる型であるが，完全に独立していたわけではなく，彼らとの間に交わる部分をともなっていた。以下では，異なりながらも交じり合う点に注目しながら，三方向の機器構成の動向を示していく。

4.1 「輻射源-プリズム-ボロメーター」の基本構成の発展とその成果

熱輻射のエネルギー分布を測定するための構成は，1880年代のラングレーの研究を基盤にしている。第1章でも触れたように，ラングレーが1886年の研究で採用した機器構成は図5.8のようである。

n は光源でアーク灯，B はボロメーター，G は凹面格子，L はレンズ，P はプリズムである。この構成では，光源 n からの輻射線を G で分光し，一定の波長の輻射線を L で集光した後，P に通して精確な波長を測り，最終的にボロメーターで輻射強度を測るのである。

このような構成を考慮に入れながら，熱輻射分布測定を始めたのがパッシェンであった[18]。だが，1892年の彼の最初の構成は，上記のラングレーのものとは異なり，輻射源-回折格子-ボロメーターだった。パッシェンが直接参考したのは，プリングスハイムの1883年の研究であり，その研究は「回折格子による赤外部波長の精確な測定」を行うものであった。プリングスハイムの機器構成は光源(太陽スペクトルなど)-回折格子-ラジオメーターであり[19]，熱輻射エネルギー分布の測定のためではなかったが，プリズムを使用せず回折格子を採用していた点でパッシェンの参考対象となった。それは，彼の上司カイザーの指示で，当時の不均質なプリズムよりも精確な分光機能を見込まれた回折格子を調べる意図があったからである。当初のパッシェンの熱輻射分布測定は，回折格子の分光機能の検証という役割を担っていた。したがって，パッシェンは，分布測定の実施に際して，ラングレーの研究を先行研究としながら，採用する機器構成についてはプリングスハイムの研究を直接の参考にして，「輻射源-回折格子-ボロメーター」の構成を採用していた。

こうした研究に携わるなかで，パッシェンは「ノーマル・スペクトル」の

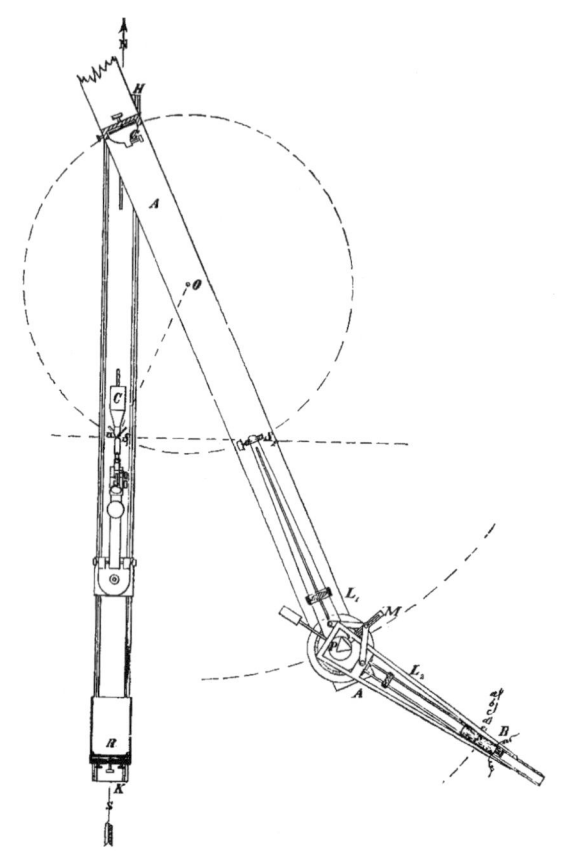

図 5.8　ラングレーの 1886 年論文で示された機器構成(Langley, 1886：本書図 1.1 と同じ)[20]

描く熱輻射のエネルギー分布に関心をもつようになり，彼の第一の関心事は精確な分布曲線を得ることに向いていった．分布測定の誤差原因を調べたパッシェンは，金属製回折格子を輻射線の選択反射能を引き起こすものと判断して，回折格子ではなくプリズムを使用するようになった．それによって，1893 年 7 月論文以降，パッシェンの基本構成は，「輻射源-プリズム-ボロメーター」となった．1894 年に，一端，「輻射源-回折格子-プリズム-ボロメーター」という構成を採用してはいるが，それはプリズムの分散測定を

行ったからであり，基本構成は「輻射源-プリズム-ボロメーター」であった。

　基本構成が定まったパッシェンは，1895-96年に加熱白金などの固体輻射源-蛍石プリズム-ボロメーターという機器構成を採用し，ヴィーンとは独立にヴィーン変位則，ヴィーン法則(と同型の分布式)を実験的に導出した。ヴィーンとパッシェン間の私信を通して，彼らが互いにそれぞれ理論的および実験的にヴィーン法則を得たことを知ったパッシェンは，ヴィーン分布式を信頼するとともに，その際に採用した機器構成にも大きな信頼を寄せた。したがって，それ以降，パッシェンの研究目的は，精確な分布曲線を求めることから，ヴィーン法則を検証することへ移行していき，それにともない，検証実験の機器構成は，輻射源-蛍石プリズム-ボロメーターとなった。

　1897年以降のパッシェンの研究の中心課題は，「輻射源-プリズム-ボロメーター」の構成のなかで改良の余地のある輻射源についてであった。1897年の研究では，酸化銅でメッキした白金板，すすで覆った白金線条，光沢白金，黒鉛炭，そして，真空に近い球状ガラスの中に黒鉛炭を置く構成もつけ加えた。パッシェンは，固体輻射源だけでなく，固体-空洞折衷型輻射源を併用したのである。1899年になると，熱源を白金板とした固体-空洞折衷型輻射源に加え，るつぼ形空洞輻射源が採用された。1900年には，るつぼ形空洞輻射源だけが輻射源として使用されるようになり，パッシェンの「るつぼ形空洞輻射源-蛍石プリズム-ボロメーター」の機器構成が生まれるに至った。

　ルンマーは1895年にヴィーンとともに空洞輻射源を提案した際，空洞輻射源を利用した熱輻射分布の測定を一課題としていた。しかし，ルンマーは空洞輻射源の基礎研究に時間をかけた結果，彼がプリングスハイムとともに熱輻射分布測定に実際に取り組むことができたのは1899年になってからである。当時のルンマーとプリングスハイムが分布測定の重要な先行研究として触れたのはパッシェンの1897年の研究であった。パッシェンの研究を必ずしも肯定していたわけではないルンマーだったが，彼の機器構成はパッシェンと同型の，輻射源-蛍石プリズム-ボロメーターであった。

　空洞輻射源には，ルンマーと共同研究者が1898-99年に集中して開発・改

良した円筒形空洞輻射源が採用された。蛍石プリズムは，当初，ベルリン工科大学のルーベンスから提供されていたが，次の段階では，より優れた蛍石プリズムを求めて，シュトラスブルクのブラウンのプリズムが採用された。1900年2月には，ルンマーらは10 μm以上の波長を扱うことを求めて，蛍石プリズムではなく，長波長領域で透過性問題をともなわないカリ岩塩プリズムを採用した。それは再びルーベンスから提供されたものであった。ルンマーとプリングスハイムは，円筒形空洞輻射源，カリ岩塩プリズムという当時の最新の研究成果を導入して，1900年に「円筒形空洞輻射源-カリ岩塩プリズム-ボロメーター」の機器構成を採用するに至った。

パッシェンが1900年に採用した機器構成は，「るつぼ形空洞輻射源-蛍石プリズム-ボロメーター」であった。この構成による測定は，8.8 μm以下の波長範囲を対象として行われ，波長と温度の積 $\lambda \cdot T$(μm・K)が約3,000より小さい場合にヴィーン分布式が有効であり，それより大きな場合にはヴィーン分布式は無効になること，また，プランク分布式は500-13,000の包括的範囲で有効であることを提示した。

それに対して，ルンマーとプリングスハイムが1900年に採用した機器構成は「円筒形空洞輻射源-カリ岩塩プリズム-ボロメーター」であった。彼らの実験は，カリ岩塩プリズムの採用によって，12-18 μmの波長範囲を可能とするようになり，その波長範囲においてヴィーン分布式の計算値と測定値がくい違うこと，ヴィーン式中の定数 C_2 の値が 24,800 → 31,700（波長：12.3 μm → 17.9 μm）に変化してしまうことを明らかにした。1900年のパッシェン，ルンマー，プリングスハイムの機器構成の測定は，10 μm以下と10-20 μm間の各波長範囲でヴィーン分布式が普遍法則ではない事実を提供したのである。

4.2 「輻射源-反射物質-熱電対列」の基本構成に至る過程とその成果

「輻射源-反射物質-熱電対列」という組み合わせは，ルーベンスが1897年末に採用し始めた機器構成である。前節の「輻射源-プリズム-ボロメーター」の構成が1880年代にその起源があるのと比べると，新しい型の機器

構成であった。この構成の誕生過程を確認していく。

　1889年にルーベンスが取り組んだ課題は，波長0.45-3.20μm間の赤外部輻射線の金属に対する選択反射能を調べることであった。それに向けて採用された機器構成は，輻射源のジルコン・バーナーから放射された輻射線をレンズで集光したのち，対象金属表面で反射させ，反射輻射線をプリズムで屈折させてからボロメーターでとらえるのだった。1889年のルーベンスは，「輻射源-プリズム-ボロメーター」の機器構成を採用していた。この構成は，ルーベンスによる赤外部輻射線の研究の原点であった。

　ルーベンスは，その後しばらく電波関連の測定をボロメーターで行っていたが，1891年に赤外部輻射線の光学的性質を調べる測定を再開した。そこで採れた機器構成は，輻射源のジルコン・バーナーから放射された輻射線が，二枚のガラス平行板間の気体層における干渉を利用して分光され，集光レンズ，スリットを経由して，プリズムで屈折され，最終的にボロメーターでとらえるものだった。構成の基本は，「輻射源-干渉平行板-プリズム-ボロメーター」であった。1880年代のラングレーは「輻射源-回折格子-プリズム-ボロメーター」の機器構成を使用していたが，ルーベンスは「干渉平行板」という特異な干渉分光器を試みていた。ルーベンスによれば，干渉平行板方法の採用は，「紫外部」ではなく「赤外部」への対応，より長い波長への対応のためであった。

　1892年になると，ルーベンスはスノーとともに8.0μmまでの波長スペクトルを対象にして，岩塩，カリ岩塩，蛍石のプリズムの屈折率を測定した。その際の機器構成は，前回と同じく「輻射源-干渉平行板-プリズム-ボロメーター」であった。だが，同じく1892年にルーベンスはドゥ・ボアとともに，ヘルツの電磁波の回折格子実験を，赤外部輻射線に対して実験し始めた。それは，「干渉平行板」ではなく「回折格子」を分光器として採用することを示していた。実際に，これを契機に，ルーベンスの赤外部輻射線に関する機器構成は，「輻射源-回折格子-プリズム-ボロメーター」に変わった。

　ルーベンスとドゥ・ボアの機器構成は図5.9のようだった。輻射源のジルコン・バーナー(4.0μm以上の波長の場合，ヘフナー・ランプ)から放射された輻

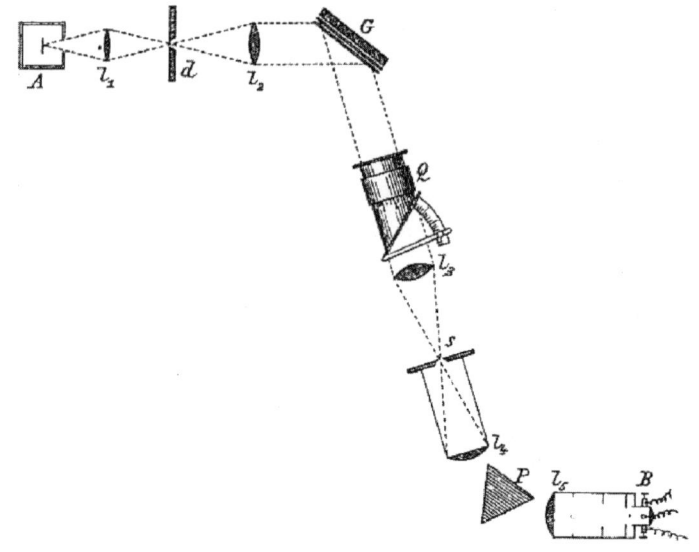

図5.9 ルーベンスとドゥ・ボアの1893年論文における機器構成(Du Bois, 1893b：図2.15と同じ)[21]

射線を，カリ岩塩レンズ l_1 を通して集光し，さらに岩塩レンズ l_2 を通した後，ガラス板 G で反射させて，回折格子 Q に入射させる。分光された輻射線は岩塩レンズ l_3 で集光され，最終的に蛍石レンズ l_4，蛍石プリズム，蛍石レンズ l_5 を経てボロメーター B でとらえられる。

　この「輻射源-回折格子-プリズム-ボロメーター」型は，その後数年間，細部に改良が加えられながら，ルーベンスの赤外部輻射線測定の基本構成となった。1890年代前半の最終形となったルーベンスの1894年の機器構成も，図5.10のように，「輻射源-回折格子-プリズム-ボロメーター」を基本としていた。L はリンネマンバーナーのジルコン塩板，l は岩塩レンズ，M_1 と M_2 は銀メッキされたガラス製の凹面鏡でその間に回折格子が置かれ，N_1 と N_2 の凹面鏡の間にプリズムが設置されていた。この機器構成によって，岩塩プリズム，カリ岩塩プリズムの分散測定が行われた。

　1890年代前半までのルーベンスは，「輻射源-プリズム-ボロメーター」を基本構成としながら，いったんは干渉分光器の「干渉平行板」を導入したが，

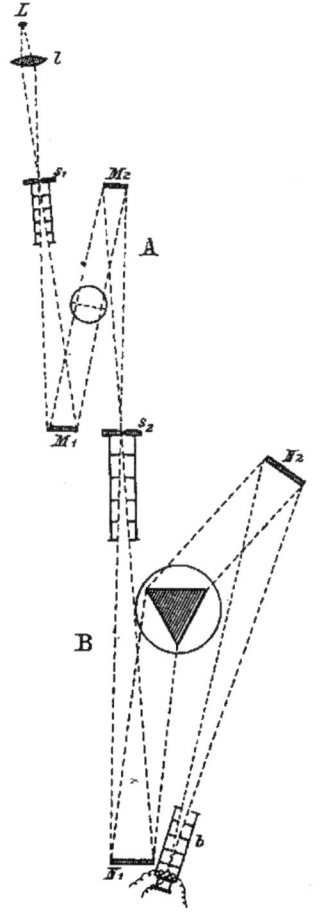

第5章 目的・機器・機器構成をめぐる動向と実験プログラムの相違と交流　241

図 5.10　ルーベンスの 1894 年 6 月論文における機器構成
（Rubens, 1894b：図 3.5 と同じ）[22]

　その後，分散型の「回折格子」を採用するようになった．この「輻射源-回折格子-プリズム-ボロメーター」の構成は，分光器として「回折格子」，分散測定の手段として「プリズム」を採用したもので，結果的に，1880 年代にラングレーが使用した機器構成と同型となっていた．
　1890 年代後半に入って，ルーベンスは「残留線」を発見し，20 μm を超

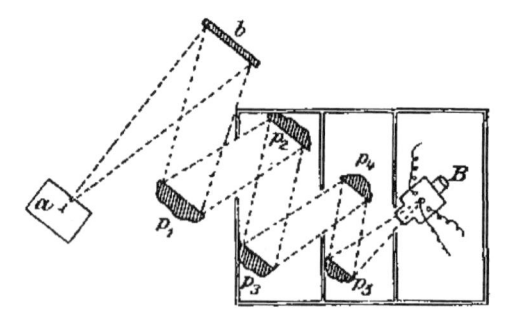

図5.11　ルーベンスとニコルズの1897年1月論文の機器構成
（Rubens, 1897a：本書図4.8と同じ）[23]

える波長の輻射線を扱う場合に，「残留線」の利用を考えた。この利用は，15 μm超の波長範囲で生じる岩塩および蛍石プリズムの不透過性問題を避ける有効な手段ともなった。1890年代後半の第一歩を示す彼の機器構成は図5.11のようだった。

　この機器構成は，輻射源のジルコン・バーナー，bの反射鏡，p_1からp_5の複数個設置された岩塩，Bのボロメーターから形成され，「輻射源-反射物質-ボロメーター」を基本としていた。複数の岩塩で反射された輻射線は残留線となり，その輻射強度は極めて弱いが，20 μm以上の長い波長の取り扱いを可能にした。

　その後のルーベンスは，「輻射源-反射物質-ボロメーター」型の一部を改良した。輻射源については，常用してきたジルコン・バーナーではなく長波長領域に対して強く安定的なアウアー灯（白熱灯）を採用し，輻射計測器に関しては，これまで使用してきたボロメーターではなく，1896年にニコルズの開発したラジオメーター，1897-98年にルーベンスが開発した熱電対列が順に試された。部分的改良が進められるなか，ルーベンスの1899年8月論文の機器構成は図5.12のようになった。

　図5.12の構成は，「輻射源-回折格子-反射物質-熱電対列」の型をもち，精密な波長測定を確かめる意図で回折格子を使用していた。

　1899年のルーベンスは，弟子のベックマンによる1898年の研究をきっか

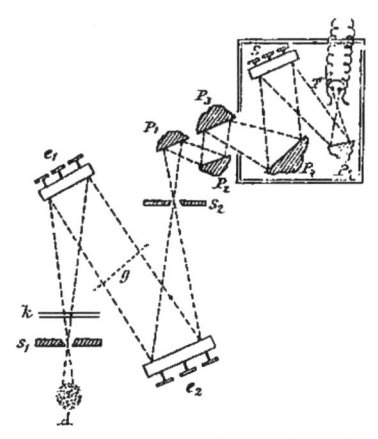

第5章 目的・機器・機器構成をめぐる動向と実験プログラムの相違と交流　243

図 5.12　ルーベンスの 1899 年 8 月論文の機器構成
（Rubens, 1899b：本書図 4.26 と同じ）[24]

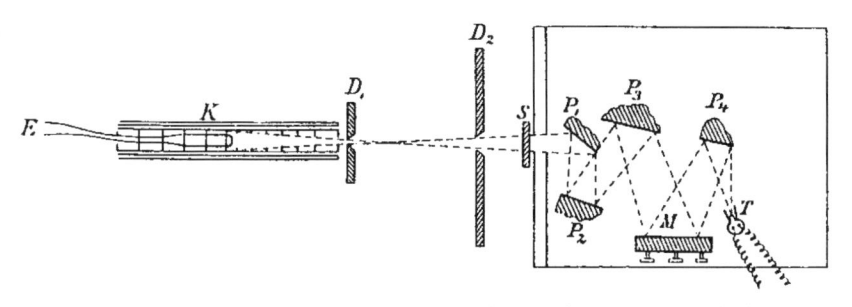

図 5.13　ルーベンスとクールバウムの 1900 年 10 月論文における機器構成
（Rubens, 1900：本書図 4.30 と同じ）[25]

けにして，蛍石残留線の測定誤差の問題に取り組み，「精確なヴィーン法則の検証」を始めた．その検証にあたって，ルーベンスは PTR のルンマーらの円筒形空洞輻射源を採用した．これにより，「円筒形空洞輻射源-反射物質-熱電対列」という機器構成がルーベンスによって採用されるようになり，他方，波長測定の精密化を目的として一時導入された回折格子は測定誤差の原因になるとの見方から採用されなくなった．したがって，図 5.13 のような 1900 年末の機器構成がつくり上げられた．

P の反射物質には，蛍石と岩塩が採用され，反射された残留線は蛍石の

場合，24.0 μm，31.6 μm の波長，岩塩の場合，51.2 μm の波長を取るものであった．取り扱う波長が限定される欠点をともなうが，「円筒形空洞輻射源-反射物質-熱電対列」の機器構成は 20-60 μm の輻射線測定を実現し，長波長範囲における熱輻射分布式の検証に成功した．ルーベンスとクールバウムは測定結果から，ヴィーン式とティーゼン式の測定値との不一致を明らかにし，レイリー式，ルンマー-プリングスハイム式，プランク式の合致が同程度であることを確認した．また，レイリー式は短波長領域で一致しないことを前提にして，測定値との関係が良好な分布式はルンマー-プリングスハイム式，プランク式だけとみなされたが，式の「単純さ」からプランク式に優位があるとルーベンスらは判断した．最終的なルーベンスとクールバウムの判断によれば，プランク分布式が最良だった．「円筒形空洞輻射源-反射物質-熱電対列」の機器構成は，1900 年 10 月 19 日に報告されたばかりのプランク分布式を裏づけるという点で大きな役割を果たした．

4.3 「機器構成」の動向

「輻射源-プリズム-ボロメーター」の組み合わせを採用したパッシェン，ルンマーとプリングスハイムの 1900 年の機器構成に至る過程を確認すると，パッシェンの場合，「固体輻射源-蛍石プリズム-ボロメーター」，「固体-空洞折衷型輻射源-蛍石プリズム-ボロメーター」を経て，「るつぼ形空洞輻射源-蛍石プリズム-ボロメーター」という構成に行きついていた．その間の熱輻射実験の波長範囲は常に約 8 μm 以下であった．それに対して，ルンマーとプリングスハイムの場合，「円筒形空洞輻射源-蛍石プリズム-ボロメーター」を経て，「円筒形空洞輻射源-カリ岩塩プリズム-ボロメーター」の構成が生まれ，その波長範囲は 8 μm 以下から 12-18 μm へ移行した．「蛍石プリズム」から「カリ岩塩プリズム」への変更は，新しい波長範囲を獲得するとともに，波長領域変更を可能にしていた．

1900 年に至るパッシェンとルンマーとプリングスハイムの研究を，「輻射源-プリズム-ボロメーター」という共通する枠組みでとらえるならば，この構成による測定は，10 μm 以下の波長範囲における熱輻射分布の確実な測

定結果を導き，さらに，10-20 μm 間の波長範囲でヴィーン法則のズレという決定的な測定結果を示すことに成功した。パッシェン，ルンマーとプリングスハイムの研究は，採用したプリズムの相違から波長範囲の違いをともないながらも，「輻射源-プリズム-ボロメーター」という基本構成によって，20 μm 以下の波長領域の確実な測定データの提出に貢献したのである。

　1900 年に「円筒形空洞輻射源-反射物質-熱電対列」の機器構成を採用したルーベンスの場合は，それに至る過程で複数種類の機器構成がみられた。1890 年代前半において彼の構成は「ジルコン・バーナー-回折格子-プリズム-ボロメーター」を基本としていた。しかし，残留線発見の後，20 μm 以上の長い波長を扱えるようになると，長波長輻射線の不透過問題をはらむプリズムは除かれ，金属選択反射の問題をはらむ回折格子も除かれ，それに代わり，残留線を発生させるための反射物質が導入された。また，長波長輻射線の検出に困難をともなうボロメーターに代わり，ラジオメーターを経て熱電対列が使用された。その機器構成は「アゥアー灯-反射物質-熱電対列」であった。1899 年になってから輻射法則の厳密な検証を目指したルーベンスは，輻射法則を実施していたルンマーらと同じ円筒形空洞輻射源を採用した。その結果，ルーベンスの研究では，「円筒形空洞輻射源-反射物質-熱電対列」構成が使用されるに至った。ルーベンスの構成は，当初「輻射源-プリズム-ボロメーター」を基本にして発展を遂げたが，対象波長が長くなるにしたがい，それに対応できる新しい構成が求められ，「輻射源-反射物質-熱電対列」という組み合わせに至っていた。

　ルーベンスの使用した機器構成は，「輻射源-プリズム-ボロメーター」を経て分散測定が進められているという点で，パッシェンの構成と重なる部分をもつ一方，波長範囲の変化とともに「輻射源-反射物質-熱電対列」の採用へ舵を切ったという点で，パッシェンらとは異なっていた。ルーベンスの機器構成と，パッシェンらの機器構成との共通部分の大半は旧来の機器に対応し，相違部分は試行的な新しい機器に対応していた。10 μm 以下の波長範囲を取り扱うのであれば，旧来型の機器構成で実験結果を求めつづけたであろうが，1890 年代後半のルーベンスの測定は 20 μm 以上を主な長波長範囲

として行われた。新たな型の構成が模索され，その結果新たに試みられた「輻射源-反射物質-熱電対列」の構成による実験は 20-60 μm の範囲でプランク法則の妥当性という重要な測定データを示したのである。1890 年代のルーベンスの機器構成は，パッシェン，ルンマーらの構成と共通および相違部分をもっていたが，その割合の変化は，旧来の確実な構成から新しい試行的な構成への移行を表していた。その移行はパッシェン，ルンマーらの機器構成との相違を生み，長波長領域の独自の実験結果の提出に結びついたのである。他方，旧来型と共通する構成部分は，新しい「輻射源-反射物質-熱電対列」構成の出現の前段として重要だったのである。相違・共通の両部分からわかるように，ルーベンスの機器構成は，彼独自の新しく設けた部分と，他の実験科学者と共通する従来の構成を反映しており，新型・旧来型両者の長所を取り込むものであった。

　最後に，各時期の三方向の研究間における「機器構成」を介しての系譜と交流を表す図 5.14 を付しておく。ただし，本章 3-8 節の末尾で触れたように，三方向の研究は 1900 年前後に輻射法則の検証という点で結節点を生んだ後，

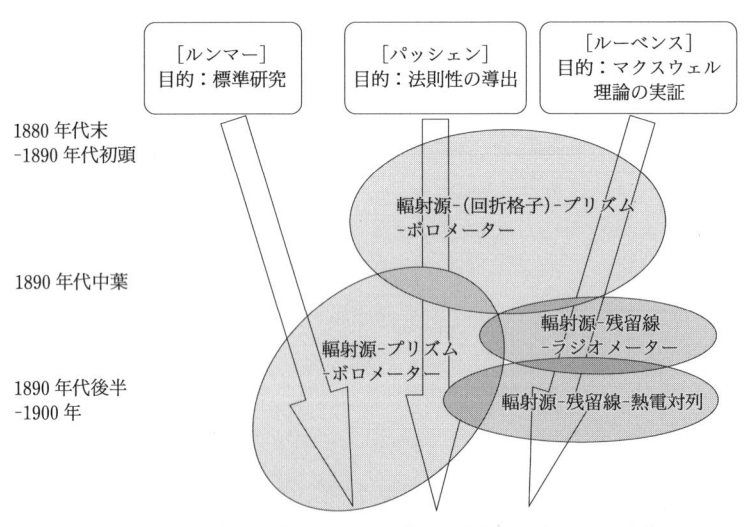

図 5.14　三方向の研究間における「機器構成」を介しての系譜

融合するのではなく，再び，各目的に沿った研究が展開されるのである．

5. 三方向の「実験プログラム」の相違と交流

　1880年代末-1900年にかけて，パッシェン，ルンマー，ルーベンスらの研究は異なる「目的」をもって行われたが，部分的に「目的」・「機器」・「機器構成」に関わる共通点をもって交流していた．したがって，熱輻射実験の目的，計画・立案，試行・修正・実用の進め方を表わす「実験プログラム」も，三方向の研究間で異なりながらも，「目的」・「機器」・「機器構成」を介して交流していたのである．本節では，三方向の「実験プログラム」とそれらの互いに交じり合う点に触れ，その際には，彼らの使用していたグラフ表示の仕方ともからめて論じる．

　パッシェンは，1890年代前半に上司の回折格子に関する指示をきっかけに，熱輻射のエネルギー分布の精確な測定を目標に定め，輻射測定器を開発しながら，他の目的のための研究成果を導入し，最先端の機器を組み合わせて「輻射源−回折格子−ボロメーター」という機器構成をつくり上げた．次に，熱輻射の分布測定において誤差原因となった機器および機器構成の研究を通して，より広範な波長範囲に対応できるプリズムの分散式を導き，「輻射源−プリズム−ボロメーター」を基本構成と定めた．その後，固体型・固体−空洞折衷型，空洞型の輻射源を中心に機器の機能向上を進めながら，熱輻射実験を繰り返して，熱輻射のエネルギー分布法則の導出・検証を進めた．パッシェンの実験プログラムでは，熱輻射エネルギー分布の法則性を求めて，早くから基本となる機器構成を定め，各機器の開発・基準化を進めながら，輻射エネルギー分布の測定精度を高めた．エネルギー分布の法則性を求める彼の実験プログラムの特徴は，パッシェンが利用したグラフにも表れている．

　エネルギー曲線の表す，等温時の輻射エネルギー・波長の関係をわかりやすく示すために，パッシェンは対数によるグラフ表示を選んだ．対数グラフを使えば，測定誤差の影響を極力抑え，測定結果を示すエネルギー曲線のおおまかな形が明確になり，輻射エネルギー・波長・温度の関係も理解しやす

248

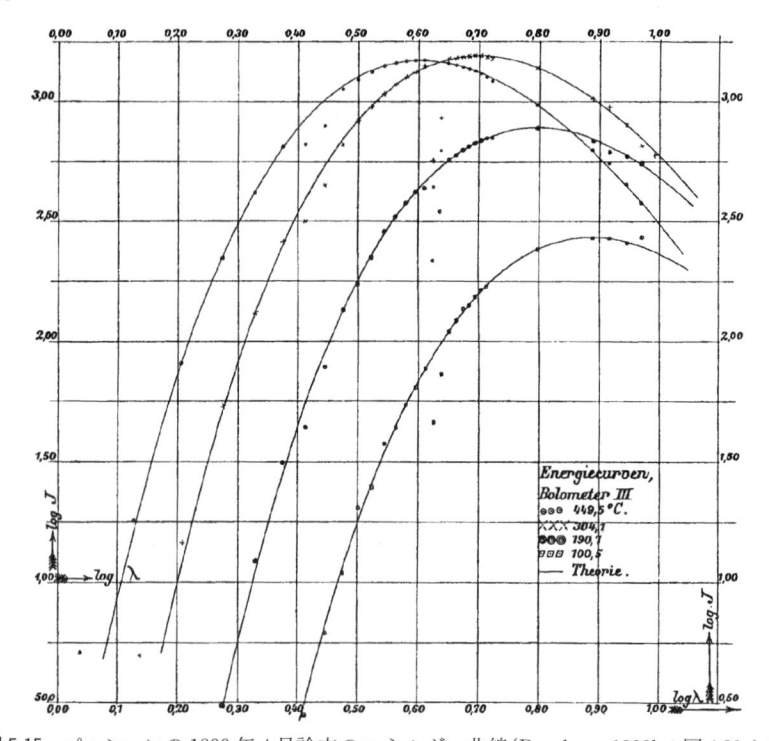

図 5.15 パッシェンの 1899 年 4 月論文のエネルギー曲線(Paschen, 1899b：図 4.20 と同じ)[26]。*Energiecurven, Bolometer III* は，ボロメーターIIIによるエネルギー曲線，—— *Theorie*. は，理論に基づく曲線。縦軸：輻射エネルギーの対数，横軸：波長の対数

いと考えられた。1901 年にルンマーから批判される，パッシェンのエネルギー曲線の形に対するこだわりは，一定の「形」が輻射エネルギー・波長・温度の理想的な関係を表すというパッシェン独自の考えに起因していた。彼のハノーファーの上司ルンゲに勧められ採用するようになった，対数の利用は，測定誤差の影響を小さくとどめる一方，エネルギー曲線の細部の変化を覆ってしまう短所をともなっていた。この短所は，長波長で有効でないヴィーン分布法則に後々まで固執する原因の一つとなった。パッシェンのグラフ表示の仕方は，熱輻射測定の波長範囲が広くなる 1890 年代末には短所としての側面が強くなったが，それ以前の段階では有益であり，エネルギー

分布の「法則性」を求める彼の実験プログラムの長所を表していた。

ルンマーは，共同研究者とともに，PTR の課題である光度標準を求めるという目的をもち，それに適う手段を模索し開発した。光度を測る測定器としてフォトメーター，ボロメーター，光源・熱源の理想的な輻射源として空洞輻射源の開発を行い，より厳密な標準を探るために，S-B 法則，ヴィーン変位則，熱輻射分布法則を調べる機器構成をつくり上げた。さらに，実験機器の機能の問題点の解決，機器構成の細かな調整を行い，法則検証に対応できる実験を可能にした。ルンマーらの実験プログラムでは，光度標準，そして温度を含めた輻射標準を求めて，標準測定に適う測定器，輻射源の開発に取り組み，それらの実験機器の完成度が輻射法則検証で図られ，それにともない機器構成も整えられた。ルンマーらの実験プログラムは，標準への探求を基本目的としていたため，細部の測定データの動向を明らかにできるように，輻射エネルギー，波長のそのままの数値を各軸にあてる図 5.16 のようなグラフ表示を採用していた[27]。

ルーベンスは，1880 年代末から，共同研究者とあるいは単独で，赤外線の光学的性質の研究を中心に取り組み，赤外部領域に対するマクスウェル理論の適用を主な目的としていた。そのため，1890 年代を通して，赤外線を精確にとらえるボロメーター，ラジオメーター，熱電対列の測定器や，分光系機器の開発，それに対応する機器構成の研究を行い，さらにより長い波長の遠赤外線を単離するための機器，そのための機器構成の研究もつづけた。ルーベンスの実験プログラムでは，光と電波の間に位置する赤外線に対するマクスウェル理論の適用の実証を目的として，それに適う実験機器，機器構成の開発・研究が行われ，測定する波長範囲を拡げるための研究が展開された。遠赤外線の振る舞いを研究するなかで輻射法則検証とからみ，エネルギー分布を測定した際，図 5.17 のような縦軸を輻射強度，横軸を温度とするグラフを用いた。

ルーベンスらの用いたグラフは，特定の波長だけをもつ残留線を測定対象としていたことから，パッシェンやルンマーらの等温線とは違い，等色線になっている。このことは，残留線を利用したことを考えれば自然なことであ

250

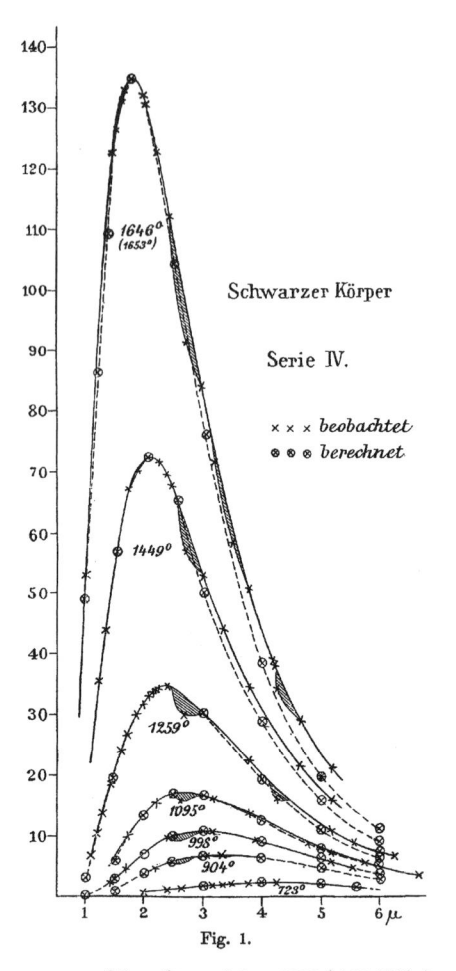

図5.16 ルンマー，プリングスハイムの1899年11月論文の空洞輻射のエネルギー分布曲線(Lummer, 1899b：図4.28と同じ)[28]。
× × × *beobachtet* は測定値の曲線，
⊗ ⊗ ⊗ *berechnet* は計算値の曲線。

第5章 目的・機器・機器構成をめぐる動向と実験プログラムの相違と交流　251

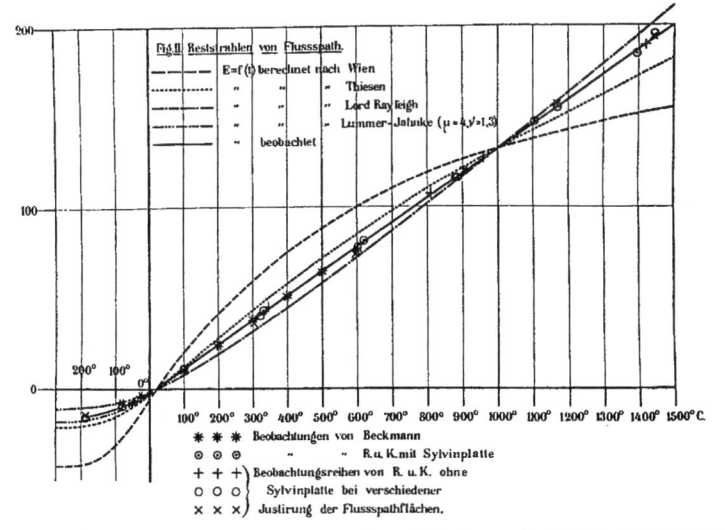

図5.17　ルーベンス，クールバウムの1900年10月論文における蛍石の残留線(波長：24.0 μm，31.6 μm)のグラフ(Rubens, 1900：本書図4.31と同じ)[29]。縦軸は輻射強度，横軸は温度である。**Wien** はヴィーン，**Thiesen** はティーゼン，**Lord Rayleigh** はレイリー，**Lummer-Jahnke** はルンマー−ヤンケを指す。また，実線は測定値によるグラフを示す。

るが，長い波長の遠赤外線に焦点を絞っていたルーベンスの実験プログラムの特徴を鮮明に表すものであった。

19世紀末の熱輻射実験には，主に，これらのグラフ表示に特徴づけされる三者の実験プログラムが存在した。そして，それらの実験プログラムは独自色をもつが，完全に独立に展開されたわけではなかった。上記の節で論じたように，輻射源・分光系・輻射測定器の実験機器の開発・研究，機器構成の研究・調整を介して，互いに作用し合い交流していたのである。その結果，異なる実験プログラムの研究間であっても，1900年前後に輻射法則の導出・検証という点で三者の研究は相補的な関係を築くことのできる土壌をもっていたのである。その関係は図5.18のグラフに表われている。

図5.18のグラフは，縦軸を波長，横軸を温度として表し，主に1890年代後半-1900年にかけてのパッシェン，ルンマー，ルーベンスらの熱輻射のエ

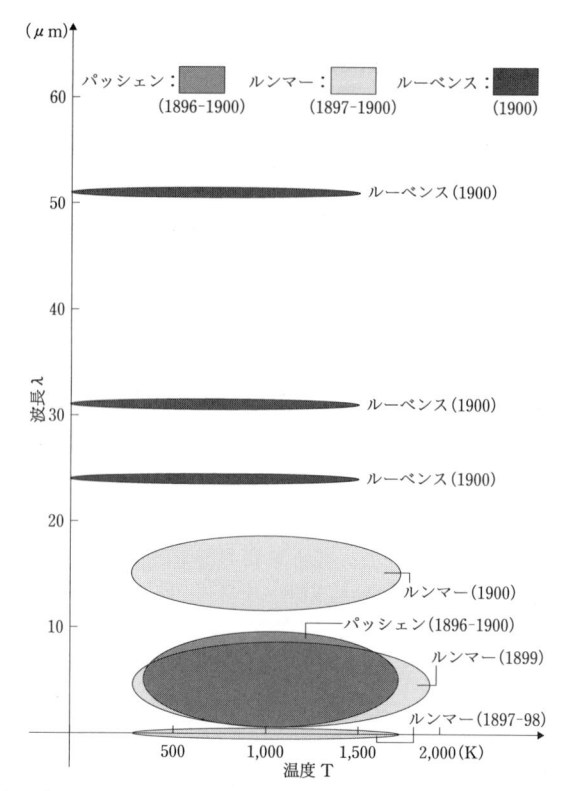

図5.18 パッシェン，ルンマー，ルーベンスら三方向の研究による測定結果の波長および温度範囲を表すグラフ（筆者作成）。縦軸は波長，横軸は温度である。

ネルギー分布に関する測定結果の波長範囲，温度範囲を表している。このグラフからは，パッシェンの研究が $10\,\mu\mathrm{m}$ 以下の波長範囲を，ルンマーらの研究が $10\text{-}20\,\mu\mathrm{m}$ の波長範囲を，ルーベンスらの研究は $20\,\mu\mathrm{m}$ 超の遠赤外部に入る波長範囲をカバーしていたことがわかる。これらの点を考え合わせると，三者の研究は，それぞれが独自の実験プログラムを取りながらも，輻射法則にからむ「目的」，輻射測定器・分光系・輻射源の「実験機器」開発，複数の機器による「機器構成」を介して交じり合うなかで，異なる視点や方法に基づいて熱輻射エネルギー分布のデータを求めるという展開となり，異

なる波長範囲の測定データを与え合う結果に至っていたのである。

6. 小　　括

　1890年代の熱輻射実験では，ドイツのパッシェン，ルンマー，ルーベンスらが三方向の実験プログラムを主導した。パッシェンは，1890年代初頭，ハノーファー工科大学の上司カイザーとルンゲによる分光現象から法則性を見出す研究にからみ，輻射線の各波長が描くエネルギー分布に関心を寄せ始め，1890年代後半，多様な型の輻射源を試みながら，ヴィーン法則検証を追求していた。ルンマーは，PTRの光度標準研究の一環として，1890年前後から，光度計の開発に携わり，1890年代中葉以降，標準輻射源の研究・開発，それに関連する輻射法則検証を進めていた。ルーベンスは，1880年代末，金属選択反射の研究にからみ，赤外部輻射線の反射性質を扱って以来，1890年代を通してできるだけ長い輻射線の検出やその光学的性質などの測定に携わっていた。その研究の一部に，1890年代末の輻射法則に関する実験が見られた。こうした実験プログラムを異にする研究者たちが，1890年代後半-1900年にかけて，同じ赤外部輻射線を扱うことによって，異なる実験機器の開発，異なる機器構成の採用が誕生したのである。

　1900年に至るまでの研究を通して，二つの基本構成が確立した。一つは，パッシェンとルンマーらの，「輻射源-プリズム-ボロメーター」という構成であり，10 μm以下の波長範囲を主な守備範囲としていた。ルンマーらは，1900年2月になり，プリズムを蛍石からカリ岩塩に替えて，波長範囲を12-18 μmとしたことから，ルンマーらの構成の守備範囲を20 μm以下としてもよいだろう。もう一つの基本構成は，ルーベンスらによる，「輻射源-残留線物質-熱電対列」という構成であり，20 μm以上の波長を守備範囲としていた。20 μmを境として，パッシェン，ルンマーらの基本構成は短波長向けであり，ルーベンスらの構成は長波長向けであった。

　また，パッシェンとルンマーらの，「輻射源-プリズム-ボロメーター」の構成側にも研究の進め方に違いが見られた。パッシェンは，固体型，空洞型，

固体-空洞折衷型などさまざまな輻射源を採用して複数の手段から輻射法則を検証していく実験プログラムを採っていた。ルンマーらは，空洞輻射源を最初から標準と定めて，既知の輻射関係式を基準に輻射源の黒体の近似度を確認しながら，輻射法則を得ていく実験プログラムを採ったのである。前者のプログラムのパッシェンは，高い温度下では技術的に難しいとされる空洞輻射源を低温範囲で積極的に採用した一方，高温範囲では彼が実際的と考えた固体-空洞折衷型の輻射源を空洞型とともに採用していた。彼の実験プログラムは，採用する輻射源の型が多様ゆえにその際利用される諸技術に左右される短所をもつが，現実に即した実効性のある進め方となっていた。後者のプログラムを採ったルンマーらは，温度範囲にかかわらず，輻射源を標準採用して，各所に改良を加えながら理想的な熱輻射実験を追求した。この実験プログラムは，実験技術の難度が高い場合，有効な実験の実施にたどりつくまで時間がかかるという短所をもつが，輻射法則を長期的に導出・検証するうえで重要な進め方となっていた。

「輻射源-プリズム-ボロメーター」という基本構成をほぼ一貫して採用したパッシェンは，どのような型の輻射源であっても普遍的な輻射法則を見出せると考える傾向にあり，輻射源の研究において固体型・固体-空洞折衷型・空洞型という複数の型を試みる実験プログラムを採っていた。一方，標準輻射源を研究していたルンマーは，輻射法則を，標準と見込んだ空洞輻射源の精度を測るものさしとしてとらえていた。ルンマーの関わる輻射法則検証では，「輻射源-プリズム-ボロメーター」というパッシェンらと同じ定評ある基本構成が貫かれ，輻射源や機器構成の安定性に主眼を置くプログラムが採られた。より長い遠赤外部輻射線を得ることを目指したルーベンスは，輻射源，分光系，輻射測定器のどれも同じ種類のままにせず，各部分に繰り返し変更を加え，遠赤外部の輻射線をとらえる最も理想的な機器構成を追求するプログラムを採った。同時期の熱輻射関連の研究者たちがより良い機器構成とみなした「輻射源-プリズム-ボロメーター」も，ルーベンスにとっては再考すべき対象であった。ルーベンスらの採用した「輻射源-反射物質-熱電対列」という機器構成は，1900年末時点で特異な構成であったが，遠赤

外部に唯一有効な実験手段を与えた。

　同じ研究対象に携わる科学者であっても，その研究に携わり始めた時期，携わっていた期間，その研究への動機づけや目的，それにともなうアプローチの違いなどによって採用する実験プログラムは異なっていた．1890年代後半から1900年の熱輻射実験に携わったパッシェン，ルンマー，ルーベンスら主要な実験科学者たちは，彼らの研究過程や実験目的に基づいて異なる実験プログラムを採ったのである．彼らは，輻射法則の探求，標準研究，遠赤外部の測定を指向した各実験プログラムに沿って，実験機器・機器構成の採用，測定する波長・温度範囲の選択などを行った．だが，彼らの異なる実験プログラムは，輻射法則の導出・検証にからむ実験目的，ボロメーター，ガルヴァノメーター，プリズム，空洞輻射源などの実験機器，それらの機器をどう組み合わせるかの機器構成の研究を介して交流する部分を互いにもっていた．こうした，独立しながらも相互に交流し合う実験プログラムによる熱輻射実験の展開は，結果的に，実験の高精度化や測定範囲の広範化へ発展する経路を複数用意し，熱輻射実験の発展を相補的に促し合う構造をもたらしていたのである．

[注と文献]
[1] プリングスハイムは，1883年に赤外部波長の輻射線を測定する際，光源(輻射源)-回折格子-ラジオメーターという機器構成を採用していた．本書第2章7節を参照．
[2] Rubens(1889a), fig. 5.
[3] Lummer(1892b), p. 221.
[4] Guillemin(1891)；永平(2006), 99頁．
[5] Paschen(1893d), p. 16.
[6] Du Bois(1893a), p. 237.
[7] 科学大博物館(2005), 233頁．
[8] 科学大博物館(2005), 169-170頁．
[9] 物理学辞典(1992), 1556頁．
[10] 物理学辞典(1992), 1893頁．
[11] 本書中で使用されている「分光系」とは分光する機器系統全般を指す．本書序章3節も参照．
[12] 科学史技術史事典(1994), 922頁；科学大博物館(2005), 649頁．
[13] 科学大博物館(2005), 650頁．

[14] 物理学辞典(1992), 273-274 頁.
[15] この段落の内容は，本書1章2節の一部と重なっている．
[16] この節のプリズムに関する記述は十分とはいえないが，19世紀のプリズムに関しては，19世紀前半時点で，「化学物質中の不純物」，「ガラスプリズムの品質が概して悪」く，19世紀後半に入ってもプリズムの「均質度」の問題は解決されていなかったことを紹介しておく．科学大博物館(2005), 649 頁；西尾(1966b)を参照．
[17] 高温の空洞輻射源に関する困難については，本書第4章7節を参照．
[18] パッシェンが熱輻射エネルギー分布を最初に扱った1893年論文(Paschen(1893a))では，機器構成に関してプリングスハイムの1883年の研究が参照されている．だが，プリングスハイムは熱輻射分布を測定していたわけではなかった．したがって，熱輻射分布測定を行うという観点からすれば，また，上司のカイザーからラングレーの研究を再検討するように指示されていたことを考慮すれば，間接的ではあるが，パッシェンがラングレーの機器構成を引き継いでいると考えてよいだろう．
[19] プリングスハイムの1883年論文(Pringsheim, 1883b)の機器構成は図2.22を参照．
[20] Langley(1886), fig. 1.
[21] Du Bois(1893b), fig. 1.
[22] Rubens(1894b), fig. 1.
[23] Rubens(1897a), fig. 7.
[24] Rubens(1899b), p. 577.
[25] Rubens(1900), p. 933.
[26] Paschen(1899b), p. 415.
[27] ただし，ルンマーとプリングスハイムは，本書第4章10節にあるように，等色における輻射エネルギーの対数を縦軸，温度の逆数を横軸にとってグラフ表示したこともある（例えば，1900年2月論文(Lummer(1900c))）．これは，長波長時の実測値と理論値のズレがより鮮明になるように採用された．
[28] Lummer(1899b), p. 217.
[29] Rubens(1900), p. 936.

第 6 章　実験研究の展開における プランク熱輻射論

1. 熱力学研究から熱輻射研究への移行
2. 1899 年 5 月論文における電磁的エントロピーの導入
3. エントロピー式の起源に関する先行研究
4. 1899 年 5 月論文，1900 年 3 月論文における逆算の方法
5. 1900 年 10 月以降の論文の方法
6. プランク熱輻射論の方法とその独自性
7. 熱輻射実験の展開とプランク熱輻射論
8. 実験研究の展開からエネルギー量子誕生を考える
9. 小　　括

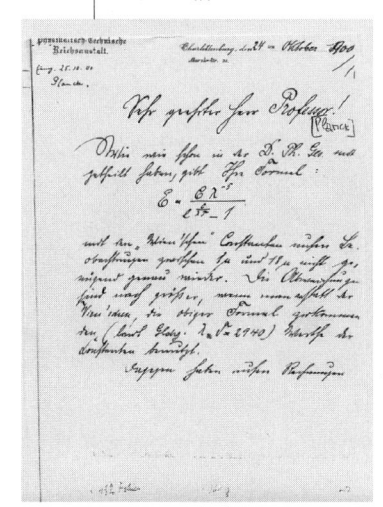

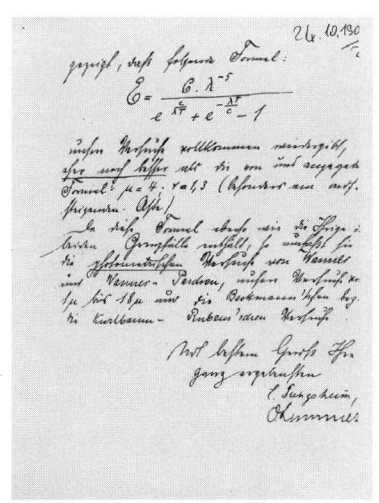

ルンマーとプリングスハイムがプランクに宛てた書簡(1900 年 10 月 24 日付)（筆者が 1999 年にマックス・プランク協会歴史アーカイブ(Archiv zur Geschchte der Max-Planck-Gesellschaft, Berlin)で複写）

本章では，これまでの章において分析した熱輻射の実験研究の展開が理論研究の文脈のなかでどのように位置づけられるかを考え，とくに 19 世紀末のプランクの熱輻射論の研究方法が当時の実験研究の展開といかに深く結びついていたかを示す。

これまで，1880年代末-1900年にかけてのドイツの熱輻射実験の展開を見てきた。そこには，パッシェン，ルンマー，ルーベンスを中心とする三方向の実験研究があり，それぞれは，輻射現象から法則性を求めようとする分光学研究からの流れをくむ実験プログラム，光度・温度標準の精密化を求めようとする標準研究からの流れをくむ実験プログラム，マクスウェル電磁論の赤外部領域の確証を求めようとする赤外線測定からの流れをくむ実験プログラムをもっていた。これらの実験プログラムに沿う三方向の実験研究は独自に発展しながらも，実験の目的，実験機器，機器構成を介して相互の交流が生まれるという展開によって，広範で高精度の実験データを1900年に提出するに至っていた。こうした実験研究の展開は，理論研究にどのような影響を与えたのだろうか。本章では，熱輻射の実験研究の動向が単に理論的結果を検証する役割を担っただけではなく，理論研究の方法や理論そのものの形成と深い関係にあったことを明らかにして，熱輻射研究の実験的過程の新たな意義づけを理論研究の展開からも示していく。

　以下では，現在，プランク輻射法則，エネルギー量子を生み出した原点としてみなされ，19-20世紀転換期の熱輻射研究の代名詞となっているプランクの熱輻射論研究を主に取り上げる。ここでの第一の主眼は，プランクの熱輻射研究の方法が，実験結果に合致するようにエントロピー式の形を帰納的に求め，理論的断絶をともないながら，その式を理論のなかに導入して演繹的にエネルギー分布式を導く形だったことを示すことである。また，第二の主眼は，プランクの研究方法の分析を通して，熱輻射研究の象徴であるプランクの熱輻射論が，いかに当時の実験研究に依存した形で形成されていたかを示すことにある。

　プランクの熱輻射論を取り上げるにあたって，最初に，プランクの初期の熱力学研究から熱輻射研究に至る過程を示し，そのうえで，彼の熱輻射論の内容に立ち入り，電磁的エントロピー式の導入前後を説明する。彼のエントロピー式の導入を考察するにあたっては，エントロピー式の起源に関する先行研究の諸見解を紹介しながら，それらの長所・短所を論じて，プランクの実際の研究に最も適った見解を探る。そして，当時実験的に最も信頼されて

いたヴィーン式から「逆算」してエントロピー式が求められたとする見解を適当とみなし，1900-01 年のプランクの熱輻射論に対しても適合するかどうかを調べる。また，エントロピー式の導入にからむ方法が，1899-1901 年のプランクの熱輻射論から共通して読み取られるか，それは彼の熱輻射研究の方法といえるものかどうかも調べる。最後に，読み取れたプランク熱輻射論の方法が，エネルギー分布式と「エネルギー要素」の導出をもたらす重要な手法であるとともに，最新の実験結果を反映させる仕掛けの一部を提供していたことを示す。このような考察を進めて，プランク熱輻射論と当時の実験研究の密接な関係を明らかにしていく。

1. 熱力学研究から熱輻射研究への移行

　1888 年のヘルツによる電磁波の実証を経て，電磁気に関する理論・実験研究が熱気を帯びるなか，1890 年代のプランクは，当初の熱力学研究から電磁理論を基盤とする熱輻射研究に移行していった[1]。この移行の過程については，熱力学「第二法則を力学と調和」させようとするプランクの研究目的に関連づけた科学史家クーンの見解が知られる[2]。クーンの述べる「力学」とは，「プランクによって電気力学を含む「連続的媒体の力学」であり，「原子・分子の力学」ではなかった」[3]。クーンによれば，プランクの熱輻射研究への移行は，原子論に基づく不連続体ではなく，「連続体」による熱力学第二法則の説明作業を目的として展開されていた。加えて，井上隆義は，プランクの 1889-90 年の物理化学研究に注目した重要な指摘を行った。プランクは，「電解質の電気と熱の励起について」(1890 年)，「二つの電解質希薄溶液間のポテンシャル差について」(1890 年)を著し[4]，非均質な電解質溶液の電位差に関する研究を行っていた。このプランクの研究は，「溶液の濃度勾配による拡散という非平衡の不可逆過程に関係するもの」で，「物理的・化学的平衡を取り扱ったそれまでの彼の研究とは性格を異にするものであった」[5]。これらの研究を通して，プランクは，平衡状態に対して導入される従来のエントロピー原理が，非平衡状態にある不可逆過程の時間的経過に対して，有

効な答えを持っていない」という熱力学第二法則の「適用可能性の限界を認識する」に至った。プランクの熱輻射研究への移行は，1890年前後の彼の物理化学研究がきっかけとなり，「連続体」を鍵にした熱力学第二法則の新たな拡張展開となっていたと考えられる。

1880年代-1890年代初めにかけて，ボルツマンやヴィーンは，熱輻射現象に熱力学第二法則を適用して，理論研究を進めていた。ボルツマンは1884年の一連の論文で[6]，1876年のバルトリ(Adolfo Bartoli, 1851-1896)の研究から着想を得て，熱輻射が熱を通さない壁に囲まれた円筒形空洞(シリンダー)のなかにあり，一つの壁はピストンに設置され，ピストンを動かすことによる可逆過程を想定した。この際，ボルツマンは，マクスウェルの光の電磁理論に従うと，熱輻射に輻射圧がなければならないことを論じた[7]。ピストンの壁の単位面積の圧力は，エネルギー等分配則に基づいて，壁の温度 t，熱輻射の単位体積中のエネルギー$\phi(t)$で$\frac{1}{3}\phi(t)$と表される。さらに，この熱輻射過程が熱力学第二法則に準拠すると考えると，$\frac{1}{3}\phi(t) = t\int\frac{\phi(t)}{t^2}dt$ の関係が見出され，シュテファンの法則が得られるのだった。この法則は，熱輻射のエネルギーが温度の四乗に比例するという熱輻射の全輻射エネルギーと温度の関係を表し，現在，S-B法則として知られている。

つづいて，ヴィーンは1893年の論文で[8]，ボルツマンと同様，第二法則に基づく過程を想定したが，ヴィーンの考察の対象には，可動ピストン壁で反射する輻射の波長とその変化が加わっていた。彼は，ピストンの動きにともない，シリンダー内のエネルギーも変化することから，波長の変化とエネルギー密度の変化の関係を見出し，さらに，S-B法則におけるエネルギー密度と温度の関係から，ヴィーン変位則を導いた。この法則は，平衡状態にある熱輻射の温度と波長の積が一定にとどまるという形で表現される。このように，プランクの同時代の科学者は，熱輻射を熱現象の一形態ととらえて，熱輻射の分析に熱力学第二法則を手がかりにしながら，全輻射エネルギーと温度の関係，温度と波長の関係を明らかにしていた。この状況のなか，熱力学第二法則に注目していたプランクが新たな研究テーマとして熱輻射現象を選ぶのは自然な流れであった。

1895年3月21日のプロシア科学アカデミーの報告「共鳴による電気的波の吸収と放出」において[9]，熱輻射問題に取り組み始めたプランクは，ヘルツの線形振動子から着想を得た共鳴子を輻射のなかに仮定して，マクスウェルの電磁理論に基づく輻射過程を考察する方向性を示した。つづいて1896年2月20日に同アカデミーでの報告「共鳴によって励起され，輻射によって減衰される電気的振動について」では[10]，共鳴子との相互作用による，エネルギー保存則を満足する保存的な輻射減衰のメカニズムを紹介した。さらに，1897年論文「不可逆的な輻射現象について」では，「一方向に経過する諸変化を保存的作用に還元する」という課題を掲げながら，輻射現象に関する彼の理論プログラムを明らかにした[11]。プランクは，鏡壁で囲まれた空洞内の輻射に共鳴子が存在し，それらが電磁的エネルギーを放出・吸収することで輻射の平衡状態が不可逆的に達成されるだろうと考えた。「力学的保存作用に基礎を置く運動学的気体論の試みは退けられ，それに代わる新たな試み」を，彼は提出したのだった[12]。こうした考察は，「不可逆的な輻射現象について」という同題の，その後の3論文でさらに展開され[13]，輻射現象の可逆性問題に関する修正も加えられた。さらに，一連のプランクの熱輻射論の全体像は，1899年5月報告の同題の第五論文で示されることになった[14]。

2. 1899年5月論文における電磁的エントロピーの導入

2.1 共鳴子による熱輻射論

1899年5月の第五論文「不可逆的な輻射現象について」で，プランクは，エントロピー S に初めて明確な表現を与え，また，熱輻射のエネルギー分布を表す輻射式を初めて導いた。これらを導く過程は，それまでの彼の考察と同様，輻射熱の放出と吸収の現象を，共鳴子が介在する電磁的な過程として把握し，系の変化を，マクスウェルの電磁方程式によって定めるものだった。そして，z 方向に振動数 ν で振動する共鳴子が輻射中に存在するとして，その電気双極子モーメント $f(t)$ に対する運動方程式を立てた[15]。

$$\frac{d^2f}{dt^2}+2\sigma\nu\frac{df}{dt}+4\pi^2\nu^2 f=\frac{3c^3\sigma}{4\pi^2\nu}Z \qquad (6.1)$$

ここで t は時間, c は真空中の光の速度, ν は共鳴子の振動数, σ は振動振幅の対数減衰率である。振動する共鳴子のエネルギーは輻射の放出により一周期ごとに $exp(-2\sigma)$ の比で減衰する。$Z(t)$ は電場の共鳴子方向(z 方向)への成分を表す。振動数 ν に対応する一つの共鳴子のエネルギー U_ν は次式で決定される。

$$U_\nu=\frac{1}{2}Kf^2+\frac{1}{2}L\left(\frac{df}{dt}\right)^2, \quad K=\frac{16\pi^4\nu^3}{3c^3\sigma}, \quad L=\frac{4\pi^2\nu}{3c^3\sigma} \qquad (6.2)$$

それから、彼は、電場の z 成分 $Z(t)$ を、以下のように ν に関するフーリエ積分で表した。

$$Z=\int_0^\infty d\nu \cdot C_\nu \cos(2\pi t-\vartheta_\nu)$$

また、Z^2 を、経過した時間に比べれば短いが、共鳴子の周期に比べれば長い時間にわたって平均し、その平均値を彼は「輻射の強さ」J と呼んだ[16]。J は Z の関数となるので、振動数 ν の場合の J_ν もフーリエ積分で表示される。J_ν は、振動数 ν の共鳴子が輻射場に作用した励起振動の強さを意味する。

2.2 自然輻射の導入

振動数 ν の共鳴子が放出・吸収する輻射の振動数は、輻射減衰のために、ν を中心として幅 $\sigma\nu$ 程度の範囲に分布する。そのため、J_ν はこの振動数の幅の中で、次のようなフーリエ積分よって表される。

$$\int J_\nu d\nu=\int d\mu(A_\mu\sin 2\pi\mu t+B_\mu\cos 2\pi\mu t), \qquad (6.3)$$
$$A_\mu=\int d\nu C_{\nu+\mu}C_\nu \sin(\vartheta_{\nu+\mu}-\vartheta_\nu),$$
$$B_\mu=\int d\nu C_{\nu+\mu}C_\nu \cos(\vartheta_{\nu+\mu}-\vartheta_\nu)$$

ここで、C_ν と ϑ_ν は ν の関数を表し、μ は、ν からわずかにズレた値を取る ν' によって、

$$\mu = \nu' - \nu \qquad (6.4)$$

となる。これは，振動数の幅 $\sigma\nu$ を超えない程度のものである。

(6.3)式の関数は，J_ν の計算を困難にするだけでなく，輻射エネルギーが時間的に変化する方向の決定づけを妨げるものであった。そこでプランクは，急速に変化する関数がその平均値によって置き換えられるという仮定を導入した。これによって，輻射の強さ J_ν は平均値化された関数で積分表示される。プランクは，この仮定に適合する輻射を「自然輻射」と呼んだ[17]。「自然輻射」の仮定は[18]，振動数の幅を事実上なくし，ν の値で置き換えるという操作に相当し，この仮定の導入によって，プランクの目指した不可逆的な輻射現象が保証されたのである[19]。

運動方程式(6.1)に，フーリエ積分表示された電場の z 成分 $Z(t)$ を代入して解くと，$f(t)$ が求められる。さらに，$f(t)$ から得られる共鳴子エネルギー U について上の J と同様の時間平均を行い，自然輻射の仮定を適用して，振動数 ν に対応するものを U_ν とすれば，次式が得られる。

$$U_\nu = \frac{3c^3}{32\pi^2 \nu^2} J_\nu \qquad (6.5)$$

これは，定常状態の場合の，振動数 ν の共鳴子エネルギー U_ν と，共鳴子によって励起される輻射の強さ J_ν の関係を表している。また，その輻射の強さ J_ν と，それによって生じる輻射場のエネルギー密度 u_ν との関係は次式になる。

$$u_\nu = \frac{3}{4\pi} J_\nu \qquad (6.6)$$

したがって，定常状態における輻射場のエネルギー密度と共鳴子エネルギーの関係は，次のようになる[20]。

$$u_\nu d\nu = \frac{8\pi\nu^2}{c^3} U_\nu d\nu \qquad (6.7)$$

「自然輻射」の導入によって，幅 $\sigma\nu$ を含まない振動数 ν に対する，共鳴子のエネルギーと輻射場のエネルギーについての関係が導かれた。

2.3 電磁的エントロピーの導入

当時知られていたエネルギー等分配則を使用することを考えた場合[21]，(6.7)式導出後の展開はどのようになるであろうか。一つの共鳴子に割りあてられるエネルギー U_ν は，等分配則によって，絶対温度 T にボルツマン定数 k を掛けたものになる。

$$U_\nu = kT \tag{6.8}$$

これを(6.7)式に導入すれば，輻射場のエネルギー密度は次のようになる。

$$u_\nu d\nu = \frac{8\pi\nu^2 kT}{c^3} d\nu \tag{6.9}$$

これは後にレイリー–ジーンズ式と呼ばれる，輻射のエネルギー分布式に他ならない。エネルギー等分配則を使うと，(6.9)の輻射式が簡単に求められる。しかし，プランクは(6.7)式を得た後，エネルギー等分配則を用いることなく理論を展開した。

(6.7)式を求めた後，プランクは輻射線と共鳴子の間に起こるエネルギーの授受を考察することで，系全体のエネルギーの時間的変化を求めた。次に彼は，系のエントロピー変化を導くために，以下のような共鳴子エントロピー S の式を，説明なく導入した。

$$S = -\frac{U}{a\nu} \log \frac{U}{eb\nu} \tag{6.10}$$

ここで，U は共鳴子のエネルギー，ν は振動数，e は自然対数の底，a，b は定数である。この時点でプランクは，通常の熱的現象と電磁的現象が関与する熱的現象を分けて考えており，後者に対応するエントロピーを電磁的エントロピーと呼んだ。(6.10)式は共鳴子の電磁的エントロピーである。

輻射の電磁的エントロピーの強さ L も，(6.10)式と同様に次のようになる。

$$L = -\frac{R}{a\nu} \log \frac{c^2 R}{eb\nu^3} \tag{6.11}$$

ただし，R は，振動数 ν の輻射線の強さであり，共鳴子に励起された輻射の強さ J によって次のように表される。

第 6 章　実験研究の展開におけるプランク熱輻射論　265

$$R_\nu = \frac{3c}{32\pi^2} J_\nu \qquad (6.12)$$

この式と，J と U の関係(6.5)式を使うと，(6.10)式の共鳴子のエントロピーS も R の式となる。したがって，輻射のエントロピーの強さ L と共鳴子のエントロピーS の両者は，同一な R によって表示され，系全体のエントロピー変化は R の関数となる。プランクは，この関数が常に正になることを示し，輻射現象におけるエントロピーが増大することを証明した。

2.4　ヴィーン分布式の導出

プランクは，次に，熱力学的なエントロピーと電磁的な輻射エントロピーとを同等に扱えるものとみなし，以下の平衡時の熱力学的関係式を輻射現象に適用した。

$$dS = \frac{dU + pdV}{T} \qquad (6.13)$$

ここで S はエントロピー，U はエネルギー，T は温度，p は圧力，V は体積である。一定体積の V の輻射が無限小のエネルギー変化を受けるとすると，(6.13)式は次のようになる。

$$\frac{dS}{dU} = \frac{1}{T} \qquad (6.14)$$

したがって彼は，定常状態にある輻射現象はこの式を満たすとした。

そして，共鳴子の電磁的エントロピーS の(6.10)式を U について微分し，これと(6.14)式を使えば，次のような U と T の関係式が導かれる。

$$\frac{1}{T} = -\frac{1}{a\nu} \log \frac{U}{b\nu} \qquad (6.15)$$

この式に(6.7)式の U を代入して，彼は次のエネルギー分布式を導いた[22]。

$$u_\nu = \frac{8\pi\nu^3}{c^3} b \cdot \exp\left(-\frac{a\nu}{T}\right) \qquad (6.16)$$

これは，当時，実験結果と合致すると考えられたヴィーン分布式であった[23]。

2.5 1899年5月論文の特徴

1899年5月論文の特徴は，電磁的エントロピーの方法を採用したことである。当時知られていたエネルギー等分配則に基づいて共鳴子のエネルギーUを考えれば，温度TによってkTと表される。この関係を用いれば，エネルギー分布式はレイリー–ジーンズ式(6.9)として簡単に求められる。しかし，プランクは等分配則を使用しなかった。彼は，共鳴子のエントロピーSの(6.10)式を導入し，共鳴子のエネルギーUと温度Tの関係(6.15)式を求め，最終的に，ヴィーンのエネルギー分布式(6.16)を得た。プランクの方法は，エネルギー等分配則ではなく，電磁的エントロピーを導入するやり方であった。

プランクの方法は，ヴィーン自身が1896年に彼の式を求めた方法とも異なっていた[24]。先に紹介したように，ヴィーンは当初，熱力学を鍵にして熱輻射現象を解明することを思い描いていたが，「特定の色についてのエントロピーを決定できるような物理的変化を引き起こすことは不可能」なことから[25]，「与えられた温度において，輻射強度が各波長にわたって分布する仕方は，熱力学からは決定でき」ないことを認識した[26]。ヴィーンは，「輻射を何らかの実体と結びつけてとらえざるを得なく」なったのである[27]。1896年の新たなヴィーンの理論では，1887年のミヘルゾンの考察をヒントに[28]，輻射体を気体として見立て，輻射の振動が分子の運動に何らかの関連をもつとする仮説を基本としていた。輻射の強度は，輻射の振動に関係づけされる分子の数とその速度の関数になるとされ，関数の形はマクスウェル速度分布則から類推されていた。分子の平均速度の二乗を輻射体の温度と比例関係にあるとして，関数には温度変数も含まれていた。さらに，関数の形をより詳しく決定するために，S-B法則とヴィーン変位則を適用し，ヴィーン式が導かれていた。ヴィーンの方法は，輻射体を気体と見立て，マクスウェル速度分布則から類推するなど，気体分子運動論に大きく依拠するものであり，電磁的エントロピーを鍵とするプランクの方法とは距離を置くものとなっていた。

プランクの方法が当時の熱輻射研究のなかにあってユニークだったことは，

プランク自身も認識していた。彼は回想録のなかで次のように述べていた。「(前略)…実験の面からも理論の面からも，ノーマル・スペクトルのエネルギー分布の問題には多くの優れた物理学者が取り組んでいたが，彼らはすべて輻射強度を温度 T の関数として表現しようという方向でのみ研究していたのに対して，私はエントロピー S がエネルギー U に依存している点に，より深い関連を推定していた。エントロピー概念の意義がまだ正当な評価を受けておらず，私の方法には誰も注意を払わなかったので，私は十分な時間をかけて徹底的に計算をやってみることができ，どこからか邪魔されはしないか，追い越されはしないかと心配する必要はなかったのである」[29]。彼の方法における最大の特徴は，電磁的エントロピーに注目するところにあった。

3. エントロピー式の起源に関する先行研究

プランクの方法において，重要な鍵は共鳴子の電磁的エントロピー S の(6.10)式の導入であった。しかし，その導入について，プランクは何ら説明を与えておらず，彼がどのように S 式を求め導入したかは明らかではなかった。ここでは，この点に関する先行研究の諸見解を概観する。

3.1 ローゼンフェルトらの見解

先行研究では，エントロピー S の表式(6.10)の起源について，主に二つの見解が示されてきた。第一は，ローゼンフェルト(Léon Rosenfeld)が1936年に指摘し[30]，クラインが1962年に明確に展開したもので[31]，ヴィーン分布式(6.16)からの逆算によって求められたという見解であり，これまで多くの科学史家によって支持されてきた。それに対して，第二は，クーンが1978年に示唆し[32]，ダリゴル(Olivier Darrigol)が1992年に展開したもので[33]，ボルツマンの H 関数に基づいて求められたという見解である。

ローゼンフェルトは，「明らかにプランクは，輻射エントロピー s と共鳴子エントロピー S の関数を選ぶにあたり，ヴィーン法則[ヴィーン分布式：引用者]によって導かれたにちがいない」と述べた[34]。彼によれば，プランクが

ヴィーン分布式という結果を得られるように S 式の形を選定したというのである。クラインは，ローゼンフェルトの見解を受け継ぎながら，「プランクは，[S 式の導出にあたり：引用者]ヴィーン分布法則の式によって道案内されたようである」と記した[35]。クラインは，その論文の脚注で，共鳴子エントロピーS の(6.10)式がどのようにしてヴィーン分布式から逆算して求められるのかを，以下のように示した。

まず，ヴィーン分布式(6.16)と，輻射のエネルギー密度と共鳴子のエネルギーの関係の(6.7)式から，次式が求められる。

$$U_\nu = b\nu \exp\left(-\frac{a\nu}{T}\right) \qquad (6.17)$$

この式を T について解き，S と T の熱力学的関係(6.14)式を使うと，次のような等式が得られる。

$$\frac{dS}{dU} = -\frac{1}{a\nu} \log \frac{U}{b\nu} \qquad (6.18)$$

これを U について積分すると，共鳴子エントロピーS の(6.10)式が導かれる。さらに，クラインは，ヴィーン分布式とは異なる形のエネルギー分布式から「逆に(rückwärts)エントロピーの表式を算出すれば，…」という 1899 年 5 月論文の終わりのプランクの言葉から[36]，分布式から S の表式へというプランクの思考ルートを連想できるとした。

ローゼンフェルト，クラインの主張が正しければ，プランクが何の説明も与えずに導入した S 式は，ヴィーン式からの逆算で求められたことになる。プランクはその事実を明示せずに 1899 年 5 月の第五論文を書いたことになる。

ヴィーン分布式は，1899 年当時，最も実験結果と一致するものとして知られていた。そして，プランクは 1879 年から 1890 年代初めまで取り組んできた熱力学の研究で，S と T の関係を表す(6.14)式に慣れ親しんでいた[37]。さらに本章 2 節で見たように，彼はエントロピーS の(6.10)式を導入する前段階で，輻射のエネルギー密度 u と共鳴子のエネルギーU の関係(6.7)式を導いていた。これらの三つの式を使って，プランクが，ヴィーン分布式に対

応するように，S 式を(6.10)の形に決めたという見方は考えられないことではない。クラインが示した，ヴィーン分布式(6.16)からエントロピー S の(6.10)式を求める計算は，実際にプランクが辿った思考ルートに合致するのかもしれない。クラインのような解釈は可能であるし，一定の説得力をもっているため，多くの科学史家によって支持された。しかし，ローゼンフェルトの見解が決して実証されたというわけではない。クラインが証拠としたプランクの言葉の解釈も，あくまでクラインの推測である。そう考えると，ローゼンフェルトらの見解は，必ずしも十分な証拠をもっているとはいえないのである。

3.2 ダリゴルの見解

ローゼンフェルトらの見解に対して，クーン，ダリゴルの見解は，共鳴子の電磁的エントロピー S の(6.10)式がボルツマンの H 関数に基づいて求められたというものである。クーンは，プランクのエントロピー S の(6.10)式と，以下に示すボルツマンの H 関数との「明らかな類似性」は，S 式による方法を採ったプランクに「勇気づけを与えたのではないだろうか」と述べた[38]。ダリゴルはこの示唆を具体的に展開した。彼は 1992 年の著作で，ボルツマンの気体論とプランクの熱輻射論における方法の「微妙で複雑な」関係を明らかにし[39]，エントロピー S 式の起源についても，次のような新しい見解を提供した。

ダリゴルは，S の(6.10)式が以下のボルツマンの H 関数によく似ていることに注目した。

$$H = \int f \log f \cdot d^3\nu \quad (6.19)$$

ここで $f(\nu)$ は，気体分子の速度 ν のマクスウェル速度分布関数で，$f(\nu)d^3\nu$ は速度空間 $d^3\nu$ のなかにある分子の数を表す。ボルツマンが示したように，H の時間的変化は，次のようになる[40]。

$$\frac{dH}{dt} \leq 0 \quad (6.20)$$

この式から，H 関数は決して増加することはなく，減少するか一定に保たれるかのどちらかである。一定の場合は平衡状態に相当する。これは H 定理と呼ばれ，H 関数はエントロピーの符合を反対にしたものである。

ダリゴルによれば，プランクは，この H のアナロジーから S に関する次式を得た。

$$S = -\frac{U}{f(\nu)} \log \frac{U}{g(\nu)} \tag{6.21}$$

他方，輻射のエネルギー密度 u に対するヴィーン変位則

$$u_\nu = \nu^3 F\left(\frac{\nu}{T}\right) \tag{6.22}$$

と共鳴子エネルギー U の関係(6.7)式から，次式が求められる。

$$\frac{U}{\nu} = A \cdot F\left(\frac{\nu}{T}\right) \tag{6.23}$$

ここで $A\left[=\dfrac{c^3}{8\pi}\right]$ は定数である。

次に，(6.7)式を $\dfrac{\nu}{T}$ について微分すれば，

$$dU = \nu \cdot A \cdot F'\left(\frac{\nu}{T}\right) \cdot d\left(\frac{\nu}{T}\right) \tag{6.24}$$

となる。これを，エントロピー S と温度 T の熱力学的関係式(6.14)に代入すれば，

$$dS = A \cdot \frac{\nu}{T} \cdot F'\left(\frac{\nu}{T}\right) \cdot d\left(\frac{\nu}{T}\right) \tag{6.25}$$

が得られる。(6.23)式によれば，$\dfrac{\nu}{T}$ は $\dfrac{U}{\nu}$ だけの関数になるので，(6.25)式は $\dfrac{\nu}{T}$ の代わりに $\dfrac{U}{\nu}$ だけの関数になる。したがって，S は次式のように $\dfrac{U}{\nu}$ だけの関数になる。

$$S = B \cdot G\left(\frac{U}{\nu}\right) \tag{6.26}$$

ここで B は定数，G は関数を示す。(6.26)式は，プランクが「私の知っている最も簡単なヴィーン変位則の表し方」と呼んだものである[41]。S が(6.

26)式のように表されるならば，(6.21)式中の $f(\nu)$ と $g(\nu)$ は，定数 a, b を使い，$a\nu$ と $b\nu$ となり，次式が得られる。

$$S = -\frac{U}{a\nu}\log\frac{U}{b\nu} \qquad (6.27)$$

ダリゴルは，最終的に b を b' に自然対数 e を掛けたものによって置き換え，(6.27)式をプランクの S の(6.26)式と同一なものにした。このようにして，彼は H 関数のアナロジーから S の(6.10)式が求められるというクーンの示唆を具体化したのである。

3.3　ダリゴルの見解の問題点

ダリゴルによれば，プランクは 1899 年 5 月の論文で H 関数からのアナロジーによってエントロピー S の式を，いわば演繹的に求めたことになる。H 関数は，1872 年の論文でボルツマンが気体分子運動論に基づいて導いたもので，その後『気体論講義 I』(1896 年)においてまとめられた[42]。プランクは，1895 年の論文で[43]，気体分子運動論の不可逆性問題に関するボルツマンの見解に反論していたが，熱輻射論の研究を経るなかで，その姿勢に変化が見られた。彼は，1899 年 11 月に受理された論文の序論では，エントロピーの第二法則について触れる際に，ボルツマンの「分子的無秩序性」の存在意義を認めて，『気体論講義 I』を引用した[44]。このような経過から，プランクが 1899 年 5 月時点で H 関数を熟知していたと考えられる。

しかし，エントロピー S の(6.10)式を導くにあたり，プランクが(6.22)式ないし(6.26)式の形のヴィーンの変位則を使用したというダリゴルの主張には問題がある。プランクが明確にヴィーン変位則に言及するのは，1900 年 10 月の論文「ヴィーンのスペクトル式の一つの改良について」以降である[45]。プランクは 1901 年の論文で，「ティーゼンによって与えられた」式から(6.22)式の形のヴィーン変位則を導き[46]，その式から(6.26)式のヴィーン変位則を求めた。プランクが引用したティーゼンの論文は，1900 年 2 月 2 日にドイツ物理学会の例会で報告されたものである[47]。1899 年の時点では，プランクはヴィーン変位則に触れることさえしていなかった。それにもかかわ

らず，ダリゴルは1899年5月時にプランクがヴィーン変位則を使用していたことを前提としていた。

　後づけ的に考えると，ヴィーン変位則は1893年にヴィーンが提出しているのだから，1900年前後に理論物理学者プランクは熟知しているはずで，論文上に記されていなくても何らかの形で使用されていたのは当然とするのかもしれない。しかし，それは歴史的な経過に無頓着すぎる判断であろう。1899年になっても，ヴィーン変位則はヴィーン分布式とともに熱輻射研究者らによって問題とされていた。例えば，ルンマーとプリングスハイムは，ドイツ物理学会での1899年2月報告で，ヴィーンの1896年論文の研究に対して，気体分子の速度と輻射線の振動周期の関係，気体分子の数と輻射線のエネルギーの関係の仮説があまりに「恣意的」であり，同様な仮説で考察していたはずのミヘルゾンが1887年に提出した式がヴィーンの提出したものと異なることを問題視した[48]。同様な仮説にもかかわらず，ミヘルゾン側とヴィーン側とでは，そこから帰結される分布式およびその関連式には違いが見られたのである。ミヘルゾン式に基づく最大波長と温度の関係は，以下の前者(ヴィーン変位則の形)ではなく後者であった[49]。

$$\lambda_m \cdot T = const. \qquad (4.1)$$
$$\lambda_m^2 \cdot T = const. \qquad (4.3)$$

ここで，λ_m は最大波長，T は絶対温度，$const.$ は定数である。だが，「パッシェンの実験によれば」，前者の式は「正しくないよう」であり[50]，実験的には後者の形が支持されていた。マクスウェル速度分布則，気体分子運動論的考察の使用に距離を置いていたプランクはヴィーンの一連の考察にも簡単に同意はできなかったにちがいない。このような1899年当時の状況を考慮すると，理論的に提出された1893年を変位則の普及の原点とみなすのは慎む方が良いと思われる。ダリゴルは，プランクがヴィーン位則を使い始めた時期やプランクの引用内容，当時のヴィーン変位則に対する評価などに十分な注意を払っておらず，彼の主張には，ヴィーン変位則の使用に関する，歴史的な順序の正確さという点で問題が残るのである。

このような問題があったとしても，ダリゴルの主張が正しいとすると，プランクはエントロピー S の(6.10)式を演繹的に導いたと解釈できる。他方，S 式がヴィーン分布式の逆算から導かれたとするローゼンフェルト，クラインの主張を採るならば，プランクの S 式の導き方は非演繹的だったという解釈になる。

4. 1899年5月論文，1900年3月論文における逆算の方法

4.1 1900年3月論文のエントロピー S の導出の証明

プランクは1900年3月の論文「輻射熱のエントロピーと温度」で，ヴィーン分布式を導く理論の再確認を行い，それまで「途中の経過を詳しく触れなかった」共鳴子の電磁的エントロピー S の(6.10)式の導出に対して説明を与えた[51]。もしそこでの説明が，熱輻射論において演繹的に展開されていれば，(6.10)式はヴィーン分布式からの逆算を考える必要はなくなる。この場合，1899年5月論文における(6.10)式の導入も，ヴィーン分布式からの逆算から求められたのではない可能性が出てくる。

プランクは，まず振動数 ν の1個の共鳴子を考え，輻射場を含む系全体のエントロピーの変化 dS_t を導くことから始めた。定常状態にある場合，共鳴子のエネルギー U が ΔU だけズレたときの dS_t は，共鳴子のエントロピー変化 dS によって，

$$dS_t = dU \cdot \Delta U \cdot \frac{3}{5} \cdot \frac{d^2 S}{dU^2} \qquad (6.28)$$

と表された。この式は，系全体のエントロピー変化が S と U だけで表されることを示す。また，エントロピーが極大となるためには，正の関数 $f(U)$ によって，

$$\frac{3}{5} \cdot \frac{d^2 S}{dU^2} = -f(U) \qquad (6.29)$$

となっていなければならないことが明らかにされた。

次に，プランクは，「エントロピー関数の完全な算出」を試みるために[52]，

輻射場のなかに1個ではなく，任意の大きな数 n 個の共鳴子がある場合を仮定した。そこで彼は，n 個の共鳴子についてのエネルギー U_n を1個の共鳴子の場合の U を n 倍したものに等しいとした。エントロピー S についても同様に考察することによって，(6.29)式の $f(U)$ が，

$$f(nU) = \frac{1}{n} f(U) \tag{6.30}$$

となることを示した。ここから，$f(U)$ が次のように求められる。

$$f(U) = \frac{const.}{U} \tag{6.31}$$

この式と(6.29)式から，エントロピー S の二階微分は次式となる。

$$\frac{d^2 S}{dU^2} = -\frac{\alpha}{U} \tag{6.32}$$

ここで α は正の定数である。この式を2回積分すると，次式が得られる。

$$S = -\alpha U \cdot \log \beta U \tag{6.33}$$

ここで β は第二の正の定数である。そのあと，プランクは，ヴィーンの「熱力学的な考察」によって[53]，α と β を次のように決めた。

$$\frac{1}{\alpha} = a\nu, \quad \frac{1}{\beta} = eb\nu \tag{6.34}$$

これを(6.33)式に代入して，共鳴子のエントロピー S の(6.10)式が得られる。

4.2 エントロピー S の導出の検証

1900年3月論文でのエントロピー S の導出には，いくつかの問題点が見られる。一つの問題は，n 個の共鳴子の仮定に関してである。プランクは，1900年3月論文の§2で次のように述べている[54]。「気体論では，極めて大きな数の分子があってはじめて不可逆性の成立やエントロピーの定義が可能になる一方で，熱輻射論は，個々の，いやそれどころか1個の共鳴子を考えることによって輻射のエントロピー概念を導く」とある。この理由は，「気体では，無数の測定可能な分子があり，それらがその位置や速度の不規則性に

よって無秩序さを引き起こしているが，それに対して，輻射で満たされている真空では，無数の輻射線束があり，それらの不規則に変化する振動数や強さによってエントロピーが形成される」からであった。これは，プランクが，エントロピー概念へのアプローチにおいて，熱輻射論の共鳴子と気体分子運動論の分子を差別化したことを示している。しかし，その後「エントロピー関数の完全な算出」を記す際には，1個ではなく，任意の大きな数 n 個の共鳴子を仮定する展開に変わっていた。この新しい仮定では，共鳴子を気体論の分子とほぼ同一視できるものとなっており，プランクが1900年3月論文で導入した仮定は，当初，彼が主張した熱輻射論のものと矛盾する点があるように思われる。

　二つ目の問題は，(6.34)式を導く際にプランクが記した，ヴィーンの「熱力学的な考察」に関してである。この「考察」によって，プランクは S の式(6.33)がもつ定数 α, β を決定したのだが，「考察」の内容は，論文上では明確ではなかった。「熱力学的な考察」はヴィーンによるものとして，ヴィーンの名前に付された脚注にはヴィーンの1896年論文が引用されていたが，それが何を指すかは明らかではなかった。後の1906年の『熱輻射論講義』で，1900年3月論文時と同じ(6.10)式の導き方を再提示した際にも，「考察」に相当するものを明示しなかった[55]。

　クーンは，「考察」をヴィーン変位則(6.22)式との比較考察とみなして，1900年3月論文の結論を「ヴィーン分布法則(輻射式：引用者)の最初の完全な証明」と述べた[56]。武谷三男も同様の見解を示した[57]。たしかに，「考察」を(6.22)式の形のヴィーン変位則とすれば，定数 α, β が(6.34)式のように決定される。すなわち，S の(6.33)式の導出後，エントロピー S と温度 T の関係(6.14)式，輻射エネルギー密度 u と共鳴子のエネルギー U の関係(6.7)式を使うことで，α, β を含む u に関する式が求められる。そして，この式にヴィーン変位則(6.22)式を適用すれば，α, β が決まり，エントロピー S の(6.10)式，さらにヴィーン分布式(6.16)が得られるのである。このようにすれば，S 式の導出は証明できたといえるだろう。

　しかし，プランクの「考察」という言葉に，ヴィーン変位則の(6.22)式の

比較考察をあてる解釈には問題がないわけではない。本章3.2節で触れたように，1900年前後におけるプランクとヴィーン変位則の関係には微妙なものがあり，後づけ的感覚からヴィーン変位則の使用を当然視するのは，当時のプランクの考え方から外れてしまう可能性がある。考えられることは，プランクが1900年3月論文で「考察」の直前に記した式と，プランクが引用したヴィーンの1896年論文に関係している。その式は，本章2.3節で触れた輻射線の強さ R に関する次式である。

$$R = \frac{\nu^2}{\beta e c^2} \exp\left(-\frac{1}{\alpha T}\right) \qquad (6.35)$$

もしプランクがヴィーン変位則を明確に認識していたならば，(6.22)式のように，輻射のエネルギー密度 u に関する式を立てたであろう。

$$u_\nu = \nu^3 F\left(\frac{\nu}{T}\right) \qquad (6.22)$$

それは，ヴィーン変位則(6.22)式との比較で定数 α，β を得るために必要になるからである。しかし，プランクは輻射のエネルギー密度 u ではなく輻射線の強さ R に関する式を立てた。1896年論文でヴィーンが，以下のような分布式中の関数 $F(\lambda)$, $f(\lambda)$ の詳細を決定する過程で使用していたのが波長 λ と $\lambda + d\lambda$ 間にある「輻射の強さ」 φ_λ であり，おそらく，プランクは，ヴィーンによる関数の決定過程との類推を想定していたと思われる。

$$\varphi_\lambda = F(\lambda) \exp\left(-\frac{f(\lambda)}{\vartheta}\right)$$

ヴィーンはこの過程でS-B法則とヴィーン変位則にあたる関係を使用していた。だが，3.2節において述べたように，1896年のヴィーン論文にはプランクが積極的に受け入れられない仮説が見られ，それを前提とした展開をプランクは好まなかったと考えられる。プランクとしては，ヴィーン分布式を結論としている以上，1896年のヴィーン論文との関係を無視できないが，プランク理論とヴィーン理論の間には前提部分で相容れない点があり，両理論の対応関係は不明瞭だったのだろう。しかし，ヴィーンの論文には上記の関数を特定するうえで有用な箇所を含んでいるため，両理論の共有する熱力

学的側面を強調しながら，プランクは彼の理論のなかにヴィーン理論の当該箇所をそのまま参考にしたというのが実際のところではないだろうか．ただし，プランクの記した，ヴィーンの「熱力学的な考察」という言葉でとどまっている以上，ヴィーンとまったく同様に，S-B 法則とヴィーン変位則の表す関係の使用を前提としてしまうことは行き過ぎであろう．

クーンらのように，1900 年 3 月論文でプランクがヴィーン変位則の (6.22) 式を使用したと考え，かつ n 個の共鳴子の仮定に関する問題を考慮しなければ，エントロピー S の (6.10) 式およびヴィーン輻射式 (6.16) を導くプランクの証明はもっともらしく見える．しかし，プランクのヴィーン変位則の当時の使い方や引用の仕方に着目すると，彼がヴィーンの「熱力学的な考察」において，(6.22) 式のヴィーン変位則を適用したとは断定できない．クーンらの見解は，後づけ的に解釈するならば「完全」と見えるかもしれないが，プランクの引用などへの考察は十分とはいえず，1900 年 3 月時点の実際のプランクの考えに沿ったものともいえない．さらに，プランク理論における共鳴子数の仮定は明らかに変化しており，1900 年 3 月論文でプランクがエントロピー S の (6.10) 式とヴィーン分布式 (6.16) を導く「完全な証明」を行ったと断定するには問題が残るのである．

4.3　1899 年 5 月論文の方法

プランクによるヴィーン変位則の取り扱いなどに着目するならば，結局，1900 年 3 月論文の時点でも (6.10) 式の導出は成功したとはいい切れない．そして，1899 年 5 月論文でプランクが H 関数に基づいて (6.10) 式を導いたというダリゴルの見解も成立しないのである．このように見ると，プランクは (6.10) 式を演繹的に求めることができたとは判断できない．とするならば，本章 2.3 節で考察した，1899 年 5 月論文における S の (6.10) 式の起源については，プランクが演繹的ではない方法で導出したと考えるのが妥当であろう．

演繹的でないとした場合，エントロピー S の (6.10) 式がヴィーン分布式 (6.16) の逆算から求められたとするローゼンフェルトらの主張が再び浮かび上がってくる．彼らの問題点は，本章 3.1 節で述べたように，十分な証拠を

欠くことであった。しかし，その解釈は当時のプランクの歴史的文脈と矛盾するものではなかった。1899 年当時，ヴィーン分布式が実験結果に最も一致するものとみなされていた状況のなか，熱力学の研究で S と T の関係式(6.14)に馴染んでいたプランクは，ヴィーン分布式から共鳴子のエントロピー S の(6.10)式を逆算できる条件をもち得ていた。むしろ，プランクが逆算をしたことに対する反証例を見出すことの方が困難である。(6.10)式の導出を演繹的なものと解釈するダリゴルらの見解が，当時のプランクの考えを十分考慮に入れていたかどうか問題が残るのに比べると，逆算によるローゼンフェルトらの見解はより矛盾が少ないのである。したがって，プランクが 1899 年 5 月論文で逆算という非演繹的な形で S 式を得ていたと考える方が現実的なのである。

ローゼンフェルトらの見解が正しいとすれば，1899 年 5 月論文に関して二つのことがいえる。一つは，エントロピー S の(6.10)式が，1899 年 5 月論文の結論であるヴィーン分布式(6.16)から逆算して求められたのであり，つまり，1899 年 5 月論文で見られる理論展開とプランクの思考過程は逆になっているということである。二つ目は，古典電磁気学を前提にしたプランクの熱輻射論に，逆算して得た S の(6.10)式を導入したが，当初の彼の前提からは(6.10)式を求めることができず，導入前後で論文の記述に断絶が起こっているということである。彼は，この断絶にもかかわらず，エントロピー S の表式を導入し，他方，当初の熱輻射論の前提から得られた，輻射のエネルギー密度 u と共鳴子のエネルギー U の関係を表す(6.7)式を，断絶をまたいでヴィーン分布式(6.16)を導く際に使用していたのである。

これらの点をふまえて，分布式導出時にエントロピー S と温度 T の熱力学的関係の(6.14)式が利用されていることを考慮すれば，1899 年 5 月論文のプランク方法を図 6.1 のように図式化できる。

4.4　1900 年 3 月論文の役割とその結果

1900 年 3 月の論文でプランクが目的としたものは，1899 年 5 月論文で導いたエントロピー S の表式(6.10)ならびにヴィーン分布式(6.16)の導出を証明

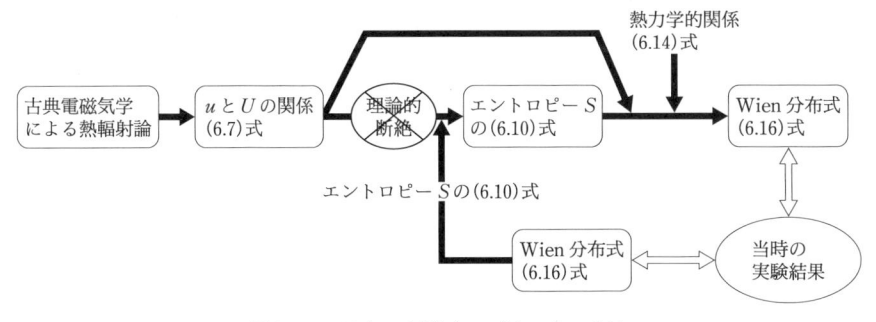

第 6 章　実験研究の展開におけるプランク熱輻射論　　279

図 6.1　1899 年 5 月論文のプランクの方法

することであった。1900 年 3 月論文で，彼は 1899 年 5 月論文の理論的補足を行ったのである。もしプランクがこれを熱輻射論に即して完全に証明できれば，1899 年 5 月論文の熱輻射論は演繹的なものとなり，理論的断絶はなくなる。

　S 式の導出のために，プランクは 1900 年 3 月論文で，任意に大きな数 n 個の共鳴子が輻射場にあることを仮定した。この仮定の導入によって，共鳴子エントロピー S のエネルギー U についての二階微分式 (6.32) が導かれ，さらに，S の表式 (6.10) も導かれるようであった。n 個の共鳴子の仮定は，1899 年 5 月論文で生じた理論的断絶を埋める可能性をもっていた。これが成功したと考えるならば，1900 年 3 月論文によって補足された 1899 年 5 月論文の方法は，図 6.2 のように図式化できるだろう。

　しかし，プランクによるヴィーンの 1896 年論文の取り扱いに着目すると，1900 年 3 月論文の証明は完全なものではなく，定数 α, β を含んだままのエントロピー S の (6.33) 式の導出までが説明できただけである。しかも，n 個の共鳴子の仮定が当初の熱輻射論から導かれるということは考えにくい。こうして考えると，プランクの 1900 年 3 月論文の目的，すなわち，S の表式 (6.10) とヴィーン分布式 (6.14) の証明は果たされておらず，1899 年 5 月論文の理論が完全に演繹的となっているという主張も否定され，理論的断絶はそのままなのである。プランクは，この断絶を n 個の共鳴子の仮定で補おうとしたが，それに成功したとはいえなかった。両論文で行われた方法は，図

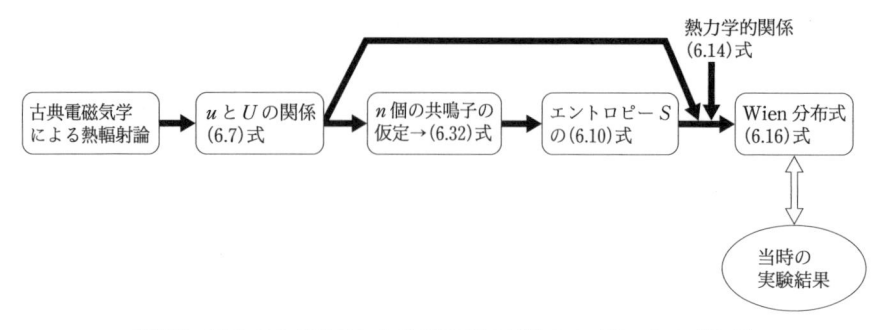

```
[古典電磁気学         [uとUの関係  [n個の共鳴子の      [エントロピーS    熱力学的関係    [Wien 分布式
 による熱輻射論] →   (6.7)式]  →  仮定→(6.32)式] → の(6.10)式] → (6.14)式 → (6.16)式]
                                                                                   ↕
                                                                              (当時の実験結果)
```

図 6.2 1899 年 5 月論文および 1900 年 3 月論文のプランクの方法 (1)

```
[古典電磁気学         [uとUの関係  [n個の共鳴子の      [エントロピーS    熱力学的関係    [Wien 分布式
 による熱輻射論] →   (6.7)式]  ⚡ 仮定→(6.32)式] ⚡ の(6.10)式] → (6.14)式 → (6.16)式]
                                          └─────────┬─────────┘
                                             エントロピーS
                                              の(6.10)式
                                                   ↑
                                          [Wien 分布式 ↔ (当時の実験結果)
                                           (6.16)式]
```

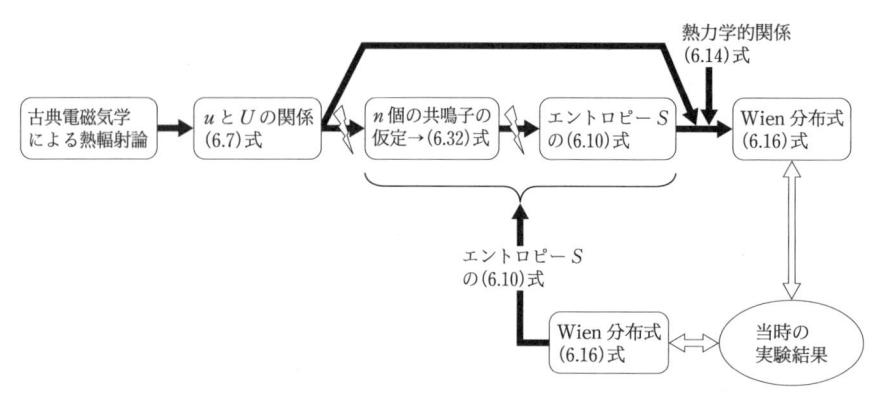

図 6.3 1899 年 5 月論文および 1900 年 3 月論文のプランクの方法 (2)

6.2 ではなく，実際には図 6.3 のように図式化される．

　図 6.3 は，両論文で行われた方法が 1899 年 5 月論文の場合の形 (図 6.1) と基本的に変わっていないことを表している．

　今日の視点から見ると，図 6.1, 図 6.3 で示された，1899 年 5 月論文に端を発する断絶は，プランクのアド・ホックさによって生じた偶発的なものとはいい切れない．当初，電磁的熱輻射論で，プランクは古典論に即して理論を展開し，輻射のエネルギー密度 u と共鳴子エネルギー U の関係 (6.7) 式を導いていた．しかし，共鳴子の電磁的エントロピー S の (6.10) 式の導入によって，ヴィーン分布式を導く部分では，光量子による描像を取り込んでいる．つまり，断絶を境に，古典論と量子論が一つの理論の中に併存していた

5. 1900年10月以降の論文の方法

5.1　1900年10月論文の新分布式

　プランクは，1900年10月7日にルーベンスと面会した際，長い波長部分に対する輻射のエネルギー測定の結果とヴィーン分布式(6.16)とが一致しないことを知らされた[58]。この不一致は，今日から見れば，光が波の性質を顕著に現す長波長領域で，光を粒子と扱うヴィーンの分布式が破綻することを意味している。

　ルーベンスの結果を受けたプランクは，1900年10月のドイツ物理学会の例会で新見解を発表した(1900年10月論文)。そこで彼は，1900年3月論文で導いた共鳴子のエントロピー S のエネルギー U に関する二階微分式(6.32)が「私が与えたほどの意義を一般的にはもっていないこともあり得る」と述べた[59]。ヴィーン分布式から求められるエントロピー S の(6.10)式とは異なるが，それに近い形で，熱力学と電磁気学の理論のあらゆる要請を完全に満たす S の表式を組み立てることを，彼は考えたのである。

　報告の際にプランクは，次のような，共鳴子エントロピー S とエネルギー U の関係を表す式を示した[60]。

$$\frac{d^2 S}{dU^2} = -\frac{\alpha}{U(\beta + U)} \tag{6.36}$$

ここで α と β は正の定数である(ただし，本章4.1節のものとは異なる)。右辺を展開すると，

$$\frac{d^2 S}{dU^2} = -\frac{\alpha}{\beta}\left(\frac{1}{U} - \frac{1}{U+\beta}\right) \tag{6.37}$$

となることからもわかるように，U が小さな領域では，1900年3月論文で示された(6.32)式に一致する。

$$\frac{d^2 S}{dU^2} = -\frac{\alpha}{U} \tag{6.32}$$

彼は，S を U に関する二階微分式が，これまでの(6.32)式ではなく，(6.36)式の形になるとした。この式を提示した理由について，彼は「単純性という点」でヴィーン分布式による(6.32)式に「最も近い」と述べた[61]。

(6.36)式の導出後，プランクは，分布式を導くために，エントロピー S と温度 T の熱力学的関係(6.14)式，S が $\dfrac{U}{\nu}$ の関数になることを表す(6.26)式のヴィーンの変位則を使った。

$$\frac{dS}{dU} = \frac{1}{T} \tag{6.14}$$

$$S = B \cdot G\left(\frac{U}{\nu}\right) \tag{6.26}$$

これらの式を使用するためには，(6.36)式を1回，2回積分する必要がある。それぞれの積分は次のようになる。

$$\frac{dS}{dU} = \frac{\alpha}{\beta}\{\log(U+\beta) - \log U\} \tag{6.38}$$

$$S = \frac{\alpha}{\beta}\{(U+\beta)\log(U+\beta) - U\log U\} \tag{6.39}$$

プランクは，(6.14)式と(6.38)式を組み合わせることで，次の新しい輻射分布式を得た[62]。

$$u_\nu = C_1 \nu^3 \frac{1}{\exp\left(\dfrac{c_2 \nu}{T}\right) - 1} \tag{6.40}$$

ここで C_1，C_2 は定数で，α，β で表すと，$\dfrac{8\pi}{c^3} \cdot \dfrac{\beta}{\nu}$，$\dfrac{\beta}{\alpha \nu}$ となる。この式は，現在，プランク分布式と呼ばれるものであり，ルーベンスの実験データとよく一致した[63]。プランクは，1900年10月論文の終わりで，(6.40)の分布式が新しい実験結果を「満足に再現する」と述べた[64]。

5.2　1900年12月論文の方法的示唆

プランクは，1900年10月論文の発表後，新しいエントロピー S の(6.39)式がどのようにして求められるかという問題に取り組んだ。1900年12月の論

文では，分布式(6.40)をボルツマンの確率論的考察から導く方法を示唆した[65]。

プランクは，まず振動数 ν の共鳴子が N 個，振動数 ν' の共鳴子が N' 個，振動数 ν'' の共鳴子が N'' 個といった具合に共鳴子が輻射場に存在するとした。N 個の共鳴子はエネルギーE を，N 個の共鳴子はエネルギーE をもつ。共鳴子のもつ全エネルギーは，次のようになる。

$$E+E'+E''+\Lambda=E_0 \qquad (6.41)$$

系全体のエネルギーを E_t とすれば，輻射場のエネルギーは E_t-E_0 となる。ここでプランクは，E を有限な等しい部分の一定数からなるものとして考え，その等しい部分を「エネルギー要素 ε」と置いた[66]。ε は共鳴子の共通の振動数 ν に定数 $h(=6.55\times10^{-27}\mathrm{erg}\times\mathrm{sec})$ を掛けたものになるとした。また，E を ε で割れば，N 個の共鳴子に配分された ε の数 P が得られる。この際にプランクは，P 個の ε を N 個の共鳴子に配分する仕方の数を，ボルツマンのコンプレキシオン(Complexion)の概念にならい[67]，「コンプレキシオン」と呼んだ[68]。これは，現在の「場合の数」に相当する。

N 個の共鳴子に対するコンプレキシオンは，次のようになる。

$$(N \text{ 個の共鳴子のコンプレキシオン})=\frac{(N+P-1)!}{(N-1)!\cdot P!} \qquad (6.42)$$

これは，N の数が大きいとしてスターリング近似を使えば[69]，次式になる。

$$(N \text{ 個の共鳴子のコンプレキシオン})\cong\frac{(N+P)^{N+P}}{N^N\cdot P^P} \qquad (6.43)$$

そして，他の振動数をもつ共鳴子に対しても，同じ計算を行う。得られたすべてのコンプレキシオンを掛け合わせれば，全共鳴子についてのコンプレキシオンが得られる。これを X で表して，さまざまなエネルギーの配分に対する X を考えると，他のどの場合よりも大きな X_0 が存在する。プランクは，X_0 が定常的な輻射場に対応するものとみなした。

プランクは，何の説明もなく，$k \log X_0$ を全共鳴子のエントロピーの和として，次式を提示した[70]。

$$\frac{1}{T} = k \frac{d\log X_0}{dE_0} \qquad (6.44)$$

彼は，これに，多種の P や N からなる X_0 の式を実際に代入することを省略したが，その結果と，輻射のエネルギー密度 u と共鳴子エネルギー U の関係式(6.7)を使えば，次のような分布式が示されると述べた。

$$u_\nu = \frac{8\pi h\nu^3}{c^3} \cdot \frac{1}{\exp\left(\dfrac{h\nu}{kT}\right)-1} \qquad (6.45)$$

これは，1900年10月論文で提示された分布式(6.40)の二つの定数を決定した式となっている。

1900年12月の説明では，その方針だけが示され，エネルギー要素 ε や新しい分布式がどのように導かれたのかという重要な部分は不明確であった。ここでプランクが示したことは，新しい分布式を導く方法の示唆だけであった。

5.3 1901年論文の熱輻射論

1901年の論文になると，プランクは確率論的な方法でエントロピー S の式や分布式を導く明確な説明を示した[71]。

ここで彼は，1900年12月論文のように，種々の振動数 ν の共鳴子を考えることはせず，最初から定常状態を仮定した。しかし，永続する定常的な輻射場にあるときでも，エントロピーの前提である無秩序さは，「周期よりは大きく，測定時間よりは小さい時間間隔を考える限り，共鳴子が絶えずその振幅や位相を交換しているために起こる不規則性に基づいている」[72]。定常的な輻射では，個々の定常的な振動をしている共鳴子の一定のエネルギーは U である。これは，時間的な平均値か，あるいは，極めて大きな数 N 個の共鳴子のエネルギーの平均値として理解する。この場合，個々の共鳴子は平均エネルギー U をもつということになり，N 個の共鳴子の全エネルギーは，次のようになる。

$$U_N = NU \qquad (6.46)$$

個々の共鳴子の平均エントロピーを S とすれば,全共鳴子のエントロピーは次のようになる。

$$S_N = NS \qquad (6.47)$$

このあとプランクは,「その系のエントロピー S_N を,N 個の共鳴子が全体としてエネルギー U_N をもつことに対する確率 W の対数に比例する」と仮定して,次のように表した[73]。

$$S_N = k \cdot \log W + const. \qquad (6.48)$$

ここで,$const.$ は任意の定数を指す。この仮定の使用は,ボルツマンの運動学的気体論によって導かれた関係式との類似性に基づいていた。

プランクは,(6.48)の式を計算するために,確率 W の計算に取り組んだ。まず彼は,エネルギー U_N が,離散的な,整数個の有限な等しい部分からなる量と考えた。その一つの部分を,彼は「エネルギー要素 ε」と置いた。これは後の「エネルギー量子」である。したがって,U_N は次のようになる。

$$U_N = P \cdot \varepsilon \qquad (6.49)$$

P 個の ε を N 個の共鳴子に配分する場合のコンプレキシオンを Y と置いて,本章2節と同じように求めれば,次式になる。

$$Y = \frac{(N+P)^{N+P}}{N^N \cdot P^P} \qquad (6.50)$$

Y は,1900年12月論文の X と同じ表式になっている。しかし,X は多様な振動数のなかの一種類の ν をもつ共鳴子に対するコンプレキシオンである一方,Y は系の全共鳴子に対するコンプレキシオンである。

それから彼は,「N 個の共鳴子が全体として振動エネルギー U_N をもつための確率 W は,エネルギー U_N を N 個の共鳴子に配分するあらゆる場合のコンプレキシオンの総数 Y に比例する」という仮説を立てた[74]。したがっ

て，(6.48)式の確率 W は Y に比例するのである．比例定数を A とすれば，(6.48)式は次のようになる．

$$S_N = k \cdot \log\left\{A \cdot \frac{(N+P)^{N+P}}{N^N \cdot P^P}\right\} + const. \qquad (6.51)$$

ここで k はボルツマン定数である．任意の定数 $const.$ を，比例定数 A を含む形でとり直すならば，(6.51)式は次のようになる．

$$S_N = k\{(N+P)\log(N+P) - N\log N - P\log P\} \qquad (6.52)$$

この式に(6.49)式の P を代入し，さらに，(6.46)式の U_N を代入すると，

$$S_N = kN\left\{\left(1 + \frac{U}{\varepsilon}\right)\log\left(1 + \frac{U}{\varepsilon}\right) - \frac{U}{\varepsilon}\log\frac{U}{\varepsilon}\right\} \qquad (6.53)$$

が導出される．この式は N 個の共鳴子に対してであり，S_N の(6.47)式を使うと，1個の共鳴子のエントロピー S が次式のように導かれる．

$$S = k\left\{\left(1 + \frac{U}{\varepsilon}\right)\log\left(1 + \frac{U}{\varepsilon}\right) - \frac{U}{\varepsilon}\log\frac{U}{\varepsilon}\right\} \qquad (6.54)$$

この式は上の(6.39)式に対応している．このようにして，彼は S の式の導出を説明づけた．

次いで，S が $\frac{U}{\nu}$ だけの関数になることを表すヴィーン変位則(6.26)式を(6.54)式に適用すると，次式が得られる．

$$\varepsilon = h \cdot \nu \qquad (6.55)$$

ここで h はプランク定数である．1900年12月論文では，どうして ε が $h\nu$ になるのかは示されていなかったが，1901年論文では，ヴィーン変位則によって，エネルギー量子を表す(6.55)式の導出が明示されたのである．そして，(6.54)式は次のようになる．

$$S = k\left\{\left(1 + \frac{U}{h\nu}\right)\log\left(1 + \frac{U}{h\nu}\right) - \frac{U}{h\nu}\log\frac{U}{h\nu}\right\} \qquad (6.56)$$

これを微分して，次式を導き，

$$\frac{dS}{dU} = \frac{k}{h\nu}\left\{\log\left(1+\frac{U}{h\nu}\right) - \log\frac{U}{h\nu}\right\} \tag{6.57}$$

これを S と T の熱力学的関係(6.14)式に適用し，さらに，輻射のエネルギー密度 u と共鳴子エネルギー U の関係(6.7)式を使えば，1900 年 12 月論文の終わりで示された新しい分布式(6.45)が得られる。

$$u_\nu = \frac{8\pi h\nu^3}{c^3} \cdot \frac{1}{\exp\left(\dfrac{h\nu}{kT}\right) - 1} \tag{6.45}$$

こうしてプランクは，エネルギー量子を導入することによって，プランク分布式を導出するのに成功したのである。

5.4 1901 年論文の役割

新しい実験結果に対応するために，プランクは 1900 年 10 月論文で，共鳴子エントロピー S のエネルギー U に関する二階微分式を，新しい形の(6.36)式で表した。そして，この(6.36)式を 2 回積分し，それに S に関するヴィーン変位則(6.26)式を適用して，さらに，S と T の熱力学的関係の(6.14)式を使い，新しい分布式(6.40)を導いた。1900 年 10 月論文で彼は，S の U についての二階微分式が(6.36)の形になるならば，新しい実験結果に一致する分布式が導出されることを示したのである。

1900 年 10 月論文のあと，プランクは，新しい S の表式と分布式を導く熱輻射論をつくり上げることに取り組んだ。1900 年 12 月論文では，確率論的な方法によって，新しい分布式(6.45)が求められるのではないかということが示唆されたに過ぎない。1901 年論文になると，プランクは，確率論的な考察によって，実際に S の式を理論的に導いた。それから，S の式にヴィーン変位則(6.26)式を適用し，S を U について微分して，さらに S と T の熱力学的関係(6.14)式を使うことによって，プランク分布式(6.45)を導いた。1901 年論文で彼は，確率論的な考察から S の式を導き，その S から分布式を求めるという理論的説明を明示したのである。1900 年 10 月論文の結果は，1901 年論文で理論的に補足されたように見える。

プランクがSの式を導くために行った確率論的考察は，P個のエネルギー要素εを取り扱うものである。この考察は，結果的に量子概念を取り入れている。一方，彼の熱輻射論の前提は古典電磁気学である。彼が1901年論文で導入した確率論的考察は，その前提から導かれるものではない。1901年論文で彼は，Sの式や輻射式を確率論的考察によって演繹的に導くことを示したが，エネルギー量子の仮説を含む確率論的考察そのものは，古典力学を基礎にする熱輻射論の前提から導かれるものではなかった。したがって，1901年論文でプランクは，1900年10月論文で示唆した内容を理論的に展開することに成功したわけではなかったのである。

5.5 1901年論文の方法

1900年10月論文の主旨は，エントロピーSのエネルギーUに関する二階微分式(6.36)を積分することによって，実験結果と一致する新しい輻射式を示すことであった。それに対して，1901年論文では，Sの式を微分することによって，プランク輻射式が導出されることが示された。また，エネルギー要素εによる確率論的考察は，古典電磁気学を前提にしたプランクの熱輻射論から導かれるものではなく，その理論との間に理論的連続性を欠いているが，Sの表式を導出するためには必要なものであった。このように見ると，1901年論文の方法は，1900年10月論文で示された，実験結果とSの式との関係を前提にして，S式を確率論的考察から理論的に導き，S式から新しい分布式を求めるというものである[75]。

これらを考慮すれば，1901年論文の流れは図6.4のように図式化できる。図6.4は，1901年論文の方法が1899年5月論文の場合(図6.1)と類似の形になることを表している。

6. プランク熱輻射論の方法とその独自性

これまでの分析をふまえて，以下でプランクの熱輻射論の方法を改めて考えてみる。

第 6 章 実験研究の展開におけるプランク熱輻射論　289

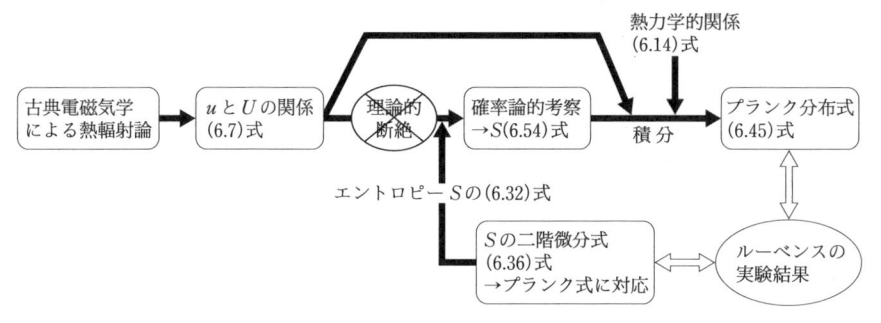

図 6.4　1901 年論文のプランクの方法

6.1　1899 年 5 月論文の方法と 1901 年論文の方法

　1899 年 5 月論文で，プランクが共鳴子エントロピー S の表式 (6.10) を，当時，実験結果と合致すると思われたヴィーン分布式 (6.16) から導出したとすると，彼は，この S 式を熱輻射論のなかに導入して，S 式を導出した計算を逆に辿ることでヴィーン分布式を導いたのである。また，本章 4.3 節で見たように，プランクによるヴィーン変位則の取り扱いなどに着目するならば，S の表式 (6.10) は熱輻射論から演繹的に導かれたと考えることはできない。その導出は，1900 年 3 月論文で試みられたが，結局，演繹的に導かれたとは断定できないものだった。とすると，S 式の導入は，ヴィーン分布式を導くために行われた仕掛けと見て取ることができる。1899 年 5 月論文でプランクが採った方法は，実験結果と合致するであろう分布式との一致に重点を置き，その輻射式から導かれる S 式を，理論的断絶にもかかわらず熱輻射論に導入するというものである。

　1900 年 10 月論文でプランクは，ヴィーン分布式が長波長領域の実験結果と合致しないことを受けて，エントロピー S とエネルギー U との関係に，(6.10) 式の形に替わる新しい表式を与えた。その式から導かれる分布式は，ルーベンスの新しい実験結果とよく合致していた。そこで，1901 年論文になり，プランクは新しいエントロピー S の表式 (6.39) に理論的な説明づけを与えた。それは，確率論的考察によって成功したが，彼のそれまでの熱輻射論から導かれるものではなかった。つまり，S 式の導出に対する説明は，

1900年10月論文で示された新しい分布式を得るために，理論的断絶が生じているにもかかわらず導入されたということになる．プランクが取った方法は，新しく実験結果と合致する式の説明を重視して，その説明を，古典論に基づく電磁的な熱輻射論と整合しないにもかかわらず，理論のなかに導入してしまうというものであった．

1899年5月論文と1901年論文の方法を比べて考えると，両方法とも，各論文に先行して，実験結果と合致する分布式が存在し，それに見合うエントロピーSの表式を理論的断絶にかかわらず導入して，そのS式を手掛かりにして分布式を導くという形を採っている．導かれた分布式は，当然，目的の式と同じであり，実験結果をうまく再現している．このような方法を採れば，S式を鍵にして，実験結果に最も合う分布式が論文の結論におさまるのである．両論文の方法は，図6.1と図6.4で示したように，その形が同様であるとともに，このような共通した見通しをもっていたと考えられる．

6.2 プランク熱輻射論の方法

1899年5月論文は，1897年から1898年にかけてプランクが発表した「不可逆的な輻射現象について」というタイトルの四つの論文の集大成である．また1901年論文は，1900年初頭から顕在化した長波長領域の実験結果に対応した，プランクの新しい熱輻射論の集大成である．したがって，この二つの論文は，1890年代後半を通して彼が行った熱輻射研究の典型例と見ることができる．そして，上で示したように，二つの論文上で展開された方法は共通していたのである．

プランクの方法の手順は次のようであった．まず，共鳴子と輻射場による電磁気学的理論を展開し，輻射場のエネルギー密度uと共鳴子のエネルギーUの関係を表す(6.7)式を求める．それから，実験結果と一致する見込みのある分布式に対応する共鳴子エントロピーSの式を導く．そして，S式が電磁的理論から得られないにもかかわらず，熱輻射論のなかにS式を導入する．さらに，エントロピーSと温度Tの熱力学的関係を表す(6.14)式とSの式を使い，UとTの関係を導く．その式とuとUの(6.7)式を用い

て，最終的に，u と T の式，すなわちエネルギー分布式が求められる。こういった手順の分布式の導き方が，プランクの方法なのである。

　彼の方法は，要約すれば，一方で実験結果に適合するようにエントロピー S の式を帰納的に求め，他方で輻射場のエネルギー密度 u と共鳴子のエネルギー U の関係を導く過程，S 式を導入してから分布式を導く過程では演繹的に展開されるというものである。帰納的側面は，古典論では説明できない当時の新しい実験結果をうまく反映し，演繹的側面は，19 世紀の電磁気学からくる古典論的性質を保持することに作用している。プランクの研究方法は，このような二面性を，すなわち，古典論に沿った演繹的側面と古典論では説明できない内容を取り込む帰納的側面を同時に備えていたのである。したがって，プランクは古典論から出発しながらも，新しい量子の世界への橋渡しを見出すことができたのである。

6.3　理論科学者の輻射分布式を導く方法

　19-20 世紀転換期，プランク以外の理論科学者たちも熱輻射研究に関わり分布式の導出に取り組んでいた。1880 年代末-1890 年代半ばにかけては，ミヘルゾン，ヴィーンらの研究が知られ，それらの内容は，本章 2.5 節，3.3 節などで紹介した。ミヘルゾンは，1887 年に，「微粒子振動と，それによって引き起こされるエーテル振動との相関関係」に注目して，固体の輻射が生じるメカニズムを考え，マクスウェル速度分布則を利用してエネルギー分布式を求めた。これをヒントに，1896 年にヴィーンは輻射体を気体として見立て，輻射の振動が分子の運動に何らかの関連をもつとする仮説からヴィーン分布式を導いていた。彼らの試みは，同種の仮説を扱っているにもかかわらず，求められたミヘルゾンの式とヴィーンの式の形が異なるという問題がある一方，ヴィーン分布式が 1890 年代後半において「得られていた実験データをうまく説明しうる」と考えられた複雑な状況下にあり，彼らの仮説の是非は断定されていなかった。その後 1900 年になり，長波長領域の実験でヴィーン分布式を否定する結果が提出され，長波長に対しても有効な分布式を与えることが課題となった。プランクは自らの熱輻射論を展開して，

ヴィーン分布式に代わってプランク分布式を提出するに至った。

プランク分布式が提出された同時期，他の科学者によっても長波長に向けた分布式導出の試みは行われていた。レイリー卿は，1900年の論文「完全輻射の法則についての言及」で，輻射現象を空気の振動と見立て，各振動にエネルギー等分配則を適用することで一つの分布式を導いた[76]。彼の式は，波長 λ と $\lambda+d\lambda$ 間の輻射の強さと，温度 ϑ，波長 λ の関数との間に次のような関係をもっていた。

$$\varphi_\lambda \propto \vartheta \lambda^{-4} d\lambda \qquad (6.58)$$

これは，後にレイリー-ジーンズ分布式と呼ばれる式に対応していた。レイリーは，エネルギー等分配則に基づいて得られる分布式が，長波長領域においてのみ実験結果と一致するため，考察の対象をその領域に限るとしていた。

ジーンズ(Sir James Hopwood Jeans, 1877-1946)は，1905年の論文「物質とエーテル間のエネルギーの配分について」で，物質からエーテルへのエネルギー伝達を輻射現象としてとらえた[77]。彼の仮定では，気体分子同士が衝突することでエーテル中に振動が起こり，その振動によるエネルギーの放出が輻射となる。分子が衝突すると，そこから発生する振動エネルギーは，エネルギー等分配則に基づいて，エーテルの各自由度に均等に分配される。このような考察によって次の分布式を導いた[78]。

$$8\pi k T \lambda^{-4} d\lambda \qquad (6.59)$$

この式は，波長 λ ではなく振動数 ν によって表せば，まさに本章2.3節で触れたレイリー-ジーンズ分布式(6.9)となる。レイリーと同様，ジーンズもこの分布式の有効性は長波長領域だけに限ることを示唆していた。

ローレンツは，1903年の論文「大きな波長の熱輻射線の金属による放出と吸収について」で，金属の輻射放出を，長波長領域だけに限って，自由電子の熱運動によって説明できるだろうと考えた[79]。まず彼は，電子を含めたすべての各粒子が，エネルギー等分配則に基づいて，αT の平均運動エネルギーをもつと仮定した。ここで，α は定数，T は絶対温度である。彼の考

える輻射のメカニズムは，電子が金属の粒子と衝突し，その瞬間に輻射の中心になり，エネルギーを放出するというものだった。金属板の一定部分についてのエネルギー放出を計算することによって，次のような分布式を導いた。

$$\frac{16}{3}\cdot\frac{\pi\alpha T}{\lambda^4}d\lambda \qquad (6.60)$$

これは，$\alpha=\frac{3}{2}k$ と置けば，ジーンズが導いたレイリー-ジーンズ分布式に一致する。ローレンツは，ジーンズより二年あまり早くその式を導いていた。

長波長領域におけるヴィーン分布式の問題を受けて現れた，上記三者による分布式はいずれも，振動，気体分子，電子といった19世紀的物理モデルにエネルギー等分配則を適用することで導かれていた。ジーンズとローレンツにおいては，気体分子運動論の考え方に沿う形で輻射モデルが採用されていた。三者の共通した方法は，プランクが用いたような帰納的側面をもたず，終始，古典論に基礎をおいて演繹的に進めるものであった。そのため，彼らが導く分布式は，古典論的極限である長波長領域に限って実験結果との合致が見られた[80]。短波長領域に有効な分布式を演繹的に導くには，量子概念が認識される必要があった。量子概念を欠く古典論に基づく演繹的方法では，全波長領域で実験と適合する式は導出できなかったのである。プランクの方法で，それが実現できたのは，彼の方法がエントロピー S に関連する帰納的側面をもっていたからである。

6.4 実験科学者の輻射分布式を導く方法

長波長領域におけるヴィーン分布式の信頼が崩れると，実験科学者のなかには，ヴィーン式ではない，自らの実験データを反映した独自の分布式を提出する実験科学者たちも現れた。

ルンマーは，数学者ヤンケ (Paul Rudolph Eugen Jahnke, 1863-1921) の協力の下，ミヘルゾンやヴィーンの分布式の理論的基礎を精査しながら，分布式の形を模索し，1900年の論文「黒体および磨いた白金のスペクトル方程式について」で次の式を発表した[81]。

$$E_\lambda = C_1 \lambda^{-\mu} T^{5-\mu} \exp\left(-\frac{C_2}{(\lambda T)^\nu}\right) : \mu=4,\ 1.3>\nu>1.2 \qquad (6.61)$$

ここで C_1, C_2 は定数である。

またルンマーは，プリングスハイムとともに1900年の論文「長い波長の黒体輻射について」で次のような分布式を示した[82]。

$$E_\lambda = C_1 \frac{1}{\lambda^5} \lambda T \exp\left(-\frac{C_2}{(\lambda T)^{1.3}}\right) \qquad (6.62)$$

さらに，ルンマーとプリングスハイムがプランクに宛てた1900年10月24日付の手紙には次のような式が記されていた[83]。

$$E_\lambda = \frac{C_1 \lambda^{-5}}{\exp\left(\frac{c}{\lambda T}\right) + \exp\left(-\frac{\lambda T}{c}\right) - 1} \qquad (6.63)$$

ルンマーら実験科学者たちの分布式は，実験結果と比較して，指数の数値に工夫を加えたものである。彼らの導き方は，分布式を自分たちの実験結果に合わせて求める極めて実際的なものだった。プランクも，実験結果と分布式の関係に目を向けたが，実験結果を即分布式と結びつけるのではなく，実験結果をエントロピー S の問題としてとらえることで無理矢理ながら理論に組み込み，そこから分布式を導くという手順をふんだ。単純な帰納によって経験式を求めた一部の実験科学者たちの導き方は，電磁気学と熱力学に基づく理論的枠組みをもつプランクの方法とは異なっていた。

6.5　プランクの方法──演繹-帰納，理論-実験の協調

熱輻射研究におけるプランクの分布式を求める方法は，一方で実験結果に合致するようエントロピー S の式の形を帰納的に求め，他方で，理論的断絶をともないながらも，その S 式を基点にして分布式を演繹的に導くというものであった。プランクの方法は，同時期に分布式導出に取り組んだ他の科学者のものとは異なっていたのである。

その相違点は二つあった。第一は，プランクがエネルギー等分配則を用いずに，エントロピー S の式に注目した点である[84]。これは，レイリー，ジー

ンズ，ローレンツらの理論科学者からプランクを差別化した．彼らは，本章 6.3 節で見たように，エネルギー等分配則を基本に据えて演繹的に分布式を求めた．彼らの理論的方法は完全に古典論に基づいており，その限りで演繹的であったが，長波長領域以外の実験結果と一致する分布式を導くには有効ではなかった．それに対してプランクの方法は，帰納的にエントロピー S の式を求めることで当時の実験結果を反映し，全波長領域に有効な分布式を導いたのである．

第二は，プランクが実験結果とエントロピー S の式との対応関係を追求した点である．これは，同時期に独自の分布式の導出を試みたルンマー，プリングスハイムらの実験科学者からプランクを差別化した．彼らは，本章 6.4 節で見たように，分布式を単純な帰納で求める，極めて実際的な方法を採った．それに対してプランクは，実験結果と S の関係に着目して S の式を求め，そこから演繹的に分布式を得るというアプローチを採った．彼は，実験結果に目を向けたが，即分布式と結びつけるのではなく，エントロピー S を鍵にして一定の理論的枠組みから分布式を導いた．

プランクの方法は，世紀転換期の熱輻射の研究において，周囲の他の科学者とは異なる固有なものだった．彼の方法は，古典論だけに依拠する演繹ではなく，また実験結果からの帰納だけを頼りにするものではない．それは，帰納的であると同時に演繹的でもあった．このような方法を通して，彼の熱輻射論では，演繹と帰納をうまく両立させて，理論研究と実験研究の諸成果の協調が生まれていた[85]．プランクの協調をもたらす方法は，決してスマートではない強引な手法を採っていたが，従来の理論的枠組みのなかでは対応不可能な実験結果を取り込んだ理論をつくり上げた．だが，そのために，プランク熱輻射論は，当時の理論の古典性と，実験結果を含む非古典性の間に存在するギャップを内包することとなった．のちに，プランクの理論を考察したアインシュタイン(Albert Einstein, 1879-1955)は，1906 年の論文で，彼の 1901 年論文に潜む問題を明らかにした[86]．それは，1901 年論文の当初の熱輻射論が，古典電磁気学を基盤として，光の波動性を前提とする一方で，プランクが導入した確率論的考察は光の粒子性に基づくという理論的矛盾で

あった。これは，プランクの方法が内包する，理論研究の負う古典性と，実験結果に秘められた非古典性とのギャップを表していた。

このように，プランクの熱輻射研究は，ギャップをともなう実験と理論の両性質を方法論的に包み込み，最新の実験結果に合わせて理論的帰結が変位する構造をもっていたのである。彼の熱輻射論にとって，理論の帰結先を決める重要な因子が当時の実験研究の動向だった。プランク理論における実験研究の重要度は，他の理論家たちの場合のそれをはるかに凌ぐものであった。

7. 熱輻射実験の展開とプランク熱輻射論

先に触れた，一部の実験家が提出した輻射分布式に関係したのはルンマーらであった。ルンマーが主導する実験プログラムでは，光度および温度標準を精密に追究することを目的として，主に輻射測定器や輻射源の研究・開発が行われていた。彼らの輻射法則との関係は，輻射源の開発状況の把握とからんでいた。光度・温度標準を研究するための輻射源の研究には，詳細な実験データの検証を必要とした。それにともない，ルンマーらは，彼ら自身の実験グループが得たデータに忠実な輻射分布式の導出も追究した。彼らのデータ検証とそれにともなう分布式の導出は，1899-1900年のヴィーン分布式の長波長範囲のズレを明らかにしたが，プランクによる分布式の理論的導出の仕方とは大きく異なっていた。

しかし，これまで明らかにしたように，19世紀末ドイツを中心とする熱輻射実験の展開には，ルンマーらとは異なるパッシェン，ルーベンスらの実験プログラムの研究も存在していた。パッシェンは，実験研究において理論研究の動向に近しい立場を採っていた。パッシェンの実験プログラムは，分光現象からスペクトル法則を見出す19世紀末の分光学研究を背景にして，輻射現象から輻射法則を導出しようとする目的をもっていた。彼は，理論研究と同様に，早い段階から輻射現象の法則性に注目していた。そして，1890年代中頃，熱輻射実験を進めるなかで，ヴィーンとは独立にヴィーン分布式と同形式を実験的に得たのである。それ以降のパッシェンは，ヴィーンが

1896年に理論的に導出した分布式を確かめる作業に力点を置いた。その結果，パッシェンは，輻射測定の波長・温度範囲を拡げて，新しい種類の熱輻射実験と実験データを求めるのではなく，それまで彼が行ってきた，高温だが長くない波長領域の実験を繰り返し検証した。パッシェンの実験研究は，実験研究と理論研究の合致点を実験側から追究していたのである。

ルーベンスらも，パッシェンと同様，実験研究の目的を理論研究の動向と関連づけていた。だが，それを関連づける方法には違いがあった。ルーベンスが主導する実験プログラムでは，マクスウェル理論の赤外部領域への適用を確証することを目的として，赤外部とりわけ遠赤外部の輻射線を扱う実験が行われた。ルーベンスの場合，当初から，実験独自の研究というよりむしろ理論研究を中心に据えて，その成果の適用範囲を拡げるための実験研究となっていた。結果的に，遠赤外部というそれまで未知の輻射領域を扱ったルーベンスらの研究は，極めて長い波長範囲の稀少な実験データを提供し，その範囲での輻射法則の検証を実現したのだった。当初，実験研究の独立性を保ちながらも理論的結果との合致点を見出し，その後，理論研究との協調を重要視していくパッシェンの研究に対して，ルーベンスらの研究は，理論研究に対する実験研究の協調が先立った後，実験でしか知り得ない特別なデータを通して，実験結果の動向に理論研究が協調していく状況を創出していた。

パッシェン，ルーベンスらの実験研究とプランク熱輻射論の関係を考えるならば，パッシェン，ルーベンスらの研究成果がプランク熱輻射論およびその方法の基盤を支えていたことがわかる。1890年代後半のパッシェンの熱輻射実験を通して，実験的に信頼できるとみなされたヴィーン分布式は，プランク熱輻射論にとって当初の重要な理論的結果となるものであり，プランクの方法におけるエントロピーS式の逆算の出所となっていた。また，ルーベンスらが1890年代末–1900年にかけて提出した，新しい遠赤外部の輻射実験のデータは，プランクに，ヴィーン分布式に替わる新たなプランク分布式の導出の契機を与え，新たなエントロピーSの式を求める材料を提供していた。パッシェン，ルーベンスらの研究は，理論研究との協調の仕方に違い

があるものの，プランクの熱輻射論や彼の研究方法の展開に不可欠な構成要素を与える実験研究であった。

8. 実験研究の展開からエネルギー量子誕生を考える

　熱輻射論研究からエネルギー量子という概念を生み出したプランクは，19世紀末の熱輻射研究のシンボル的存在である。先行研究がシンボルとしてのプランクおよび彼の研究をどのように見てきたかは，上記で断片的に記してきたが，ここで改めてまとめると次にようになる。

　プランクの熱輻射論研究の特徴の一つは，クラインらが触れたように，19世紀末当時の他の理論研究者と違って，エネルギー等分配則とそれに関連する方法から距離を置いたことである。熱力学第二法則のエントロピー増大を絶対的なものとしてみなしていた当初のプランクは，ボルツマンが原子論的考察から第二法則を確率論的に解釈しようとした試みに賛同できず，それを理由に，ボルツマンらの原子論的考察と関連するエネルギー等分配則に不信感をもっていた。エネルギー等分配則を使うと，レイリー-ジーンズ式として知られる輻射エネルギー分布式が導かれるので，プランクがレイリー-ジーンズ式に至らなかった理由としても，エネルギー等分配則から距離を置く彼の特徴は知られている。

　もう一つの特徴は，プランクの熱力学への思い入れである。序章で挙げた先行研究の高林，辻，クーン，井上らは，熱力学と関連するプランクの特徴を重要視していた。熱輻射論を含めたプランクの理論研究の目標が熱力学第一法則と第二法則への還元に関係していたのではないかという点に注目する見方，熱力学第二法則と電気力学を調和しようとする彼の試みを重視する見方，平衡・非平衡状態に対する彼の考察を重視する見方などがあった。これらの見解はどれも熱力学と関係していた。確かに，プランクは，他の理論研究者と違い，熱力学的考察を熱輻射論のなかにもち込もうとするなかで，熱輻射論の構築とエネルギー量子導入を成し遂げたのである。

　熱力学とプランクの関係からは，彼の研究姿勢そのものの特徴も見てとれ

る。プランクにとって，第一種および第二種の永久機関の不可能性という経験事実を基本としている熱力学は理論体系の基礎にふさわしかった[87]。プランクは，熱力学に関する1891年の論文で，「われわれは，最高級審にて，すなわち経験上で検証することのできるような成果に向けて努力する」と語っている[88]。プランクは熱輻射論研究でも，コンプレキシオンの仮説に対して「実際に自然に適合しているかどうかは，最終的に経験によって確かめるほかないだろう」という姿勢を見せている[89]。そして，プランクの理論的方法にとって不可欠な電磁的エントロピーの式は実験結果という経験事実に基づいて導かれていた。熱力学を基本とする彼の考えには，熱輻射論研究にもあてはまる，経験事実に拠り所を求める研究姿勢が示されていた。理論研究に携わる科学者であっても，経験事実に目を向けるのは当然のことだが，プランクと同時代の熱輻射論に関わったすべての科学者たちが経験事実を重んじていたわけではなかった。そのため，経験事実に重きを置くプランクの姿勢は，彼の理論研究の特徴となったのである。

　また，先行研究のなかには，プランクの研究の特徴を方法論的にとらえようとした研究も見られた。天野清は，1943年の著作で，プランクの論文を「解析的であって，モデルで描こうとしない」と語った[90]。ローゼンフェルトは，1959年の論文で，プランクの研究を「プラグマティック」，「形式主義的」といった言葉で評した[91]。佐野正博は，1989年の論文で，「プランク的研究プログラム」を，「古典論的理論体系と，それとは異質で無縁な条件である量子条件の二つを統合することによって，量子論的定式化を導きだそうとする「折衷」的研究プログラム」であるとした[92]。これらの見解は，プランクの研究方法をうまく表現するものだった。

　このように，19世紀末の熱輻射研究のシンボルとしてのプランクは，多くの先行研究の分析対象となり，プランク熱輻射論の形成過程，理論的特徴，それらに関わる研究姿勢の特徴，方法論的特徴などが語られてきた。しかし，これらの諸見解は，大半の先行研究に見られた，理論もしくは概念の展開を明らかにしようとする傾向をつよくもち，理論の内的な足跡や方法を詳述したが，実験研究の動向とプランクの理論研究との交わりや，理論と実験の間

のプランクの位置づけなどについては,「プラグマティック」といった言葉で評される程度で,示唆的な結論にとどまっていた。また,経験事実を重視するプランクの姿勢は,彼自身の発した言葉を通して語られることが多く,彼の理論構造や具体的な方法論に基づく分析,実験研究の動向の分析などを通して語られることはほとんどなかった。プランクを取り巻くエネルギー量子が誕生した文脈を知るには,実験研究の展開や,実験と理論の関係を分析することが不可欠にもかかわらず,先行研究ではその点への分析が不十分だったのである。

　本書では,19世紀末ドイツを中心とする熱輻射実験の展開を詳細に分析し,プランク熱輻射論の脇役となりがちだった実験研究の動向を明らかにした。1890年代初頭を中心とする初期段階では,ハノーファーのパッシェンが分光学研究の性質を背景としながら,輻射エネルギー分布の法則性を見出そうとする実験に取り組み,輻射実験のための基礎研究の実施と機器構成の構築を進めていた。1890年代前半を通した中期段階では,パッシェンの研究と,ベルリンのルーベンスの赤外線研究がうまく交流し,プリズムの分散の基準化,ガルヴァノメーターの開発などが進展していた。1890年代後半の後期段階に入ると,基礎研究を一段落させたパッシェンが繰り返し輻射エネルギー分布測定を行い,ヴィーン分布式を実験的に確かめつつあった。だが,標準研究に携わっていたルンマーらが精度の高い輻射測定器および輻射源を擁して,分布測定に参入してくると,長波長領域のヴィーン分布式の確かさが揺らぎ,その不確かさを,遠赤外部まで測定対象を拡げたルーベンスらの実験研究が決定づけたのである。このような実験的展開のなかで,新しい分布式および熱輻射論の必要性が投げかけられ,それにプランクが応えた結果,プランク分布式の導出と最終的なプランク熱輻射論の形成が行われた。そして,その副産物としてエネルギー量子が萌芽したのである。

　こうした流れには,単に,実験研究者の近くに理論家のプランクがいたからというのではなく,熱輻射実験の動向を積極的に受け入れようとするプランクによる理論の扱いが大きく作用していた。この作用力は,プランクの研究姿勢を反映した,電磁的エントロピーを鍵とする帰納的側面と,電磁理論

に熱力学的考察を加えた演繹的側面を合わせもつ彼の研究方法によって発揮されたのである。本書の研究を通して，先行研究で明らかにされていなかった熱輻射実験の動向の全体像が提示され，その動向に対応できるプランクの理論的方法が具体化されたのである。

19世紀末ドイツを中心とする熱輻射実験の研究は，熱輻射論の研究動向の後を追ったのではなく，各研究者ないし研究グループがもつ独自の実験目的，実験プログラムに基づいて進められ，いくつかの種類の実験データおよびデータ解釈を提供していた。また，プランクはこれらの実験研究の近くにただ居合わせたのではなく，それらの実験結果を取り込む理論的方法を形成し，実験研究の動向にいち早く対応して新たな理論構築に着手したのである。1900年にエネルギー量子を導入したプランクの熱輻射論は，高い理論的完成度をともなうものではなかったが，実験研究の動向に対応するために苦慮しながら構築された理論だったゆえに，当時の理論が抱えていた古典的要素と，実験のなかに内包されていた非古典的要素の両者を取り込むことになったのである。その結果，プランク熱輻射論から新しい科学概念，エネルギー量子が生まれたのである。

9. 小　　括

本章は，熱輻射論研究を，19世紀末ドイツの熱輻射実験の文脈のなかに位置づけるために，熱輻射論の代表的なプランクの理論とその方法を主に論じて，彼の理論および方法の展開における実験研究の重要性を明らかにした。

熱輻射研究に取り組み始めたプランクは，ヘルツの電気的線形振動子から着想を得て，鏡壁で囲まれた空洞内に輻射と共鳴子があると仮定し，共鳴子がエネルギーを放出・吸収することで，熱輻射の平衡状態が不可逆的に達成される過程を考えた。さらに，輻射場および共鳴子のそれぞれにエントロピーを想定して，1899年5月の論文「不可逆的な輻射現象について」では，1個の共鳴子の電磁的エントロピーSに対する一つの表現を与えた。しかし，プランクはこのエントロピーSの式をどのように求めたかを明らかにしな

かった。そのため，本章では，1899年5月論文でプランクが導入した共鳴子の電磁的エントロピーSの(6.10)式がどのように求められたかを問題にした。この問いに対する先行研究は，主に，ヴィーン分布式の逆算から得られたというローゼンフェルトらの見解と，H関数に基づいて求められたというダリゴルの見解の二つがあった。1899年5月当時のプランクの文脈を彼の諸論文を頼りに検討すると，彼の，ヴィーン変位則の使い方や引用の仕方に関する事実と，ダリゴルの見解との食い違いが明らかになった。それに対して，ローゼンフェルトらの見解による解釈は，当時のプランクの文脈と矛盾する点がなく，より現実的なものとみなすことができた。

そこで本章では，ローゼンフェルトらの見解を正しいとする視点から，1899年5月論文の方法を考察した。その結果，エントロピーSの(6.10)式を帰納的に求め，理論的断絶にもかかわらずS式を熱輻射論の中に導入して，演繹的に見せながらヴィーン分布式(6.16)を導くという方法が読み取れた(図6.1参照)。そして，同形の方法が1901年論文でも見られた(図6.4参照)。1899年5月論文と1901年論文は，1895-99年，1900-01年のそれぞれの時期にかけてプランクが行った熱輻射研究の集大成であった。その2論文で見られた共通の方法は，プランクの熱輻射研究の方法といえるものである。

プランクの方法は，他の熱輻射の研究者が採ったものと異なっていた。その相違点は，二つに集約される。第一は，エネルギー等分配則ではなく，エントロピーSの取り扱いを重視したこと，第二は，プランクが実験結果とS式との対応関係を追求したことである。第一の点は，同時期に熱輻射論に関わる科学者からプランクを差別化した。その理論科学者たちは，実験結果よりも，等分配則を含めた古典論に基づく理論に優位を与える姿勢から抜けられなかった。第二の点は，同時期に熱輻射実験に携わり独自の分布式提出を試みた科学者からプランクを差別化した。それらにかかわった実験科学者たちは，より精密な実験を実現し，古典論では説明できない結果を示したが，実験結果から分布式を導くにあたっては実際的過ぎた。

エントロピーSの式を帰納的に求め，他方でそのSから演繹的に分布式を導くという，プランクの方法は，古典論もしくは実験結果のどちらかに偏

るのではなかった。したがって，彼の方法は，当時の理論からくる古典性と実験結果が内包する非古典性の両方を取り込むものだった。

本章の研究は，以上のような，世紀転換期のエネルギー量子導出に関わるプランクの熱輻射論の方法を示した後，当時の熱輻射実験の動向とプランク熱輻射論の接点を明らかにした。熱輻射実験の展開はパッシェン，ルンマー，ルーベンスらによって主導されていたが，とくに，パッシェンとルーベンスらの研究は，輻射現象の法則性の探求，マクスウェル理論の適用範囲拡大の確証に基づく実験プログラムの下で，短波長の赤外部領域におけるヴィーン分布式の信頼性と適用限界，遠赤外部領域の新しい実験データと適合する新たな分布式の模索をプランクに突きつけて，彼の熱輻射論とその方法の展開に大きな影響を及ぼしていた。エントロピー S の式を帰納的に求め，理論的断絶にもかかわらず S 式を熱輻射論の中に導入し，演繹的に見せながら輻射分式を導くというプランクの方法は，帰納的側面を包含していることから，当時の確かな実験研究の展開なくして成り立ち得なかった。当初のプランク熱輻射論の重要な結論であり，彼の理論的方法の支柱となったヴィーン分布式は，主に，1890年代のパッシェンの実験プログラムの研究を通してその実験的基盤を築いていた。また，1900年末になり，新たにプランク熱輻射論の結論，および彼の方法の支柱となったプランク分布式は，1890年代を通じたルーベンスの実験プログラムの研究によって提供されていた。1900年にエネルギー量子を導出にするに至るプランク熱輻射論とその方法は，19世紀末ドイツの熱輻射実験の進展と結びつくことで成立していたのである。

以上のような分析を通して，先行研究が明らかにしていなかった，当時の熱輻射実験の動向とプランク熱輻射論の接するメカニズムを明示することができた。複数の実験プログラムによって展開された実験研究は，1900年に至るなかで，異なる測定範囲の実験結果を提供し，広い温度領域・波長領域の測定データを覆っていきながら，プランク理論の構築に必要な実験的材料を豊かにしていった。そして，プランクは，電磁的エントロピーの式を実験結果の動向に対応させながら，それに合わせた熱輻射論の構築と改変をつづけた。これまで「プラグマティック」などの言葉で示唆されてきたプランク

の理論研究の特徴は，電磁的エントロピーを鍵にした帰納的側面をもちながら実験研究との確実な接点をつくった彼の方法を通して，具体的に説明され得るのである．プランクの熱輻射論研究が，彼の独自の方法を採ることによって，複数の実験プログラムの交わる実験研究の展開と連動したことは，1900年のエネルギー量子の誕生にとって極めて重要な出来事であった．

[注と文献]
[1] プランクが熱力学研究において，どのような方法を採ったかについては以下の文献を参照．小長谷(2008b)．
[2] Kuhn(1987), p. 18.
[3] 井上(1996), 31頁．
[4] Planck(1890a)；Planck(1890b)．
[5] 井上(1996), 23頁．
[6] Boltzmann(1884a)；Boltzmann(1884b)．
[7] 「マクスウェルはかれの光の電磁理論から，光線または輻射された熱は単位面積上に直角に入射するさい，光の運動によって，単位体積内のエーテルにふくまれるエネルギーに等しい圧力を及ぼすに違いないとの結論を導いている」．ボルツマンはBoltzmann (1884b)の冒頭でこのように述べていた．引用文は，物理学史研究刊行会(1970), 35頁．
[8] Wien(1893a)．
[9] Planck(1896)．
[10] Planck(1897a)．
[11] Planck(1897b), p. 57. 井上(1996), 26頁も参照．
[12] 井上(1996), 26頁．
[13] Planck(1897c)；Planck(1897d)；Planck(1898)．
[14] Planck(1899)．
[15] 本書中の記号は，種々の都合から，プランクが実際に使用した記号とは多少異なっていることを断っておく．
[16] Planck(1899), p. 443.
[17] Planck(1899), p. 453.
[18] プランクは1899年5月の第五論文で，「自然輻射の概念」を，「直観的に，しかしいくらか間接的になるが」と断りながら，「自然輻射では，その観測可能なゆるやかに変化する平均値」から，「観測不能な急速に変化する量」「のズレがまったく不規則」であることと表現した(Planck(1899), p. 453). 同じ文章がPlanck(1900a), p. 91にも見られる．引用箇所は，物理学史研究刊行会(1970), 159頁を参考にした．以下の文献にも「自然輻射」の詳しい説明がある．Darrigol(1992), pp. 41-44；武谷(1991), 6-7頁．
[19] 「自然輻射」の導入以前のプランクの理論では，この不可逆性は実現できていなかった．この問題点は，1897年6月17日のプロシア科学アカデミーの物理数学部門の集会におけるボルツマンの指摘によって明らかにされた．
[20] 1899年5月論文(Planck(1899))でのプランクは，実際には，輻射場のエネルギー密度

u_ν と共鳴子のエネルギー U_ν の関係ではなく，共鳴子にあたる，振動数 ν の直線偏光した一つの単色の輻射線の強さ R_ν と共鳴子のエネルギー U_ν の関係を求めている．しかし，ここでは後述の議論のため，その関係と同義の u_ν と U_ν の関係を示した．

[21] エネルギー等分配則は，当時「ボルツマン-マクスウェル学説」と呼ばれよく知られていた．例えば，ケルヴィン卿は，1900年4月27日のロイヤル・インスティチューション (Royal Institution) での著名な講演で，「第二の雲」を「エネルギー分配に関するマクスウェル-ボルツマンの説」と表現した．この引用文も含めて，エネルギー等分配則については，Jammer (1966), pp. 12-14；ヤンマー (1974), 15-17頁を参考にした．また，1900年のレイリー卿の論文 (Rayleigh, 1900) でも，「エネルギーの分配に関するボルツマン-マクスウェルの学説にともなう困難」という記述も見られる．引用文は，物理学史研究刊行会 (1970), 98頁を参考にした．

[22] ここでのヴィーン分布式は，これからの議論のために，振動数 ν の関数としている．プランクの論文中では，次のような波長 λ の関数になっている (Planck (1899), p. 475).

$$E_\lambda = \frac{2c^2 b}{\lambda^5} \exp\left(-\frac{ac}{\lambda \vartheta}\right)$$

[23] ヴィーン式は，「やや疑義のある議論を基礎にしているにもかかわらず，当時得られていた実験データをうまく説明しうるように思われた」(ヤンマー (1974), 13頁)．1899年当時，パッシェン，ヴァナー，ルンマー，プリングスハイムらの実験結果を確認すると，ヴィーン式を明確に否定する見解は見られない．プランクの1899年の第五論文 (Planck, 1899) を見ても同様である．

[24] Wien (1896a)；物理学史研究刊行会 (1970), 85-93頁．

[25] 小林 (1988), 32頁．

[26] ヴィーンの「熱輻射の諸法則について」と題するノーベル賞講演 (1911年12月11日) の邦訳，中村 (1979), 106頁．

[27] 小林 (1988), 33頁．

[28] 1887年のミヘルゾンによる考察の内容については以下を参照．物理学史研究刊行会 (1970), 87-88頁；天野清 (1943), 39-40頁；小林 (1988), 26-27頁．

[29] プランク (1971), 26頁．

[30] Rosenfeld (1936).

[31] Klein (1962).

[32] Kuhn (1987).

[33] Darrigol (1992).

[34] SPR (1979), p. 200.

[35] Klein (1962), p. 463.

[36] Planck (1899), p. 476. この言葉は，Kuhn も引用している (Kuhn (1987), p. 89).

[37] Planck (1883)；Planck (1897e) など．

[38] Kuhn (1987), p. 90.

[39] Darrigol (1992), p. 4. これまで，プランクとボルツマンの方法の関係性は，プランクの1900年末から1901年初頭の論文における確率論的方法をめぐって主に論じられてきた (例えば，Klein (1962), pp. 472-476). 1899年以前のプランクの研究に関しては，自然輻射の仮定とボルツマンの方法との関係や，エントロピー S の式と H 関数との関係が示唆されるだけであったが (例えば，Kuhn (1987), p. 77), Darrigol は，1899年5月の第五論文 (Planck (1899)) における，プランクとボルツマンの方法そのものの対応関係を明示した．

[40] Boltzmann(1872). 当初, H は E として表されていた.
[41] Planck(1901a), p. 561.
[42] Boltzmann(1896).
[43] Planck(1895).
[44] Planck(1900a), p. 75.
[45] Planck(1900d).
[46] Planck(1901a), p. 559.
[47] Thiesen(1900a).
[48] Lummer(1899a), p. 30. ヴィーンに影響を与えたミヘルゾンの考察は,「微粒子振動と, それによって引き起こされるエーテル振動との相関関係」を仮定して, 固体の輻射を考え, マクスウェル速度分布則を利用してエネルギー分布式を求めるというものだった.
[49] ヴィーンの研究において, 1896 年のヴィーン分布式の導出時と, 1893 年のヴィーン変位則を求めた際の考察はまったく同一ではないが, 1893 年も考察の一前提になっていたものは, マクスウェル, ボルツマンらと同様, 気体分子運動論に基づいており, 1893 年から 1896 年にかけてのヴィーンの理論的考察は一連のものとして見ることもできる.
[50] Lummer(1899a), p. 30.
[51] Planck(1900b), p. 720. ルンマーらの実験研究者たちは, ドイツ物理学会の 1899 年 11 月 3 日報告で, 長波長領域におけるヴィーン分布式と測定データとの間に食い違いが見られる可能性があり, 再度長波長領域の実験を行うことを提案していた. ただし, この時点でのルンマーらはヴィーン式を否定してはいない. Lummer(1899b)を参照.
[52] Planck(1900b), p. 731.
[53] Planck(1900b), p. 733.
[54] Planck(1900b), p. 724.
[55] プランクは, 1906 年著作(Planck(1906))の§189 の 219 頁において, S の U についての二階微分式(6.32)を積分すると, S は「ヴィーンのエネルギー分布法則に導く関係で表される U の関数[(6.10)式:執筆者]を与える」と記したに過ぎない.
[56] Kuhn(1987), p. 92. また, クーンは, S の二階微分式の(6.32)式, 熱力学関係を表す式(6.14), ヴィーンの変位則(6.22)式の三つが「ヴィーン分布法則および共鳴子エントロピーの表式[(6.10)式:執筆者]をもたらした」と記している. Kuhn(1987), p. 96.
[57] 武谷(1948), 20-23 頁.
[58] Kangro(1970b), p. 206. 長波長領域における測定結果とヴィーン分布式との不一致は, 1900 年初めにルンマーとプリングスハイムによって指摘されていた. Lummer(1900c)を参照. プランクとルーベンスの実験結果のやりとりについては, 本書第 4 章第 11 節などを参照.
[59] Planck(1900d), p. 203.
[60] 1900 年 10 月の報告(Planck, 1900d)における実際の(6.36)式は, 負の符号をつけていない. しかし, 本来なら, 負の符号が必要なはずである.
[61] Planck(1900d), p. 203.
[62] 1900 年 10 月の報告(Planck, 1900d)で, プランクは(6.40)式を振動数 ν によるのではなく, 波長 λ によって次のように表している.

$$E_\lambda = C_1 \lambda^{-5} \frac{1}{\exp\left(\frac{c_2}{\lambda T}\right) - 1}$$

E_λ は波長 λ の場合の輻射エネルギー密度である. しかし, これまでの議論との整合性

第 6 章　実験研究の展開におけるプランク熱輻射論　　307

から，ここでは振動数 ν による分布式を使用した．
[63] Rubens(1900)．プランク分布式は，1900 年末において，ルーベンスやパッシェンの実験によって支持されていたが，他方，ルンマーらはプランク式を軽視していた．Jahnke (1901)；Paschen(1901a)を参照．
[64] Planck(1900d), p. 204.
[65] Planck(1900e)．確率論的方法を使うことに関しては，プランクは 1900 年 10 月論文の時点ですでに考えていたと思われる．彼は S の U の対数関数を，括弧づけながら「確率論からもそう仮定することが示唆される」と述べていた(Planck(1900d), p. 204)．
[66] Planck(1900e), p. 240．エネルギー要素 ε に近いものは，1877 年のボルツマン論文にすでに現れていた(Boltzmann, 1877)．この論文でボルツマンは，各分子の取る運動エネルギーの最小単位 ε としたが，最終的に極限で ε を 0 としていた．
[67] Boltzmann(1877), p. 378.
[68] Planck(1900e), p. 240.
[69] N が大きな値のとき，スターリング近似によれば，$N!$ は次のように近似される．
$$\log N! \cong N \log N - N$$
[70] プランクは，このようなエントロピーの式を用いると同時に，ボルツマンの，平衡にある一原子気体のエントロピーの式に触れた．
[71] Planck(1901a).
[72] Planck(1901a), p. 555.
[73] Planck(1901a), p. 556.
[74] Planck(1901a), pp. 557-558．ただし，プランクは「この仮説が実際に自然に適合しているかどうかは，最終的に経験によって確かめるほかないだろう」と述べた．
[75] ローゼンフェルトは，プランクの確率 W に関するコンプレキシオンの取り方が，単に，エントロピー S の (6.39) 式との合致に根ざして行われたと主張した(Rosenfeld(1936), p. 167)．この見方は，プランクの確率論的方法の採用が何のためであったかを示唆しており，ここでの 1901 年論文の方法のとらえ方とほぼ一致している．
[76] Rayleigh(1900).
[77] Jeans(1905a).
[78] ジーンズは，実際には定数 k ではなく R を使用した．R は CGS 単位系による値になっている．
[79] Lorentz(1903).
[80] ジーンズは，輻射の実験では真の平衡状態が実現されていないため，レイリー=ジーンズ式と実験結果が一致しないと考えていた．Jeans(1905b)；Jeans(1905c)を参照．
[81] Lummer(1900b).
[82] Lummer(1900c)．ちなみに，(6.61) 式は本書第 4 章の (4.10) 式と同じである．
[83] この手紙に関しては以下の文献を参考にした．天野清(1943), 71 頁；Kangro(1970b), pp. 212-213．筆者はこの手紙をベルリンのマックス・プランク協会歴史アーカイブ(Archiv zur Geschichte der Max-Planck-Gesellschaft)で複写した．
[84] プランクがエネルギー等分配則を避けた理由としては，当時，等分配則が「ボルツマン=マクスウェル学説」と呼ばれていたことに関連しているようである．等分配則は気体分子運動論に基づくものだった．プランクは後の回想録で，気体分子運動論などの原子論に対する当時の考えを次のように述べている．原子論に否定的であった「理由は次のものであった．当時私[プランク：引用者]は，エントロピー増大原理を，エネルギー保存原理自体と同等に，普遍に妥当するものとしてみなしていたけれども，ボルツマンは，エ

ントロピー増大原理を，単に確率則として扱っていた．すなわちいい換えれば，例外を認めうる原理として扱っていたのである」．Planck (1965), p. 13；プランク (1971), 15頁．これに類する理由は，Klein (1962), pp. 464-468；Jammer (1966), p. 17. にも挙げられている．

[85] プランクの言葉に次のようなものがある．「われわれはいつも相対的なものからしか出発できない．われわれの測定はすべて相対的な方法に基づいている．われわれが取り扱う器具の材料はその出所によって制約され，その組み立て方はそれを考案した技術者の熟練に依り，その取り扱い方は実験者がその器具で到達しようとする特別の目的によって限定されている．こういうすべての資料から，それらの内にひそむ絶対的なもの，普遍妥当なもの，不変なものを探し出すことが大切なのである」．プランクの物理学研究に取り組む姿勢が表現されたこの文章からは，実験研究と真摯に向き合う彼の姿も読み取れる．この文章は，ヘルマン (1977), 35 頁から引用した．また，プランクの実験研究との向き合い方は，彼の 19 世紀末の研究環境にも関係しているかもしれない．彼は 1892 年にベルリン大学の正教授となったが，「当時としてはどこを見ても唯一の理論家」だったので，周りの実験家と協調することは彼にとって重要だったと考えられる．この点に関するプランク自身の記述は以下の文献を参考にした．プランク (1971), 11 頁.

[86] Einstein (1906).

[87] 井上 (1995), 11-12 頁．ちなみに，「第一種の永久機関というのは周期的に働いて，往復運動または回転運動によって繰り返しもとの状態に戻りながら外に仕事をし，外からはエネルギーをいっさい供給しないですむような機関のことである」．この機関は，ヘルムホルツらによる熱力学第一次法則の発見によって否定された．「第二種の永久機関というのは自分自身サイクルを行い，始めから終りまで一定の温度に保たれる熱源から熱をとり，熱をどこにも放出しないで，外に対して正の仕事をする機関のことをさす」．この機関は，クラウジウスらによる熱力学第二法則の確立によって否定された (物理学辞典 (1992), 147 頁).

[88] Planck (1958), Bd. 1, p. 381. 引用文は，井上 (1995), 11 頁を参考にした．

[89] Planck (1901a), p. 558.

[90] 天野 (1943), 79 頁.

[91] Rosenfeld (1958), p. 246；SPR (1979), p. 244. ただし，「プラグマティック」，「形式主義的」というローゼンフェルトの見解は，プランクの熱輻射論研究そのものに対してというより，プランクのエントロピーの統計的扱いに対してであることは留意しなければならない．

[92] 佐野 (1989), 300 頁.

終章 結　論

PTR の後継機関 PTB(ドイツ・ブランシュヴァイク)の一画にあるフリードリヒ・パッシェン・バウ(パッシェン館)(筆者が 2004 年 8 月 31 日撮影)

本章では，19 世紀末ドイツの熱輻射実験の研究が，実験目的，多種の機器および機器構成の開発・研究を通じて複数の実験プログラムを交える展開によって，広範で高精度の実験データを提供し，それに加えて，プランクの特異な理論的方法を介して熱輻射論の基盤を築いたことを改めて示し，エネルギー量子誕生と実験研究の動向との関係を明らかにする。

19世紀末の熱輻射研究史に関する先行研究では，どのように「エネルギー量子」概念が生まれたかという問いを主題にして，その理論的過程に多くの科学史的分析が注がれてきた．それらの研究は，ヴィーン，ボルツマン，プランクらの科学者たちを主な研究対象として，彼らの理論の特徴やその理論間の関係に触れながら，熱輻射論の形成過程や熱輻射エネルギー分布法則の導出過程を明らかにしてきた．それに対して，若干の先行研究は熱輻射実験を扱い，プランクに対して重要な鍵を提供した実験研究について，個別的に詳述してきたが，個々の実験研究間の関係や相互交流，それらのからむ実験研究の全体像を与えてこなかった．本書はこの不十分だった点に取り組み，熱輻射の実験研究の発展する過程を論じた．

　第1章では，19世紀にイギリス，フランス，ドイツ，アメリカなどで繰り広げられた熱輻射に関する実験・測定の発展を描出しながら，アメリカの天文学者ラングレーの研究成果を1880年代の熱輻射研究の一つの到達点として示した．そして，第2章，第3章，第4章を通して，1890年代から1900年に熱輻射実験の中心にいたドイツのパッシェン，ルーベンス，ルンマーらの研究の展開を描き，彼ら三方向の研究のそれぞれの特徴を明らかにした．これらをふまえながら，以下で，第1章から第4章までの内容のまとめ，第5章の「実験プログラム」の相違と交流に関する考察，第6章における熱輻射実験の動向と理論研究の展開に関する分析結果を改めて示す．

　1900年の「エネルギー量子」誕生にとって重要な役割を担った熱輻射の実験研究は，19世紀を通してめざましい発展を遂げた．輻射熱と伝導熱の相違の明確化，太陽光および人工輻射源からの光の各スペクトルのエネルギー強度の測定，電磁波の測定，分光器の発達，温度計・輻射測定器の発達などによって，19世紀末には，輻射の「熱」的性質，「光」的性質，「電磁」的性質が実験的に明らかにされつつあった．当時の輻射測定器についても，「光」現象，「熱」現象，「電磁」現象としての輻射をいかに電気的に測定できるかが鍵であり，熱電対，熱電対列，ボロメーターといった測定器が開発され，熱輻射の測定感度・精度が向上されていた．19世紀末の熱輻射実験に向けた基本的な機器構成は，アメリカの天文学者ラングレーの1880年代

の研究によって示されていた。彼の機器構成は，「輻射源-回折格子-プリズム-ボロメーター」であり，加熱した物質から輻射され，それを回折格子で分光し，プリズムで分散式に基づいて波長を測り，各波長の輻射線強度を熱電気的に測るのである。ラングレーの機器構成は，人工輻射源から得られる，「熱」および「光」的性質を合わせもつ輻射現象を電気的にとらえるためのものだった。19世紀の熱・光・電気に関する実験研究の諸成果は，熱輻射を分析する道具立てを与え，1880年代のラングレーの研究で示された機器構成をつくり出した。

つづく1890年代における熱輻射の実験研究では，ドイツの研究活動が中心となった。その中心は，ハノーファーのパッシェン，ベルリンのルンマー，ルーベンスであった。他にもドイツではなくアメリカのライド，メンデンホール，サウダースといった科学者が熱輻射実験に携わったが，熱輻射のエネルギー分布を高精度・広範囲に測定できたのはドイツの三者を中心とする各研究グループだった。

パッシェンは弟子のヴァナーと共同研究を行うこともあったが，ほとんどの場合，単独で研究を行い，ハノーファーにおける熱輻射実験の中心人物であった。ルンマーは，クールバウムやプリングスハイムらと共同して熱輻射関連の研究に取り組み，ベルリンのPTRを主な活動の場とする研究の中心にいた。ルーベンスは，ニコルズ，トローブリッジ，アシュキナスら数多くのアメリカ人・ドイツ人研究者たちとの共同研究を経て，クールバウムとともに残留線の熱輻射実験を行い，ベルリンの大学施設を主な活動の場とする研究の中心人物だった。パッシェン，ルンマー，ルーベンスは，異なる場所・環境で共同研究者と熱輻射関連研究を進めて，特徴的な研究内容・測定結果を提供した。

1880年代末-1900年におけるパッシェン，ルンマー，ルーベンスらの三者の実験研究には，1880年代末-1890年代初頭(始動期)，1890年代中頃(準備期)，1890年代後半-1900年(確立期)の各時期に異なる段階が見られた。

1880年代末-1890年代初頭においては，三者の研究目的は，熱輻射のエネルギー分布曲線を精確に得ること(パッシェン)，視感の困難な波長領域もカ

バーできる光度計を開発すること(ルンマー)，ヘルツの電磁波実験と同様な実験を電波ではなく赤外部波長で実施してその是非を問うこと(ルーベンス)，というように異なっていた。だが，いずれの研究も熱輻射現象を扱い，輻射の波長スペクトルを課題の一部としていた。そのため，目的は合致しないが，輻射測定器としてのボロメーター，ボロメーター内蔵のガルヴァノメーターという使用器機の開発・研究を通して，互いに参考にし合う交流部分をもっていた。機器構成についても，熱輻射のエネルギー分布を測定していたパッシェンと，赤外部輻射線を扱っていたルーベンスが，1880年代の研究の諸成果を導入し，独立に「輻射源-プリズム-ボロメーター」という共通する構成をつくり上げていた。とくに，明確にエネルギー分布測定を目的とするパッシェンの機器構成は，1890年代のドイツでの本格的な熱輻射実験の始動にとって要となった。

　1890年代中頃における三者の研究目的も，1890年代初頭からの延長線上にあったことから合致してはいなかった。だが，蛍石プリズムの分散における測定誤差の究明(パッシェン)，長波長に有効な分散式の導出と検証(ルーベンス)などの細かな課題を通して，三者間に重なり合う点が見られた。1890年代前半にパッシェンが取り組んだ，二酸化炭素のスペクトル吸収の問題は，空洞内に存在する気体のスペクトル吸収の研究であり，その研究は，ルンマーとヴィーンが試み始めようとしていた空洞輻射源の研究のヒントにもなり得た。1890年代中頃は，プリズムや空洞輻射源の取り扱いを通して，三者の研究の共通する課題もしくはその課題が部分的に関連し合い，1890年代末に展開され始める高精度な熱輻射測定の準備が徐々に進んだ時期であった。

　1890年代後半-1900年の三者の実験では，熱輻射エネルギー分布法則の導出・検証が研究対象として現れ始めた。1890年代前半からエネルギー分布を研究対象としていたパッシェンは，自身が実験的に導出した分布式と，ヴィーンが理論的に導出した式とが合致したことを受けて，いち早くヴィーン分布法則の肯定的検証を目的とした。ルンマーらは，電気加熱式の円筒形空洞輻射源の機能を確認するために，S-B法則，ヴィーン変位則，ヴィー

ン分布法則などの一連の輻射関連法則を順々に調べた。1890年代末になると，ルーベンスが新しく発見した残留線を利用して，遠赤外線の振る舞いを調べる意味で輻射法則の検証に携わるようになっていた。これら三者の研究は，進め方に違いはあるものの，輻射法則の検証，さらには新たな導出に関与していたのである。また，三者の研究は，輻射法則を検証する際に，各々の独自の視点で異なる測定領域に着目した結果，相補い合う形で広い測定範囲にわたるエネルギー分布のデータを提供したのである。1900年のプランク法則の提出前後には，このような実験研究の展開があったのである。

三者の実験研究は，1880年代末-1890年代初頭の始動期において，その目的を違えていたが，輻射測定器の開発・研究を通して交流する部分をもっていた。1890年代中頃の準備期になると，分光系の機能に関わる分散式の導出や，空洞輻射の研究をめぐって関連し合い，三者間の交流する度合いが強まっていた。1890年代後半-1900年の確立期には，各目的にとって熱輻射のエネルギー分布測定が有効な手だてとなり，三者の研究が分布法則の検証に関与するようになっていた。この展開から見えてくる点は，三者の研究が目的を通して徐々に近づき合う現象に加えて，それを引き起こしている作用因に輻射測定器，分光系，輻射源といった実験機器が深く関係していることである。これは，研究に携わる科学者の意図から離れて，実験機器を介したつながりが，三方向の異なる研究間の距離を縮め，一つの方向に関連づけされるという過程である。熱輻射実験の発展過程には，実験活動ならではの展開があったといえる。

1890年代後半-1900年の確立期に，三者の研究は輻射法則の導出・検証を目指すようになっていた。だが，それまでの目的と過程の違いから，彼らの取り組む実験プログラムは異なっていた。

パッシェンの実験プログラムは，彼の信頼するヴィーン分布式の導出・検証に向けて，それまで採用してきた「輻射源-プリズム-ボロメーター」という機器構成のさらなる安定化・高精度化を目指して，同構成の細部に改良を施すものだった。とりわけ，1890年代前半を通して十分に研究されてこなかった輻射源を集中的に研究した。当初のパッシェンの輻射源研究は，空洞

輻射源が実用化される前段階から始まっていたことから，それまで一般的だった加熱白金などの固体輻射源を採用し，さまざまな種類の固体を試みるものだった。1897年を過ぎて，空洞輻射源の実効性におおよそめどがつくと，パッシェンも固体ではなく空洞型を視野に入れ，空洞の中心に固体輻射源を設置する固体-空洞折衷型，その後，1899年に空洞型輻射源を採用した。つまり，パッシェンは，1890年代初頭から熱輻射のエネルギー分布測定を実施していたことから，1890年代前半時点の先端的な実験機器・機器構成を採用することになった。それは，「固体輻射源-蛍石プリズム-ボロメーター」という構成だった。この組み合わせは，1890年代末まで基本的に継承され，$10\,\mu m$以下の波長範囲の確実な測定データを繰り返し示すのに有効だったが，新たな測定範囲のデータ提供，データへの新しい見方を創出することには不向きであった。また，彼の測定データのグラフ表示の仕方は，x軸，y軸に波長と輻射エネルギーの対数を採るもので，測定誤差をできるだけ抑えて，輻射エネルギーと波長の関係をより鮮明に浮き上がらせる性質のものだった。このような傾向は，熱輻射実験に対するパッシェンの姿勢を表していた。彼は，法則性を見出すことを追求し，1896年時点で有望視されたヴィーン分布式（ヴィーン法則）の肯定的検証にこだわり，ヴィーン式からズレる実験結果を誤差とみなしがちだった。これは，彼の上司のカイザーとルンゲが取り組んでいた，可視分光現象から普遍的なスペクトル式（法則性）を導く研究の傾向をつよく継承したものとも見える。パッシェンの採用した実験プログラムには，彼が熱輻射研究に求めたものが表現されていた。

　ルンマーは熱輻射分布の測定結果を提出し始めるのは1899年以降と遅いが，理想的な光源・熱源に適う空洞輻射源の開発を目的とする実験プログラムをもっていた。1895年に案出し1897年に実用化された空洞輻射源，1898年以降は，円筒形空洞輻射源を研究課題の中心に据えながら，「輻射源-ボロメーター」という分光系を利用しない機器構成で，全輻射と輻射量の関係を調べた後，1899年に入り，ルンマーらはパッシェンの研究を参考に熱輻射分布測定の結果を提出するに至った。ルンマーらが分布測定を本格的に始めた時期は，パッシェンの取り組み始めた時期に比べかなり遅く，すでに「固

体輻射源-蛍石プリズム-ボロメーター」ではなく他の機器構成の候補もあり得る時期になっていた。後になって分布測定を始めたルンマーは，パッシェンのようにヴィーン式に特別な思い入れをもつこともなく，10 μm 超の波長範囲におけるヴィーン式の測定データとのズレを明らかにする試みに躊躇はなかった。そのルンマーらが 1900 年に採用した機器構成は，自身の開発した円筒形空洞輻射源に，長波長対応のルーベンスのカリ岩塩プリズムを組み合わせた「空洞輻射源-カリ岩塩プリズム-ボロメーター」であった。標準研究とからめて輻射源を開発していたルンマーには，測定データに忠実に対応することが第一だったのである。1900 年前後にルンマーが提唱した熱輻射分布式は，指数に小数の入ったもので，プランク式と比べて数学的単純さに欠けていた。そうなったのも，自らの測定データに分布式をいかに近づけるかというルンマーの姿勢に起因していた。ルンマーは標準研究に従事する者らしく，確実に見込みのある実験機器・機器構成を基本とし，そこから得られる実験結果に忠実であろうとした。パッシェンと同様，ルンマーが熱輻射研究に求めたものが，彼の実験プログラムに表現されていたのである。

　パッシェン，ルンマーらに対して，ルーベンスは，遠赤外線の研究を通してマクスウェル理論の赤外部への適用を目指す彼独自の実験プログラムをもっていた。彼の独自性は，パッシェン，ルンマーらとまったく異なる「輻射源-(残留線のための)反射物質-熱電対列」の機器構成を採用したことにも表れていた。ルーベンスも 1890 年代前半当初はパッシェンらと同じ「輻射源-プリズム-ボロメーター」という構成を採用していたが，パッシェンらと異なり，「輻射源-プリズム-ボロメーター」を基本にしながらも，「輻射源-干渉平行板-プリズム-ボロメーター」，「輻射源-回折格子-プリズム-ボロメーター」と数年間隔で機器構成に変更を加えていた。1890 年代後半に入ると，新しく発見された「残留線」を利用する分光系を機器構成に導入した。測定対象の波長が 20 μm を超えるような測定が現れるなかで，不適当なプリズムは採用されず，1890 年代後半当初の機器構成は「輻射源-反射物質-ボロメーター」となり，さらに，「輻射源-反射物質-ラジオメーター」，「輻射源-回折格子-反射物質-ボロメーター」と機器構成を変えた。1900 年のルーベ

ンスは，50 μm を超える微弱な輻射線に応えるため，最終的に「輻射源-反射物質-熱電対列」を機器構成とするに至った。また，そのときの輻射源は，それまでのジルコン・バーナーやアゥアー灯ではなく，熱輻射分布測定に適したルンマーらの円筒形空洞輻射源となっていた。ルーベンスは，金属の選択反射能測定に始まり，電波の偏波や反射の測定，赤外線の分散・屈折・偏波の測定，各種プリズムの分散研究，残留線の研究を経るなかで，一貫して，赤外線に対するマクスウェル理論の適用を確かめる研究を進め，1890 年代末には，より電波領域に近い遠赤外部の輻射線の検出と遠赤外線の輻射実験に成功した。この一連の実験のために，ルーベンスは見込みのある実験機器・機器構成を果敢に採用し，それらの機器・機器構成を研究していた。また，未知の波長範囲の測定を実現するために，既存とは異なる機器構成を躊躇せず採用した。その取り組む姿勢は終始変わらず，見込める道具立てはできる限り利用した。このようなルーベンスの実験プログラムの傾向は，ドイツ人・アメリカ人研究者との多彩で積極的な彼の共同研究と相通じるものがある。1900 年までを見る限り，ルーベンスの変更された機器構成のすべてが良好だったわけではないが，長波長に向けて新規の道具立てを導入し続ける姿勢は，残留線発見を生み，長波長向け輻射計の開発につながった。このような実験プログラムを採ったルーベンスだからこそ，1899 年に取り組み始めた熱輻射分布測定に即応し，ルンマーらと同型の空洞輻射源を使いこなし，理論家プランクとうまく協調できたのであろう。上述と同様，ルーベンスの求めつづけたものが，彼の採用した実験プログラムに表現されていたのである。

1880 年代末-1900 年の熱輻射実験の研究には，パッシェン，ルンマー，ルーベンスを中心にした実験プログラムがあり，そのプログラム間には，可視・赤外分光学測定，標準研究，遠赤外線測定などにかかわる，彼らの研究過程や実験目的に基づく違いが存在していた。その違いは，輻射測定器，分光系，輻射源の選択・開発や，それらの組み合わせである機器構成にも表れていた。そして，1900 年に近づくにしたがって，相異なる意図・目的の三方向の研究は，扱われる実験機器・機器構成を通して，熱輻射分布測定とい

う一つの方向へ向かった。だが，三者の研究は一つに融合するのではなく，あくまで，実験の目的，実験機器の選択や機器構成の採用に関わる実験プログラムの相違によって，異なる視点で分布測定に向かっていた。その表れとして，異なる波長・温度の測定範囲のエネルギー分布のデータ提出が行われ，それが結果的に相補的な関係を築くことにもつながった。融合しなかった三者の研究は，20世紀に入り，可視分光学測定，標準研究，赤外線測定という各々の道に向けて再び展開していた。つまり，19世紀末の熱輻射実験の展開は，異なる実験プログラムをもつ研究が融合までには至らないが重なり合い，特定の目的に対して相補い合っていく道程であり，実験機器や機器構成というモノの扱いを通して先導され，実験プログラムが互いに交流し合う展開であった。

　また，こうした展開は，プランクの熱輻射論と彼の研究方法に対しても大きな意味をもっていた。プランクの理論的方法は，輻射場と共鳴子の存在を仮定して，共鳴子と輻射線のエントロピーを表す式を，熱輻射のエネルギー分布の測定結果を反映するよう帰納的に求め，理論的断絶にもかかわらずそのエントロピー式を熱輻射論の中に導入し，その後は演繹的にヴィーン分布式を導くというものだった。この方法を通して，プランクの熱輻射論は，1900年前後の他の理論と比べ，実験結果によりよく対応する理論となった。科学研究に当然と見られがちな理論-実験や演繹-帰納の協調は，当時の理論研究で必ずしも重視されていたわけでなく，プランクの方法の特徴となっていた。

　プランクはこのような理論的方法を採っていたため，熱輻射論を形成するうえで，信頼できる実験的基盤を必要とした。当初の彼の熱輻射論は，ヴィーン分布式を実験的基盤として，その分布式をエントロピー式の逆算の出所と位置づけることによって形成されていた。1890年代後半を通してヴィーン式を実験的に確証したと考えられたパッシェンの実験研究は，最初のプランク熱輻射論とその方法の展開を支えていた。そして，1900年にプランク分布式を導出した新しい彼の理論は，ルーベンスらの実験結果を基盤として展開され構築された。遠赤外部の輻射線の実験に特化したルーベンス

の研究は，それまで未知だった種類の輻射データを与え，新しいプランク熱輻射論の形成を支えた。世紀転換期の熱輻射論を代表するプランクの理論研究は，彼の研究方法を介して，複数の実験プログラムをもつ実験研究と結びつくことで成り立っていた。

　本書における，複数の実験プログラムが交わる実験研究の動向と，その動向に対応できる方法を採用したプランクの熱輻射論の展開への分析は，19世紀末ドイツを中心とする熱輻射実験の動向の全体像を提示し，プランクの「プラグマティック」な研究方法を具体化することに成功した。そして，この論考によって，19世紀末ドイツでなぜ熱輻射研究が興隆したかという問いに一つの答えを与えることができる。それは，産業界からの影響を重く見る，天野清，ケイハンらの見解，純粋科学の伝統を主な要因と見るカングローの見解に加えて，当時の実験プログラムを鍵にした相違と交流によって相補的関係が生まれる実験的展開に基づく回答である。19世紀末ドイツを中心に展開され，複数の実験プログラムを交えた熱輻射実験の研究は，広範で高精度の実験データを提供しただけでなく，プランク熱輻射論の形成の基盤の一部となり，理論研究の新たな展開も生み出したのである。

　これらをふまえると，なぜドイツで革命的な「エネルギー量子」概念が生まれ得たかという問いに対する新たな答えも視野に入ってくる。世紀転換期ドイツの熱輻射実験の研究は，実験研究者ないし研究グループがもつ独自の実験目的，実験プログラムに基づいて進められ，いくつかの種類の実験データおよびデータに対する異なる解釈を提供していた。ベルリン大学にいたプランクはこれらの実験研究の動向に偶然的に物理学者仲間の一人として居合わせたのではなく，それらの実験結果を取り込む理論的方法を備えていたゆえに，実験研究の動向に対応して新たな理論構築に着手できたのである。この結果，プランク熱輻射論は，継ぎ接ぎ的ながらも，当時の理論が抱えていた古典的要素と，実験のなかに隠されていた非古典的要素の両者を取り込み，彼の理論から新しい科学概念，エネルギー量子が生まれたのである。こうした実験研究の動向と特異な理論的方法の展開が交流する空間がドイツにあったということが，上記の問いに対する一つの答えとなるのである。

引用・参考文献一覧

1. 一次文献
   (a) 論文・論説(欧文)
   (b) 著作(欧文)
   (c) 報告関連(欧文)
2. 二次文献
   (a) 論文・論説(欧文)
   (b) 論文・論説(和文)
   (c) 著作(欧文)
   (d) 著作(和文)
   (e) 辞典・事典類(和文)

文献略号表
本書の引用・参考文献一覧では，雑誌や辞典等の名称について，以下に記す略号を用いた。

AP = *Annalen der Physik*
DSB = *Dictionary of Scientific Biography* (New York: Schreiber, 1981).
KNAW = *Proceedings of the Netherlands Academy of Arts and Sciences (Koninklijke Nederlandse Akademie van Wetenschappen.*
PM = *The London, Edinburgh and Dublin Philosophical Magazine and Journal of Science.*
PRSL = *Proceedings of the Royal Society of London.*
SKAW (Berlin) = *Sitzungsberichte der Königlich-Preußischen Akademie der Wissenschaften zu Berlin.*
SKAW (Wien) = *Sitzungsberichte der Kaiserlichen Akademie der Wissenschaften, Mathematische - Naturewissenschaftliche Klasse (Wien).*
VDPG = *Verhandlungen der Deutschen Physikalischen Gesellschaft.*
VPGB = *Verhandlungen der Physikalischen Gesellschaft zu Berlin.*
ZI = *Zeitschrift für Instrumentenkunde.*

1. 一次文献
(a) 論文・論説(欧文)

Abney (1883) Abney, Cptain, and Festing, Lieut.-Col., "An Investigation into the Relations between Radiation, Energy, and Temperature," *PM*, *Series 5*, 16 (1883): 224-233.

Ångström (1885) Ångström, Knut, "Über die Diffusion der strahlenden Wärme von ebenen Flächen," *AP*, 26 (262) (1885): 253-287.

Ångström (1893) "Bolometrische Untersuchungen über die Stärke der Strahlung verdünnter Gase unter dem Einflusse der electrischen Entladung," *AP*, 48 (284) (1893): 492-530.

Ångström (1894) "Einige Bemerkungen anlässlisch der bolometrischen Arbeiten von Fr. Paschen," *AP*, 52 (288) (1894): 509-514.

Ångström (1899) "Über absolute Bestimmung der Wärmestrahlung mit dem elektrischen Compensationspyrheliometer, nebst einige Beispielen der Anweindung dieses Instrumentes," *AP*, 67 (303) (1899): 633-648.

Arons (1891a) Arons, Leon M., und Rubens, Heinrich L., "Über die Fortpflanzungsgeschwindigkeit electrischer Wellen in isolierenden Flüssigkeiten," *AP*, 42 (280) (1891): 581-592.

Arons (1891b) "Fortpflanzungsgeschwindikeit electrischer Wellen in einigen festen Isolatoren," *AP*, 44 (280) (1891): 206-213.

Arons (1892) "Bemerkung zur Abhandlung des Hrn. Waitz über die Messung der Fortpflanzungsgeschwindikeit electrischer Wellen in verschiedenen Dielectricis," *AP*, 45 (281) (1892): 381-382.

Aschkinass (1895) Aschkinass, Emil, "Über das Absorptionsspectrum des flüssigen Wassers und über die Durchlässigkeit der Augenmedien für rothe und ultrarothe Strahlne," *AP*, 55 (291) (1895): 401-431.

Aschkinass (1896) "Zur Widerstandsänderung durch electrische Bestrahlung," *AP*, 57 (293) (1896): 408-411.

Aschkinass (1899a) "Über die Wirkung elektrischer Schwingungen auf benetzte Contacte metallischer Leiter," *AP*, 67 (303) (1899): 842-845.

Aschkinass (1899b) "Über die Wirkung elektrischer Schwingungen auf benetzte Contacte metallischer Leiter," *AP*, 67 (303) (1899): 842-845.

Aschkinass (1900) "Über anomale Dispersion im ultraroten Spectralgebiete," *AP*, 306 (4. Folge 1) (1900): 42-68.

Balmer (1897) Balmer, Johann Jakob, "Eine neue Formel für Spectralwellen," *AP*, 60 (296) (1897): 380-391.

Boltzmann (1872) Boltzmann, Ludwig, "Weitere Studien über das Wärmegleichgewicht unter Gasmolekülen", *SKAW (Wien)*, 63 (1872): 275-370. [恒籐敏彦訳「気体分子間の熱平衡についてのさらに進んだ研究」物理学史研究刊行会編『統計力学』東海大学出版会, 1970 年, 27-109 頁]

Boltzmann (1877) "Über die Beziehung zwischen dem zweiten Hauptsatz der mechanischen Wärmetheorie und der Wahrscheinlichkeitsrechnung, respective den Sätzen über das Wärmegleichgewicht," *SKAW (Wien)*, 76 (1877): 373-435. [恒籐敏彦訳「熱力学の第二法則と熱平衡についての諸定理に関する確率論の計算とのあいだ

の関係について」物理学史研究刊行会編『統計力学』東海大学出版会, 1970 年, 111-167 頁]
Boltzmann (1884a) "Über eine von Hrn. Bartoli entdeckte Beziehung der Wärmestrahlung zum zweiten Hauptsatze," *AP*, 22 (258) (1884): 31-39.
Boltzmann (1884b) "Abteilung des Stefan'schen Gesetzes, betreffend die Abhängigkeit der Wärmestrahlung von der Temperatur aus der electromagnetischen Lichttheorie," *AP*, 22 (258) (1884): 291-294. [前川太市訳「電磁的な光の理論から熱輻射の温度依存性に関する Stefan の法則を導出すること」物理学史研究刊行会編『熱輻射と量子』東海大学出版会, 1970 年, 33-38 頁]
Boltzmann (1897a) "Über irreversible Strahlungsvorgänge," *SKAW (Berlin)*, (1897): 660-662.
Boltzmann (1897b) "Über irreversible Strahlungsvorgänge, zweite Mittheilung," *SKAW (Berlin)*, (1897): 1016-1018.
Boltzmann (1898) "Über vermeintlich irreversible Strahlungsvorgänge, dritte Mittheilung," *SKAW (Berlin)*, (1898): 182-187.
Christiansen (1884) Christiansen, Christian, "Über die Emission der Wärme von unebenen Oberflächen," *AP*, 21 (257) (1884): 364-369.
Du Bois (1892) du Bois, Henri E. J. G., und Rubens, H., "Über ein Brechungsgesetz für den Eintritt des Lichtes in absorbirende Medien," *AP*, 47 (283) (1892): 203-207.
Du Bois (1893a) du Bois, Henri E. J. G., und Rubens, H., "Modificirtes astatisches Galvanometer," *AP*, 48 (284) (1893): 236-251.
Du Bois (1893b) du Bois, Henri E. J. G., und Rubens, H., "Polarisation ungebeugter ultrarother Strahlung durch Metalldrahtgitter," *AP*, 49 (285) (1893): 593-632.
Du Bois (1900) du Bois, Henri E. J. G., und Rubens, H., "Panzergalvanometer," *ZI*, 20 (1900): 65-78.
Einstein (1906) Einstein, Albert, "Zur Theorie der Lichterzeugung und Lichtabsorption," *AP*, 20 (325) (1906): 199-206. [広重徹訳「光の発生と光の吸収の理論について」物理学史研究刊行会編『光量子論』東海大学出版会, 1969 年, 21-29 頁]
Hagen (1900) Hagen, E., und Rubens, H., "Das Reflexionsvermögen von Metallen und belegten Glasspiegeln," *AP*, 306 (4. Folge 1) (1900): 352-375.
Hagen (1902a) "Das Reflexionsvermögen einiger Metalle für ultraviolette und ultrarote Strahlen," *AP*, 309 (4. Folge 8) (1902): 1-21.
Hagen (1902b) "Die Absorption ultravioletter, sichtbarer und ultraroter Strahlen in dünnen Metallschichten," *AP*, 309 (4. Folge 8) (1902): 432-454.
Hertz (1889) Hertz, Heinrich, "Die Kräfte elektrischer Schwingungen, behandelt nach der Maxwell'schen Theorie," *AP*, 36 (272) (1889): 1-22.
Holborn (1892a) Holborn, Ludwig, und Wien, Wilhelm, "Über die Messung hoher Temperaturen," *ZI*, 12 (1892): 257-266; 296-307.
Holborn (1892b) "Über die Messung hoher Temperaturen," *AP*, 47 (283) (1892): 107-134.
Holborn (1895) "Über die Messung hoher Temperaturen, zweite Abhandlung," *AP*, 56 (292) (1895): 360-396.
Holborn (1896) "Über die Messung tiefer Temperaturen," *AP*, 59 (295) (1896): 213-228.
Holborn (1899) Holborn, L., und Day, A., "Über das Luftthermometer bei hohen

Temperaturen," *AP*, 68 (304) (1899): 817-852.
Holborn (1900) "Über das Luftthermometer bei hohen Temperaturen," *AP*, 307 (4. Folge 2) (1900): 505-545.
Jahnke (1901) Jahnke, E., Lummer, O., und Pringsheim, E., "Kritisches zur Herleitung der Wien'schen Spectralgleichung," *AP*, 309 (4. Folge 4) (1901): 225-230.
Jeans (1905a) Jeans, James H., "On the Partition of Energy between Matter and Aether," *PM, Series 6*, 10 (1905): 91-98. [江渕文昭訳「物質とエーテルのあいだのエネルギーの配分について」物理学史研究刊行会編『熱輻射と量子』東海大学出版会, 1970 年, 125-136 頁]
Jeans (1905b) "On the Application of Statistical Mechanics to the General Dynamics of Matter and Aether," *PRSL, Series A*, 76 (1905): 296-311.
Jeans (1905c) "On the Laws of Radiation," *PRSL, Series A*, 76 (1905): 545-552.
Kayser (1889) Kayser, Heinrich, und Runge, Carl, "Über die im galvanischen Lichtbogen auftretenden Bandenspectren der Kohle," *AP*, 38 (274) (1889): 80-90.
Kayser (1890) "Über die Spectren der Alkalien," *AP*, 41 (277) (1890): 302-320.
Kayser (1891a) Kayser, H., "Über den Ursprung des Banden- und Linienspectrums," *AP*, 42 (278) (1891): 310-318.
Kayser (1891b) Kayser, H., und Runge, C., "Über die Spectra der Elemente der zweiten Mendelejeff'schen Gruppe," *AP*, 43 (279) (1891): 385-409.
Kayser (1891c) Kayser, H., "Über Diffusion und Absorption durch Kautschuk," *AP*, 43 (279) (1891): 544-553.
Kayser (1892) Kayser, H., und Runge, C., "Über die Spectra von Kupfer, Silber und Gold," *AP*, 46 (282) (1892): 225-243.
Kayser (1893a) "Über die Spectren von Aluminium, Indium und Thallium," *AP*, 48 (284) (1893): 126-149.
Kayser (1893b) "Über die ultrarothen Spectren der Alkalien," *AP*, 48 (284) (1893): 150-157.
Kayser (1893c) "Die Dispersion der Luft," *AP*, 50 (286) (1893): 293-315.
Kayser (1894a) "Über die Spectra von Zinn, Blei, Arsen, Antimon, Wismuth," *AP*, 52 (288) (1894): 93-113.
Kayser (1894b) "Beiträge zur Kenntniss des Linienspectra," *AP*, 52 (287) (1894): 114-118.
Ketteler (1893) Ketteler, Eduard, "Zur Theorie des Lichtes und insbesondere der doppelten Brechung," *AP*, 49 (285) (1893): 509-530.
Kirchhoff (1860) Kirchhoff, Gustav, "Über das Verhältniss zwischen dem Emissionsvermögen und dem Absorptionsvermögen der Körper für Wärme und Licht," *AP*, 109 (185) (1860): 275-301. [渡辺弘「キルヒホフの熱輻射に関する同一題名の論文について」『物理学史―その課題と展望―』No.8 (1995 年 3 月), 34-46 頁]
Kurlbaum (1888) Kurlbaum, Ferdinand, "Bestimmung der Wellenlänge Fraunhofer'scher Linien," *AP*, 33 (269) (1888): 159-193; 381-412.
Kurlbaum (1894) "Notiz über eine Methode zur quantitativen Bestimmung strahlender Wärme," *AP*, 51 (287) (1894): 591-592.
Kurlbaum (1897) "Über eine bolometrische Versuchsanordnung für Strahlungen zwischen Körpern von sehr kleiner Temperaturdifferenz und eine Bestimmung der

Absorption langer Wellen in Kohlensäure," *AP*, 61 (297) (1897): 417-435.
Kurlbaum (1898) "Über eine Methode zur Bestimmung der Strahlung in absolutem Maass und die Strahlung des schwarzen Körpers zwischen 0 und 100 Grad," *AP*, 65 (301) (1898): 746-760.
Kurlbaum (1899) "Aenderung der Emission und Absorption von Platinschwarz und Russ mit zunehmender Schichtdicke," *AP*, 67 (303) (1899): 846-858.
Kurlbaum (1900) "Temperaturdifferenz zwischen der Oberfläche und dem Innern eines strahlenden Körpers," *AP*, 307 (4. Folge 2) (1900): 546-559.
Langley (1881) Langley, Samuel Pierpont, "The bolometer and radiant energy," *Proceedings of the American Academy of Arts and Sciences, New series*, 16 (1881): 342-359.
Langley (1883) "Die auswählende Absorption der Energie der Sonne," *AP*, 19 (255) (1883): 226-244.
Langley (1886) "On hitherto unrecognized Wave-lengths" *PM*, *Series 5*, 22 (1886): 149-173.
Larmor (1900) Larmor, Joseph, "On the Relations of Radiation to Temperature," *Nature*, 63 (1900): 216-218.
Lorentz (1901) Lorentz, Hendrik Antoon, "Boltzmann's and Wien's Laws of Radiation," *KNAW*, 3 (1901): 607-620.
Lorentz (1903) "On the Emission and Absorption by Metals of Rays of Heat of Great Wavelength," *KNAW*, 5 (1903): 666-685. [辻哲夫訳「大きい波長の熱輻射線の金属による放出と吸収について」物理学史研究刊行会編『熱輻射と量子』東海大学出版会, 1970 年, 101-123 頁]
Lummer (1884) Lummer, Otto, "Über eine neue Interferenzerscheinung an planparallelen Glasplatten und eine Methode, die Planparallelität solcher Gläser zu prüfen," *AP*, 23 (259) (1884): 49-84; 513-548.
Lummer (1885) "Über die Theorie und Gestalt neu beobachteter Interferenzcurven," *AP*, 24 (260) (1885): 417-439.
Lummer (1889) Lummer, O., und Brodhun, E., "Photometrische Untersuchungen," *ZI*, 9 (1889): 41-50; 461-465.
Lummer (1890) "Photometrische Untersuchungen," *ZI*, 9 (1890): 119-133.
Lummer (1892a) "Photometrische Untersuchungen," *ZI*, 12 (1892): 41-50.
Lummer (1892b) Lummer, O., und Kurlbaum, F., "Bolometrische Untersuchungen," *AP*, 46 (282) (1892): 204-224.
Lummer (1892c) "Über die Herstellung eines Flächenbolometers," *ZI*, 12 (1892): 81-89.
Lummer (1892d) Lummer, O., und Brodhun, E., "Photometrische Untersuchungen," *ZI*, 12 (1892): 132-139.
Lummer (1893) Lummer, O., "Über das photometrische Princip bei Halbschatternapparaten," *VPGB* vom 16. December 1892. (*AP*, 48 (285) (1893): 785).
Lummer (1894) Lummer, O., und Kurlbaum, F., "Bolometrische Untersuchungen für eine Lichteinheit," *SKAW (Berlin)*, (1894) (1): 229-238.
Lummer (1896) Lummer, O., "Über die Strahlung des absolut schwarzen Körpers und seine Verwirklichung," *Naturwissenschaftliche Rundschau*, 11 (1896): 65-68; 81-83; 93-95.

Lummer (1897a) "Über Graugluth und Rothgluth," *AP*, 62 (298) (1897): 14-29.
Lummer (1897b) Lummer, O., und Pringsheim, E., "Die Strahlung eines "schwarzen" Körpers zwischen 100 und 1300°C," *AP*, 63 (299) (1897): 395-410.
Lummer (1898a) "Bestimmung des Verhältnisses (x) der specifischen Wärme einiger Gase," *AP*, 64 (300) (1898): 555-583.
Lummer (1898b) Lummer, O., und Kurlbaum, F., "Der electrisch geglühte "absolut schwarze" Körper und seine Temperaturmessung," *VPGB*, 17 (1898): 106-111.
Lummer (1899a) Lummer, O., und Pringsheim, E., "Die Vertheilung der Energie im Spectrum des schwarzen Körpers," *VDPG*, 1 (Februar 1899): 23-41.
Lummer (1899b) "1. Die Vertheilung der Energie im Spectrum des schwarzen Körpers und des blanken Platins; 2. Temperaturbestimmung fester glühender Körper," *VDPG*, 1 (November 1899): 215-235.
Lummer (1900a) Lummer, O., und Pringsheim, E., "Notiz zu unserer Arbeit: Über die Strahlung eines "schwarzen" Körpers zwischen 100 und 1,300°C," *AP*, 308 (4. Folge 3) (1900): 159-160.
Lummer (1900b) Lummer, O., und Jahnke, E., "Über die Spectralgleichung des schwarzen Körpers und des blanken Platins," *AP*, 308 (4. Folge 3) (1900): 283-297.
Lummer (1900c) Lummer, O., und Pringsheim, E., "Über die Strahlung des schwarzen Körpers für lange Wellen," *VDPG*, 2 (Februar 1900): 163-180.
Lummer (1901a) Lummer, O., und Kurlbaum, F., "Der electrisch geglühete "schwarze" Körper," *AP*, 309 (4. Folge 5) (1901): 829-836.
Lummer (1901b) Lummer, O., und Pringsheim, E., "Kritisches zur schwarzen Strahlung," *AP*, 309 (4. Folge 6) (1901): 192-210.
Lummer (1901c) "Temperaturbestimmung hocherhitzer Körper (Glühlampe etc.) auf bolometrichem und photometrischem Wege," *VDPG*, 3 (1901): 36-46.
Lummer (1902) "Temperaturbestimmung mit Hilfe der Strahlungsgesetz," *Physikalische Zeitschrift*, 3 (1902): 97-100.
Lummer (1903) "Die strahlungstheoretische Temperaturskala und ihre Verwirklichung bis 2300°abs.," *Berichte der Deutschen Physikalischen Gesellschaft* 1 (1903): 3-13.
Michelson (1888) Michelson, Wladimir Alexandrovitsch., "Theoretical Essay on the Distribution of Energy in the Spectra of Solids," *PM*, *Series 5*, 25 (1888): 425-435.
Nichols (1897) Nichols, Ernest Fox, "Über das Verhalten des Quarzes gegen Strahlen grosser Wellenlänge, untersucht nach der radiometrischen Methode," *AP*, 60 (296) (1897): 401-417.
Paalzow (1889) Paalzow, A., und Rubens, H., "Anwendung des bolometrischen Princips auf electrische Messungen," *AP*, 37 (273) (1889): 529-538.
Paschen (1889) Paschen, Friedrich, "Über die zum Funkenübergang in Luft, Wasserstoff und Kohlensäure bei verschieden Drucken erforderliche Potentialdifferenz," *AP*, 37 (273) (1889): 69-96.
Paschen (1890a) "Zur Abhängigkeit der Oberflächenspannung an der Trennungsfläche zwischen Quecksilber und verschidenen Electrolyten von der Polarisation," *AP*, 39 (275) (1890): 43-66.
Paschen (1890b) "Zur Oberflächenspannug vom polarisirten Quecksilber (Fortset-

zung)," *AP*, 40 (276) (1890): 36-52.
Paschen (1890c) "Eine Lösung des Problems der Tropfelectroden," *AP*, 41 (277) (1890): 42-70.
Paschen (1890d) "Electromotorische Kräfte an der Grenzfläche chemisch gleicher Salzlösungen von verschiedener Concentration," *AP*, 41 (277) (1890): 177-185.
Paschen (1890e) "Eine Metallcontactpotentialdifferenz," *AP*, 41 (277) (1890): 186-209.
Paschen (1890f) "Über die Ausbildungszeit der electromotorischen Kraft Quecksilber / Electrolyt," *AP*, 41 (277) (1890): 801-832.
Paschen (1890g) "Über die Ausbildungszeit der electromotorischen Kraft Quecksilber / Electrolyt. Nachtrag," *AP*, 41 (277) (1890): 899-900.
Paschen (1891) "Electromotorischen Kräfte," *AP*, 43 (279) (1891): 568-609.
Paschen (1893a) "Bolometrische Untersuchungen im Gitterspectrum," *AP*, 48 (284) (1893): 272-306.
Paschen (1893b) "Über die Gesammtemission glühenden Platins," *AP*, 49 (285) (1893): 50-68.
Paschen (1893c) "Über die Eimission erhitzer Gase," *AP*, 50 (286) (1893): 409-443.
Paschen (1893d) "Astatisches Thomson'sches Spiegelgalvanometer von hoher Empfindlichkeit," *ZI*, 13 (1893): 13-17.
Paschen (1894a) "Über die Emission der Gase," *AP*, 51 (287) (1894): 1-39.
Paschen (1894b) "Notiz über die Gültigkeit des Kirchhoff'schen Gesetzes," *AP*, 51 (287) (1894): 40-46.
Paschen (1894c) "Über die Emission der Gase," *AP*, 52 (288) (1894): 209-237.
Paschen (1894d) "Bolometrische Arbeiten," *AP*, 53 (289) (1894): 287-300.
Paschen (1894e) "Über die Dispersion des Fluorits im Ultraroth," *AP*, 53 (289) (1894): 301-333.
Paschen (1894f) "Die genauen Wellenlängen der Banden des ultrarothen Kohlensäure- und Wasserspectrums," *AP*, 53 (289) (1894): 334-336.
Paschen (1894g) "Über die Dispersion des Steinsalzes im Ultraroth," *AP*, 53 (289) (1894): 337-342.
Paschen (1894h) "Die Dispersion des Fluorits und die Kettler'sche Theorie der Dispersion," *AP*, 53 (289) (1894): 812-822.
Paschen (1895a) "Dispersion und Dielectricitätsconstante," *AP*, 54 (290) (1895): 668-674.
Paschen (1895b) "Über Gesetzmäßigkeiten in den Spectren fester Körper und über eine neue Bestimmung der Sonnentemperatur," *Nachrichten von Königlichen Gesellschaft der Wissenschaften zu Göttingen (Mathematisch-Physikalische Klasse)*, (1895): 294-304.
Paschen (1895c) "Über die Wellenlängenscala des ultrarothen Flußspathspectrums," *AP*, 56 (292) (1895): 762-767.
Paschen (1896) "Über Gesetzmässigkeiten in den Spectren fester Körper, erste Mitteilung," *AP*, 58 (294) (1896): 455-492.
Paschen (1897) "Über Gesetzmässigkeiten in den Spectren fester Körper, zweite Mitteilung," *AP*, 60 (297) (1897): 662-723.
Paschen (1899a) Paschen, F., und Wanner, H., "Eine photometrische Methode zur Bestimmung der Exponentialconstanten der Emissionfunction," *SKAW (Berlin)*,

(1899): 5-11.
Paschen (1899b) Paschen, F., "Über die Vertheilung der Energie im Spectrum des schwarzen Körpers bei niederen Temperaturen," *SKAW (Berlin)*, (1899): 405-420.
Paschen (1899c) "Über die Vertheilung der Energie im Spectrum des schwarzen Körpers bei höheren Temperaturen," *SKAW (Berlin)*, (1899): 959-976.
Paschen (1901a) "Über das Strahlungsgesetz des schwarzen Körpers," *AP*, 309 (4. Folge 4) (1901): 277-298.
Paschen (1901b) "Eine neue Bestimmung der Dispersion des Flussspates im Ultrarot," *AP*, 309 (4. Folge 4) (1901): 299-303.
Paschen (1901c) "Bestimmung des selectivesn Reflexionsvermögens einiger Planspiegel," *AP*, 309 (4. Folge 4) (1901): 304-306.
Paschen (1901d) "Über das Strahlungsgesetz des schwarzen Körpers. Entgegnung auf Ausführungen der Herren O. Lummer und E. Pringsheim," *AP*, 309 (4. Folge 6) (1901): 646-658.
Planck (1883) Planck, Max, "Über das thermodynamische Gleichgewicht von Gasgemengen," *AP*, 19 (255) (1883): 358-378.
Planck (1887a) "Über das Prinzip der Vermehrung der Entropie. 1. Abhandlung", *AP*, 30 (266) (1887), 562-582.
Planck (1887b) "Über das Prinzip der Vermehrung der Entropie. 2. Abhandlung", *AP*, 31 (267) (1887), 189-203.
Planck (1887c) "Über das Prinzip der Vermehrung der Entropie. 3. Abhandlung", *AP*, 32 (268) (1887), 462-503.
Planck (1890a) "Über die Erregung von Elektrizität und Wärme in Elekrolyten" *AP*, 39 (275) (1890): 161-186.
Planck (1890b) "Über die Potentialdifferenz zwischen zwei verdünnten Lösungen binärer Elektolyte," *AP*, 40 (276) (1890): 561-576.
Planck (1895) "Über den Beweis des Maxwell'schen Geschwindigkeitsvertheilungsgesetzes unter Gasmolekülen," *AP*, 55 (1895): 220-222.
Planck (1896) "Absorption und Emission elektrischer Wellen durch Resonanz," *AP*, 57 (1896): 1-14.
Planck (1897a) "Über elektrische Schwingungen, welche durch Resonanz erregt und durch Strahlung gedämpft werden," *AP*, 60 (1897): 577-599.
Planck (1897b) "Über irreversible Strahlungsvorgänge. 1. Mitteilung," *SKAW (Berlin)*, (1897): 57-68.
Planck (1897c) "Über irreversible Strahlungsvorgänge. 2. Mitteilung," *SKAW (Berlin)*, (1897): 715-717.
Planck (1897d) "Über irreversible Strahlungsvorgänge. 3. Mitteilung," *SKAW (Berlin)*, (1897): 1122-1145.
Planck (1898) "Über irreversible Strahlungsvorgänge. 4. Mitteilung," *SKAW (Berlin)*, (1898): 449-476.
Planck (1899) "Über irreversible Strahlungsvorträge. 5. Mitteilung," *SKAW (Berlin)*, (1899): 440-480.
Planck (1900a) "Über irreversible Stahlungsvorgänge," *AP*, 306 (4. Folge 1) (1900): 69-122. [辻哲夫訳「非可逆的な輻射現象について」物理学史研究刊行会編『熱輻射と量

子』東海大学出版会, 1970 年, 137-190 頁]
Planck (1900b) "Entropie und Temperatur Strahlender Wärme," *AP*, 306 (4. Folge 1) (1900): 719-737. [辻哲夫訳「輻射熱のエントロピーと温度」物理学史研究刊行会編『熱輻射と量子』東海大学出版会, 1970 年, 191-210 頁]
Planck (1900c) "Kritik zweier Sätze des Hrn. W. Wien," *AP*, 308 (4. Folge 3) (1900): 764-766.
Planck (1900d) "Über eine Verbesserung der Wien'schen Spectralgleichung," *VDPG*, 2 (October 1900): 202-204. [辻哲夫訳「Wien のスペクトル式の一つの改良について」物理学史研究刊行会編『熱輻射と量子』東海大学出版会, 1970 年, 211-215 頁]
Planck (1900e) "Zur Theorie des Gesetzes der Energieverteilung im Normalspectrum," *VDPG*, 2 (Dezember 1900): 237-245. [辻哲夫訳「正常スペクトルにおけるエネルギー分布の法則の理論」物理学史研究刊行会編『熱輻射と量子』東海大学出版会, 1970 年, 217-227 頁]
Planck (1901a) "Über das Gesetz der Energieverteilung im Normalspectrum," *AP*, 309 (4. Folge 4) (1901): 553-563. [辻哲夫訳「正常スペクトル中のエネルギー分布の法則について」『熱輻射と量子』東海大学出版会, 1970 年, 229-241 頁]
Planck (1901b) "Über irreversible Strahlungsvorgänge," *AP*, 311 (4. Folge 6) (1901): 818-831.
Planck (1902) "Über die Verteilung der Energie zwischen Aether und Materie," *AP*, 314 (4. Folge 9) (1902): 629-641.
Pringsheim (1883a) Pringsheim, Ernst, "Über das Radiometer," *AP*, 18 (254) (1883): 1-32.
Pringsheim (1883b) "Eine Wellenlängemessung im ultrarothen Sonnenspectrum," *AP*, 18 (254) (1883): 32-45.
Pringsheim (1892a) "Argandlampe für Spectralbeobachtungen," *AP*, 45 (281) (1892): 426-427.
Pringsheim (1892b) "Das Kirchhoff'schen Gesetz und die Strahlung der Gase," *AP*, 45 (281) (1892): 428-459.
Pringsheim (1893) "Das Kirchhoff'schen Gesetz und die Strahlung der Gase," *AP*, 49 (285) (1893): 347-365.
Pringsheim (1894) "Bemerkungen zu Hrn. Paschen's Abhandlung "Über die Emission erhitzter Gase," *AP*, 51 (287) (1894): 441-447.
Pringsheim (1895) "Über die Leitung der Electricität durch heisse Gase," *AP*, 55 (291) (1895): 507-512.
Pringsheim (1900) "Bemerkungen zu einem Versuche des Hrn. Mathias Cantor," *AP*, 307 (4. Folge 2) (1900): 199-200.
Rayleigh (1889) Rayleigh, Lord., "On the Character of the complete Radiation at a given Temperature," *PM*, *Series 5*, 27 (1889): 460-469.
Rayleigh (1898) "Note on the Pressure of Radiation, showing an apparent Failure of the usual electromagnetic Equations," *PM*, *Series 5*, 45 (1898): 522-525.
Rayleigh (1900) "Remarks upon the Law of complete Radiation," *PM*, *Series 5*, 49 (1900): 539-540. [辻哲夫訳「完全輻射の法則についての注意」物理学史研究刊行会編『熱輻射と量子』東海大学出版会, 1970 年, 95-99 頁]
Rayleigh (1905) "The Dynamical Theory of Gases and of Radiation," *Nature*, 72 (1905):

54-55.

Roberts-Austen (1892), Roberts-Austen, W. C., "Metals at High Temperatures," *Nature*, no. 1171 vol. 45 (1892): 534-540.

Röntgen (1898) Röntgen, W. C., "Über eine neue Art von Strahlen (Erste Mittheilung)," *AP*, 64 (300) (1898): 1-11.

Rubens (1889a) Rubens, Heinrich, "Die selective Reflexion der Metalle," *AP*, 37 (273) (1889): 249-268.

Rubens (1889b) "Nachweis von Telephon- und Mikrophonströmen mit dem Galvanometer," *AP*, 37 (273) (1889): 522-523.

Rubens (1890) Rubens, H., und Ritter, R., "Über das Verhalten von Drahtgittern gegen electrische Schwingungen," *AP*, 40 (276) (1890): 55-73.

Rubens (1891) Rubens, H., "Über stehende electrische Wellen in Drähten und deren Messung," *AP*, 42 (278) (1891): 154-164.

Rubens (1892a) "Über Dispersion ultrarother Strahlen," *AP*, 45 (281) (1892): 238-261.

Rubens (1892b) Rubens, H., und Snow, B. W., "Über die Brechung der Strahlen von großer Wellenlänge in Steinsaltz, Sylvin und Fluorit," *AP*, 46 (282) (1892): 529-541.

Rubens (1892c) Rubens, H., "Über eine Methode zur Bestimmung der Dispersion ultrarother Strahlen," *VPGB*, 10 (1892): 83-84.

Rubens (1892d) Rubens, H., und Aschkinass, E., "Über ein neues Elektrodynamometer (gemeinsam mit E. Hirsch angestellte Versuche)," *VPGB*, 10 (1892): 23.

Rubens (1893) Rubens, H., und Snow, B. W., "On the Refraction of Rays of Great Wave-length in Rock-salt, Sylvite, and Fluorite," *PM, Series 5*, 35 (1893): 35-45.

Rubens (1894a) Rubens, H., "Zur Dispersion der ultrarothen Strahlen im Fluorit," *AP*, 51 (287) (1894): 381-395.

Rubens (1894b) "Prüfung der Ketteler-Helmholtz'schen Dispersionsformel," *AP*, 53 (289) (1894): 267-286.

Rubens (1895a) "Die Ketteler-Helmholtz'sche Dispersionformel," *AP*, 54 (290) (1895): 476-485.

Rubens (1895b) "Vibrationsgalvanometer," *AP*, 56 (292) (1895): 27-41.

Rubens (1896) "Über das ultrarothe Absorptionsspectrum von Steinsalz und Sylvin," *VPGB*, 15 (1896): 108-110.

Rubens (1896) Rubens, H., und Nichols, E. F., "Über Wärmestrahlen von großer Wellenlänge," *Naturwissenschaftliche Rundschau*, 11 (1896): 545-549.

Rubens (1897a) "Versuche mit Wärmestrahlen von grosser Wellenlänge," *AP*, 60 (296) (1897): 418-462.

Rubens (1897b) H. Rubens und A. Trowbridge, "Beitrag zur Kenntniss der Dispersion und Absorption der ultrarothen Strahlen in Steinsalz und Sylvin," *AP*, 60 (296) (1897): 724-739.

Rubens (1898a) Rubens, H., und Aschkinass, E., "Beobachtungen über Absorption und Emission von Wasserdampf und Kohlensäure im ultrarothen Spectrum," *AP*, 64 (300) (1898): 584-601.

Rubens (1898b) "Über die Durchlässigkeit einiger Flüssigkeiten für Wärmestrahlen von großer Wellenlänge," *AP*, 64 (300) (1898): 602-605.

Rubens (1898c) "Über die Eigenschaften der Reststrahlen des Steinsalzes," *VPGB*, 17

(1898): 42-45.
Rubens (1898d) "Die Reststrahlen von Steinsaltz und Sylvin," *AP*, 65 (301) (1898): 241-256.
Rubens (1898e) Rubens, H., "Über eine neue Thermosäule," *ZI*, 18 (1898): 65-69.
Rubens (1899a) Rubens, H., und Aschkinass, E., "Isolirung langwelliger Wärmestrahlen durch Quarzprismen," *AP*, 67 (303) (1899): 459-466.
Rubens (1899b) Rubens, H., "Über die Reststrahlen des Flussspathes," *AP*, 69 (305) (1899): 576-588.
Rubens (1900) Rubens, H., und Kurlbaum, F., "Über die Emission langwelliger Wärmestrahlen durch den schwarzen Körper bei verschiedenen Temperaturen," *SKAW (Berlin)*, (1900): 929-941.
Rubens (1901) "Anwendugn der Methode der Reststrahlen zur Prüfung des Strahlungsgesetzes," *AP*, 309 (4. Folge 4) (1901): 649-666.
Runge (1895) Runge, C., "Die Wellenlänge der ultravioletten Alminiumlinien," *AP*, 55 (291) (1895): 44-48.
Runge (1897) Runge, C., und Paschen, F., "Über die Seriespectra der Elemente Sauerstoff, Schwefel und Selen," *AP*, 61 (297) (1897): 641-686.
Runge (1901) "Beiträge zur Kenntnis der Linienspectra," *AP*, 310 (4. Folge 5) (1901): 725-728.
Rydberg (1893) Rydberg, J. R., "Beiträge zur Kenntniss der Linienspectren," *AP*, 50 (286) (1893): 625-638.
Rydberg (1894) "Beiträge zur Kenntniss der Linienspectren," *AP*, 52 (288) (1894): 119-131.
Snow (1892) Snow, B. W., "Über das ultrarothe Emissionsspectrum der Alkalien," *AP*, 47 (283) (1892): 208-251.
Stefan (1879) Stefan, Josef, "Über die Beziehung zwischen der Wärmestrahlung und der Temperatur," *SKAW (Wien)*, 79 (1879): 391-428.
Thiesen (1900a) Thiesen, Max., "Über das Gesetz der schwarzen Strahlung," *VDPG*, 2 (Februar 1900): 65-70.
Thiesen (1900b) "Über allgemeine Natureconstanten," *VDPG*, 2 (Juni 1900): 116-121.
Trowbridge (1898) Trowbridge, A., "Über die Dispersion des Sylvins und das Reflexionsvermögen der Metalle," *AP*, 65 (301) (1898): 595-620.
Wanner (1899) Wanner, H., "Notiz über die Verbreiterung der D-Linien," *AP*, 68 (304) (1899): 143-144.
Wanner (1900) "Photometrische Messungen der Strahlung schwarzer Körper," *AP*, 307 (4. Folge 2) (1900): 141-157.
Weber (1887a) Weber, Heinrich Friedrich, "Die Entwickelung der Lichtemission glühender fester Körper," *SKAW (Berlin)*, (1887): 491-504.
Weber (1887b) "Die Entwickelung der Lichtemission glühender fester Körper," *AP*, 32 (268) (1887): 256-270.
Weber (1888) "Untersuchungen über die Strahlung fester Körper," *SKAW (Berlin)*, (1888): 933-957.
Wien (1886) Wien, Wilhelm, "Untersuchungen über die bei der Beugung des Lichtes auftretenden Absorptionerscheinungen," *AP*, 28 (264) (1886): 117-130.

Wien (1888) "Über Durchsichtigkeit der Metalle," *AP*, 35 (271) (1888): 48-62.
Wien (1892a) "Über den Begriff der Localisirung der Energie," *AP*, 45 (281) (1892): 685-728.
Wien (1892b) "Über die Bewegung der Kraftlinien im electromagnetischen Felde," *AP*, 47 (283) (1892): 327-344.
Wien (1893a) "Eine neue Beziehung der Strahlung schwarzer Körper zum zweiten Hauptsatz der Wärmetheorie," *SKAW (Berlin)*, (1893): 55-62. [辻哲夫訳「黒体輻射と熱理論の第二主則との新しい関係」物理学史研究刊行会編『熱輻射と量子』東海大学出版会, 1970 年, 39-48 頁]
Wien (1893b) "Die obere Grenze der Wellenlängen, welche in der Wärmestrahlung fester Körper vorkommen können; Folgerungen aus dem zweiten Hauptsatz der Wärmetheorie," *AP*, 49 (285) (1893): 633-641.
Wien (1894) "Temperatur und Entropie der Strahlung," *AP*, 52 (288) (1894): 132-165.
Wien (1895) Wien, W., und Lummer, O., "Methode zur Prüfung des Strahlungsgesetzes absolut schwarzer Körper," *AP*, 56 (292) (1895): 451-456. [天野清訳「絶対的黒体の輻射法則を検証する方法」天野清訳編『ウィーン, プランク論文集 熱輻射論と量子論の起原』大日本出版, 1943 年, 139-147 頁]
Wien (1896a) Wien, W., "Über die Energievertheilung im Emissionsspectrum eines schwarzen Körpers," *AP*, 58 (294) (1896): 662-669. [辻哲夫訳「黒体の放出スペクトルにおけるエネルギー分布について」物理学史研究刊行会編『熱輻射と量子』東海大学出版会, 1970 年, 85-93 頁]
Wien (1896b) "Über die auf einer schweren Flüssigkeit möglichen Wellen von sehr kleiner Höhe," *AP*, 58 (294) (1896): 729-735.
Wien (1900) "Zur Theorie der Strahlung schwarzer Körper. Kritisches," *AP*, 308 (4. Folge 3) (1900): 530-539.
Wien (1901a) "Zur Theorie der Strahlung; Bemerkungen zur Kritik des Hrn. Planck," *AP*, 309 (4. Folge 4) (1901): 422-423.
Wien (1901b) Wien, W., und Pringsheim, E., "Diskussion zum Vortrag W. Wiens über "Die Temperatur und Entropie der Strahlung"," *Physikalische Zeitschrift*, 2 (1901): 111.

(b) 著作(欧文)

Boltzmann (1896) Boltzmann, Ludwig, *Vorlesungen über Gastheorie* 1 (Leipzig: Johann Ambrosius Barth, 1896).
Clausius (1876) Clausius, Rudolf, *Die mechanische Wärmetheorie* (Braunschweig: Friedrich Vieweg und Sohn, 1876).
Planck (1880a) Planck, Max, *Über den zweiten Hauptsatz der mechanischen Wärmetheorie*, Inauguraldissertation (München: Th. Ackermann, 1880).
Planck (1880b) *Gleichgewichtszustände isotroper Körper in verschiedenen Temperaturen*, Habilitationsschrift, (München: Th. Ackermann, 1880).
Planck (1893) *Grundriss der allgemeine Thermochemie, mit einem Anhang: Der Kern des Zweiten Hauptsatzes der Wärmetheorie* (Breslau: Eduard Trewendt, 1893).
Planck (1897e) *Vorlesungen der Thermodynamik* (Leipzig: Verlag von Veit&Comp, 1897). [芝亀吉ら訳『熱力学講義』岩波書店, 1938 年]

Planck (1906) *Vorlesungen über die Theorie der Wärmestrahlung* (Leipzig: Johann Ambrosius Barth, 1906). [西尾成子訳『プランク熱輻射論』東海大学出版, 1975 年]
Planck (1958) *Physikalische Abhandlungen und Vortrage; aus Anlass seines 100. Geburtstages (23. April 1958) herausgegeben von dem Verband Deutscher Physikalischer Gesellschaften und der Max-Planck-Gesellschaft zur Forderung der Wissenschaften e. V.*, Bd. 1-3, (Braunschweig: Fr. Vieweg & Sohn, 1958).
Planck (1965) *Vortäge und Erinnerungen* (Darmstadt: Wissenschaftliche Buchgesellschaft, 1965). [田中加夫・浜田貞時・河井徳治訳『現代物理学の思想—講演と回想—(上))』法律文化社, 1971 年, 田中加夫・浜田貞時・福島正彦・河井徳治訳『現代物理学の思想—講演と回想—(下))』法律文化社, 1973 年]
JHU (1902) The Johns Hopkins University, ed., *The physical papers of Henry Augustus Rowland* (Baltimore: Johns Hopkins Press, 1902).

(c) 報告関連(欧文)

PTR (1891) "Die Thätigkeit der Physikalisch-Technischen Reichsanstalt bis Ende 1890," *ZI*, 11 (1891): 149-170.
Chicago (1892) "Ausstellugn Amerikanischer astronomischer Instrumente in Chicago," *ZI*, 12 (1892): 247.
PTR (1893) "Die Thätigkeit der Physikalisch-Technischen Reichsanstalt in den Jahren 1891 und 1892," *ZI*, 13 (1893): 113-140.
PTR (1894) "5th Bericht über die Thätigkeit der Physikalisch-Technischen Reichsanstalt (Dezember 1892 bis Februar 1894)" *ZI*, 14 (1894): 261-279.
PTR (1895) "Die Thätigkeit der Physikalisch-Technischen Reichsanstalt in der Zeit vom 1. März 1894 bis 1. April 1895," *ZI*, 15 (1895): 283-300.
PTR (1896) "Die Thätigkeit der Physikalisch-Technischen Reichsanstalt in der Zeit vom 1. April 1895 bis 1. Februar 1896," *ZI*, 16 (1896): 203-218.
PTR (1897) "Die Thätigkeit der Physikalisch-Technischen Reichsanstalt in der Zeit vom 1. Februar 1896 bis 31. Januar 1897," *ZI*, 17 (1897): 140-154.
PTR (1898) "Die Thätigkeit der Physikalisch-Technischen Reichsanstalt in der Zeit vom 1. Februar 1897 bis 31. Januar 1898," *ZI*, 18 (1898): 138-151.
PTR (1899) "Die Thätigkeit der Physikalisch-Technischen Reichsanstalt in der Zeit vom 1. Februar 1898 bis 1. Januar 1899," *ZI*, 19 (1899): 206-216.
PTR (1900) "Die Thätigkeit der Physikalisch-Technischen Reichsanstalt in der Zeit vom Februar 1899 bis Januar 1900," *ZI*, 20 (1900): 140-150.
PTR (1901) "Die Thätigkeit der Physikalisch-Technischen Reichsanstalt in Jahre 1900," *ZI*, 21 (1901): 105-121.
PTR (1902) "Die Thätigkeit der Physikalisch-Technischen Reichsanstalt in Jahre 1901," *ZI*, 22 (1902): 110-124.
PTR (1903) "Die Thätigkeit der Physikalisch-Technischen Reichsanstalt in Jahre 1902," *ZI*, 23 (1903): 113-125.
PTR (1904) "Die Thätigkeit der Physikalisch-Technischen Reichsanstalt in Jahre 1903," *ZI*, 24 (1904): 133-141.

2. 二次文献
(a) 論文・論説(欧文)

Amano (2000) Amano, Kiyoshi (translation into English by Seiji Takata and Shin-ichi Hyodo), "Thermal Radiation Studies that led to the Genesis of Quantum Theory by Kiyoshi Amano," *Historia Scientiarum*, vol. 10, no. 2 (2000): 185-210.

Amano (2001) "Thermal Radiation Studies that led to the Genesis of Quantum Theory by Kiyoshi Amano," *Historia Scientiarum*, vol. 10, no. 3 (2001): 255-280.

Bromberg (2008) Bromberg, Joan Lisa, "New Instruments and the Meaning of Quantum Mechanics," *Historical Studies in the Natural Sciences*, vol. 38, no. 3 (2008): 325-352.

Forman (1981) Forman, Paul, "Friedrich Paschen," *DSB* (New York: Schreiber, 1981), vol. 10, pp.345-350.

Frercks (2007) Frercks, Jan, "Immaterial Devices," *Centaurus*, vol. 49 (2007): 81-113.

Hacking (1992) Hacking, Ian, "The Self-Vindication of the Laboratory Sciences," in Andrew Pickering, ed., *Science as Practice and Culture* (Chicago: The University of Chicago Press, 1992), pp.29-64.

Hermann (1981a) Hermann, Armin, "Ferdinand Kurlbaum," *DSB*, vol. 7, p.528.

Hermann (1981b) "Otto Lummer," *DSB*, vol. 8, pp.551-552.

Hoffmann (1985) Hoffmann, Dieter, "Otto Lummer-ein Experimentalphysiker von Format Zu seiner 125. Geburtstag," *Metrologische Abhandlungen*, 5 (4) (1985): 283-293.

Hoffmann (1998) "Heinrich Hertz and the Berlin School of Physics," in D. Baird et al. (eds.), *Heinrich Hertz: Classical Physicist, Modern Philosopher* (Dordrecht: Kluwer Academic Publishers, 1998), pp.1-8.

Hoffmann (2001) "On the experimental context of Planck's foundation of quantum theory," *Centaurus*, 43 (2001): 240-259.

Jones-Imhotep (2008) Jones-Imhotep, Edward, "Icons and Electronics," *Historical Studies in the Natural Sciences*, vol. 38, no. 3 (2008): 405-450.

Kangro (1970a) Kangro, Hans, "Ultrarotstrahlung bis zur Grenze elektrische erzeugter Wellen, das Lebenswerk von Heinrich Rubens," *Annals of Science*, vol. 26 (1970): 235-259.

Kangro (1971) "Ultrarotstrahlung bis zur Grenze elektrische erzeugter Wellen, das Lebenswerk von Heinrich Rubens," *Annals of Science*, vol. 27 (1971): 165-200.

Kangro (1981a) "Max Planck," *DSB*, vol. 11, pp.7-17.

Kangro (1981b) "Ernst Pringsheim", *DSB*, vol. 11, pp.149-151.

Kangro (1981c) "Heinrich Rubens," *DSB*, vol. 11, pp.581-585.

Kangro (1981d) "Wilhelm Wien," *DSB*, vol. 14, pp.337-342.

Klein (1962) Klein, Martin J., "Max Planck and the Beginning of the Quantum theory," *Archive for History of Exact Sciences*, 1 (1962): 459-479.

Klein (1966) "Thermodynamics and Quanta in Planck's Work," *Physics Today*, vol. 19, no. 11 (1966): 23-32.

Konagaya (2002) Konagaya, Daisuke, "The Methodology of Planck's Radiation Theory," *Historia Scientiarum*, vol. 12, no. 1 (2002): 43-58.

Konagaya (2010) "Success from Different Programs: The Development of Experimental Researches on Thermal Radiation in Germany at the End of the 19th Century," *Historia Scientiarum*, vol. 20, no. 2 (2010): 63-95.

Loettgers (2003) Loettgers, Andrea, "Samuel Pierpont Langley and his Contributions to the Empirical Basis of Black-Body Radiation," *Physics in Perspective*, 5 (2003): 262-280.

Needell (1988) Needell, Allan, "Introduction," in Max Planck, *The theory of heat radiation*, (Los Angeles: Tomash, 1988), xi-xliii.

Rosenfeld (1936) Rosenfeld, Léon, "La première phase de l'évolution de la Théorie des Quanta," *Osiris*, 2 (1936): 149-196. ["The First Phase in the Evolution of the Quantum Theory", Robert S. Cohen and John J. Stachel ed., *Selected Papers of Léon Rosenfeld*, Boston Studies in the Philosophy of Science, vol. XXI (Boston: D. Reidel Publishing Company, 1979), pp.193-234.]

Rosenfeld (1958) "Max Planck et la définition statistique de l'entropie," in *Max Planck-Festschrift 1958* (Berlin, 1958), pp.203-211. ["Max Planck and The Statitical Deifinition of Entropy," Robert S. Cohen and John J. Stachel eds., *Selected Papers of Léon Rosenfeld*, Boston Studies in the Philosophy of Science, vol. XXI (Boston: D. Reidel Publishing Company, 1979), pp.235-246.]

(b) 論文・論説(和文)

石井(2007)石井順太郎, 清水祐公子「"標準"はいま 温度, 光度(測光)」『パリティ』vol. 22, no.10(2007年10月), 63-70頁.

井上(1989)井上隆義「解離平衡論にみるプランクとボルツマンの理論と方法」『物理学史—その課題と展望—』no.4(1989年), 1-18頁.

井上(1992)「19世紀—20世紀初頭における熱力学の展開—非可逆過程の熱力学と Planck, Duhem」(岩手大学人文社会科学部紀要『アルテス・リベラレス』第51号(1992年), 173-183頁.

井上(1995)「Max Planck の熱力学—その思想と展開—」『物理学史—その課題と展望—』no.8(1995年), 10-19頁.

井上(1996)「Max Planck の熱力学(その2)—熱輻射研究への移行をめぐって—」『物理学史—その課題と展望—』no.9(1996年), 22-35頁.

井上(1997)井上隆義「19-20世紀転換期における Max Planck の物理観—1909年の「理論物理学講義」を中心に—」『物理学史—その課題と展望—』no.10(1997年), 58-71頁.

植松(1986)植松英穂「Kirchhoff の輻射平衡の研究」『科学史研究』no.157(1986年), 14-19頁.

河村(1989)河村豊「E. Ketteler の気体の色分散研究—1860年代の論文を中心に—」『物理学史—その課題と展望—』no.4(1989年), 19-27頁.

小長谷(2000)小長谷大介「Max Planck の熱輻射研究の方法的意味」『技術文化論叢』no. 3(2000年), 33-50頁.

小長谷(2004)「1890年代後半における熱輻射実験の研究状況 (1)—パッシェンの研究を中心にして—」『龍谷紀要』第25巻 第2号(2004年), 1-15頁.

小長谷(2005)「1890年代後半におけるパッシェンの熱輻射研究の再考」『科学史研究』no.234(2005年), 75-85頁.

小長谷(2006a)「1890年代の熱輻射分布法則導出におけるパッシェンの実験研究の先導的

役割」『科学史研究』no.240(2006年), 229-240頁.
小長谷(2006b)「実験科学者の歴史的評価をめぐる表と裏―天野清のパッシェン評を手がかりにして―」『龍谷紀要』第27巻 第2号(2006年), 1-16頁.
小長谷(2007)「赤外部波長への挑戦―1890年代前半におけるルーベンスの熱輻射研究をめぐって―」『龍谷紀要』第29巻 第1号(2007年), 93-113頁.
小長谷(2008a)「1890年代後半における熱輻射実験の研究状況 (2)―ルーベンスの研究を中心にして―」『龍谷紀要』第29巻 第2号(2008年), 139-157頁.
小長谷(2008b)「熱力学の形成と原子仮説」『理科教室』2008年10月号, 30-35頁.
小林(1988)小林武信「熱輻射の温度と波長の理論としてのW. Wienの熱輻射理論」『19世紀物理学史研究―その課題と方法―』no.3(1988年3月), 24-36頁.
小林(1991)「光度標準から熱輻射研究へ―O. Lummerの仕事を中心に―」『物理学史―その課題と展望―』no.5(1991年03月), 7-13頁.
佐野(1989)佐野正博「初期量子論の形成と受容―プランク的研究プログラムとアインシュタイン的研究プログラム―」『科学見直し叢書3 科学における論争・発見』木鐸社, 1989年, 273-308頁.
杉山(1977a)杉山滋郎「19世紀末の原子論論争と力学的自然観 (1)―旧説の再検討をかねて―」『科学史研究』no.123(1977年), 153-160頁.
杉山(1977b)「19世紀末の原子論論争と力学的自然観 (2)―旧説の再検討をかねて―」『科学史研究』no.124(1977年), 199-206頁.
高田(1972)高田誠二「ふたつの量子論起原史―天野の場合とKangroの場合―」『物理学史研究』vol.8, no.3(1972年09月), 81-90頁.
高田(1989)「熱放射研究史のJ. Fourier」『科学史研究』no.170(1989年), 80-88頁.
高田(1992)「19世紀末・熱輻射実験のhv／kT」『物理学史ノート』1992年10月, 40-43頁.
高田(2003)「ノーベル賞受賞者たち(3) プランク」『物理教育』第51巻 第2号(2003年), 137-141頁.
高田(2004)「ノーベル賞受賞者たち(7) ウィーン」『物理教育』第52巻 第3号(2004年), 262-266頁.
高田(2008)「天野の放射温度計測研究」『計量史研究』vol.29, no.2(no.33)(2008年), 165-173頁.
田島(2002)田島俊之・杉山滋郎「研究分野によるカルチャーの差異の科学社会学的分析―可視光天文学と高エネルギー実験物理学のtrading zone―」『年報 科学・技術・社会』第11巻(2002年), 67-89頁.
田中(1989)田中浩朗「19世紀ドイツにおける物理学施設の発展―大学の物理学施設と帝国物理技術研究所―」(東京大学大学院理学系研究科 科学史・科学基礎論専攻 修士学位論文, 1989年1月).
永平(2006)永平幸雄「科学史入門：日本の近代化と物理実験機器」『科学史研究』no.238(2006年), 99-102頁.
西尾(1966a)西尾成子「19世紀末のスペクトロスコピー」『科学史研究』no.77(1966年), 19-20頁.
西尾(1966b)「結合原理の形成」『科学史研究』no.80(1966年), 191-199頁.
西尾(2001)西尾成子・高田誠二「Kelvin卿の暗雲―その第二は等分配か熱輻射か」『物理学史ノート』第7号(2001年9月), 5-8頁.
西尾(2008a)西尾成子「天野清と近代物理学史―『量子力学文献集』伝説以後―」『計量史

研究』vol.30, no.1(no.34)(2008年), 1-6頁.
西尾(2008b)「天野の近代物理学史研究」『計量史研究』vol.29, no.2(no.33)(2008年), 105-115頁.
橋本(1993)橋本毅彦「実験と実験室(ラボラトリー)をめぐる新しい科学史研究」『化学史研究』第20巻 第2号(1993年), 107-121頁.
兵藤(1988)兵藤友博「熱輻射論史の実験的側面からの検討 (1)—電気炉の採用—」『19世紀物理学史研究—その課題と方法—』no.3(1988年3月), 44-46頁.
宮下(1987)宮下晋吉「炉産業と高温の科学」山崎正勝・兵藤友博・奥山修平・大沼正則編著『科学史 その課題と方法』青木書店, 1987年, 151-169頁.
山崎(2002)山崎正勝「パラダイム論から非相対主義的真理論へ—ピータ・ギャリソンのトレーディング・ゾーン概念によせて—」『科学基礎論研究』第99号(2002年)vol.30, no.1, 1-7頁.
渡辺(1995)渡辺弘「キルヒホフの熱輻射に関する同一題名の論文について」『物理学史—その課題と展望—』no.8(1995年3月), 34-46頁.

(c) 著作(欧文)

Baird (2004) Baird, Davis, *Thing Knowledge: A Philosophy of Scientific Instruments* (Berkeley: University of California Press, 2004). [松浦俊輔訳『物のかたちをした知識 実験機器の哲学』青土社, 2005年]
Brand (1995) Brand, John C. D., *Lines of Light -The Sources of Dispersive Spectroscopy, 1800-1930* (Luxembourg: Gordon and Breach Science Publishers, 1995).
Brown (1995) Brown, Laurie M., Abraham Pais, Sir Brian Pippard (ed.), *Twentieth century physics*, (New York: American Institute of Physics Press, 1995). [「20世紀の物理学」編集委員会編『20世紀の物理学Ⅰ』丸善, 1999年]
Cahan (1989) Cahan, David, *An Institute for an Empire: The Physikalisch-Technische Reichsanstalt, 1871-1918* (Cambridge: Cambridge University Press, 1989).
Cahan (1993) Cahan, D. ed., *Hermann von Helmholtz and the Foundations of Nineteenth-Century Sciences* (Berkeley: University of California Press, 1993).
Chapman (1998) Chapman, Allan, *The Victorian Amateur Astronomer: Independent Astronomical Research in Britain 1820-1920* (Chichester: John Wiley & Sons, 1999). [角田玉青, 日本ハーシェル協会共訳『ビクトリア時代のアマチュア天文家：19世紀イギリスの天文趣味と天文研究』産業図書, 2006年]
Darrigol (1992) Darrigol, Olivier, *From c-numbers to q-numbers: the classical analogy in the history of quantum theory* (Berkeley: University of California Press, 1992).
DPG (2000) Deutsche Physikalische Gesellschaft, *100 Jahre Quantentheorie* (Berlin: Deutsche Physikalische Gesellschaft, 2000).
ESHS (2008) *the abstracts of symposia and papers of 3rd International Conference of the European Society for the History of Science*, Vienna, September 10-12, 2008.
Franklin (1986) Franklin, Allan, *The Neglect of Experiment* (Cambrigde: Cambridge University Press, 1986).
Galison (1987) Galison, Peter, *How Experiments End* (Chicago: University of Chicago Press, 1987).
Galison (1997) *Image & Logic A Material Culture of Microphysics* (Chicago: The University of Chicago Press, 1997).

Galison (2003) *Einstein's Clocks, Poincare's Maps: Empires of Time* (New York: W. W. Norton, 2003).

Guillemin (1891) Guillemin, Amedee, *Electricity and Magnetism* (London and New York: Macmillan, 1891).

Hacking (1983) Hacking, Ian, *Representing and Intervening: introductory topics in the philosophy of natural science* (Cambridge: Cambridge University Press, 1983). [渡辺博訳『表現と介入　ボルヘス的幻想と新ベーコン主義』産業図書, 1986 年]

Heilbron (1986) Heilbron, J. L., *The Dilemmas of an Upright Man -Max Planck as Spokesman for German Science-* (Berkeley: University of California Press, 1986). [村岡晋一訳『マックス・プランクの生涯　ドイツ物理学のジレンマ』法政大学出版会, 2000 年]

Hermann (1973) Hermann, Armin, *Max Planck in Selbstzeugnissen und Bilddokumenten* (Reinbek bei Hamburg: Rowohlts Bildmonographien, Nr. 198, 1973). [生井沢寛・林憲二共訳『プランクの生涯』東京図書, 1977 年]

Hearnshaw (1996) Hearnshaw, J. B., *The measurement of starlight: Two centuries of astronomical photometry* (Cambridge: Cambridge University Press, 1996).

Hughes (1983) Hughes, Thomas P., *Networks of power: electrification in Western society, 1880-1930* (Baltimore: Johns Hopkins Press, 1983). [市場泰男訳『電力の歴史』平凡社, 1996 年]

Jammer (1966) Jammer, Max, *The Conceptual Development of Quantum Mechanics* (New York: McGraw-Hill, 1966). [小出昭一郎訳『量子力学史 1, 2』東京図書, 1974 年]

Johnston (2001) Johnston, Sean, *A History of Light and Colour Measurement Science in the Shadows* (London: Institute of Physics Publishing, 2001).

Jungnickel (1986a) Jungnickel, Christa, and McCormmach, Russell, *Intellectual Mastery of Nature Theoretical Physics from Ohm to Einstein Vol. 1, The Torch of Mathematical 1800-1870* (Chicago: University of Chicago Press, 1986).

Jungnickel (1986b) *Intellectual Mastery of Nature Theoretical Physics from Ohm to Einstein Vol. 2, The now mighty theoretical physics 1870-1925* (Chicago: University of Chicago Press, 1986).

Kangro (1970b) Kangro, Hans, *Vorgeschichte des Planckschen Strahlungsgesetzes: Messungen und Theorien der spektralen Energieverteilung bis zur Begründung der Quantenhypothese* (Wiesbaden: F. Steiner, 1970). [Hans Kangro (translated from the German by R. E. W. Maddison in collaboration with the author), *Early history of Planck's radiation law* (London: Taylor and Francis, 1976)]

Kayser (1900) Kayser, Heinrich, *Handbuch der Spectroscopie, Erster Band* (Leipzig: Verlag von S. Hirzel, 1900).

Kayser (1902) *Handbuch der Spectroscopie, Zweiter Band* (Leipzig: Verlag von S. Hirzel, 1902).

Kragh (1999) Kragh, Helge, *Quantum Generations: a history of physics in the twentieth century*, (Princeton: Princeton University Press, 1999).

Kuhn (1977) Kuhn, Thomas S., *The essential tension: selected studies in scientific tradition and change* (Chicago: University of Chicago Press, 1977). [安孫子誠也, 佐野正博訳『本質的緊張：科学における伝統と革新』みすず書房, 1987-1992 年]

Kuhn (1987) *Black-body Theory and the Quantum Discontinuity, 1894-1912*, with a new afterword, (Chicago: University of Chicago Press, 1987). 同書の初版は 1978 年であるが,ここでは,新しい後書きが加えられた 1987 年版を利用している.

Latour (1979) Latour, Bruno, and Woolgar, Steve, *Laboratory Life: the social construction of scientific facts* (London: Sage Publications, 1979).

Pickering (1992) Pickering, Andrew ed., *Science as Practice and Culture* (Chicago: University of Chicago Press, 1992).

Rheinberger (1997) Rheinberger, Hans-Jörg, *Toward A History of Epistemic Things Synthesizing Proteins in the Test Tube* (Stanford: Stanford University Press, 1997).

SPR (1979) Cohen, Robert S., and Stachel, John J. eds., *Selected Papers of Léon Rosenfeld*, Boston Studies in the Philosophy of Science, vol. XXI (Boston: D. Reidel Publishing Company, 1979).

Swinne (1989) Swinne, Edgar, *Friedrich Paschen als Hochschullehrer* (Berlin: D. A. V. I. D. Verlagsgesellschaft, 1989).

THH (1931) *100Jahre Technische Hochschule Hannover, Festschrift zur Hundertjahrfeier am 15. Juni 1931* (Hannover: Göhmann, 1931).

Weart (1985) Weart, Spencer R., and Phillips, Melba, eds., *History of physics* (New York: American Institute of Physics, 1985). [抄訳:西尾成子,今野宏之訳『歴史をつくった科学者たち』丸善, 1989 年]

Whittaker (1951-1953) Whittaker, Sir Edmund, *A History of the Theories of Aether and Electricity* (London: Thomas Nelson, 1951-1953). [霜田光一,近藤都登訳『エーテルと電気の歴史』講談社, 1976 年]

Wise (1995) Wise, M. Norton, ed., *The Values of Precision* (Princeton: Princeton University Press, 1995).

(d) 著作(和文)

天野(1943) 天野清 訳編『ウィーン,プランク論文集 熱輻射論と量子論の起原』大日本出版, 1943 年.
天野(1948)『科学史論 天野清選集 2』日本科学社, 1948 年.
天野(1973)『量子力学史』中央公論社, 1973 年.
梶(1997) 梶雅範『メンデレーエフの周期律発見』北海道大学図書刊行会, 1997 年.
金森(2002) 金森修・中島秀人 編『科学論の現在』勁草書房, 2002 年.
霜田(1996) 霜田光一『歴史をかえた物理実験』丸善, 1996 年.
庄司(1995) 庄司正弘著『伝熱工学』東京大学出版会, 1995 年.
高田(1987) 高田誠二『実験科学の精神』培風館, 1987 年.
高田(1991)『プランク』清水書院, 1991 年.
高林(1977) 高林武彦『量子論の発展史』中央公論社, 1977 年.
高林(1988)『現代物理学の創始者』みすず書房, 1988 年.
高林(1999)『熱学史〈第 2 版〉』海鳴社, 1999 年.
武谷(1948) 武谷三男『量子力学の形成と論理(Ⅰ)―原子模型の形成―』銀座出版社, 1948 年.
武谷(1991) 武谷三男・長崎正幸『量子力学の形成と論理(Ⅱ)―量子力学への道―』勁草書房, 1991 年.
田中(1993) 田中誠之・寺前紀夫著『赤外分光法』共立出版, 1993 年.

田中(1996)田中誠之・飯田芳男『機器分析(三訂版)』裳華房, 1996 年.
田村(1950)田村松平『プランク』弘文堂, 1950 年.
辻(1966)辻哲夫 監修『現代物理学の形成』東海大学出版会, 1966 年.
中島(1997)中島秀人『ロバート・フック』朝倉書店, 1997 年.
中村(1979)中村誠太郎・小沼通二編『ノーベル賞講演 物理学 1908-1914』講談社, 1979 年.
永平(2001)永平幸雄・川合葉子編『近代日本と物理実験機器 京都大学所蔵 明治・大正期物理実験機器』京都大学学術出版会, 2001 年.
西尾(1977)西尾成子『アインシュタイン研究』中央公論社, 1977 年.
西尾(1997)『こうして始まった 20 世紀の物理学』裳華房, 1997 年.
20 世紀の物理学(1999 a)「20 世紀の物理学」編集委員会編『20 世紀の物理学 I』丸善, 1999 年.
西尾(1999b)「20 世紀の物理学」編集委員会編『20 世紀の物理学 II』丸善, 1999 年.
西尾(1999c)「20 世紀の物理学」編集委員会編『20 世紀の物理学 III』丸善, 1999 年.
　　[Laurie M. Brown, Abraham Pais, Sir Brian Pippard, eds., *Twentieth Century Physics* v. 1-3 (Bristol; Philadelphia: Institute of Physics, New York: American Institute of Physics Press, 1995]
ハッキング(1986)ハッキング, イーアン(渡辺博訳)『表現と介入 ボルヘス的幻想と新ベーコン主義』産業図書, 1986 年.
ヒューズ(1996)T. P.ヒューズ(市場泰男訳)『電力の歴史』平凡社, 1996 年. [Thomas Parke Hughes, *Networks of Power - Elecrification in Western Society, 1880-1930* (Baltimore: Johns Hopkins University Press, 1983)]
広重(1968a)広重徹『物理学史 I』培風館, 1968 年.
広重(1968b)『物理学史 II』培風館, 1968 年.
藤岡(1973)藤岡由夫 監修『長岡半太郎伝』朝日新聞社, 1973 年.
プランク(1971)プランク, M., (田中加夫・浜田貞時・河井徳治訳)『現代物理学の思想―講演と回想―(上))』法律文化社, 1971 年.
プランク(1973)プランク, M., (田中加夫・浜田貞時・福島正彦・河井徳治訳)『現代物理学の思想―講演と回想―(下)』法律文化社, 1973 年.
プランク(1975)プランク, M., (西尾成子訳)『プランク熱輻射論』東海大学出版, 1975 年.
物理学史研究刊行会(1970)物理学史研究刊行会編『物理学古典論文叢書 1 熱輻射と量子』東海大学出版会, 1970 年.
ベアード(2005)ベアード, デービス(松浦俊輔訳)『物のかたちをした知識 実験機器の哲学』青土社, 2005 年.
ヘルマン(1977)ヘルマン, アルミン(生井沢寛・林憲二共訳)『プランクの生涯』東京図書, 1977 年.
ホイッテーカー(1976)ホイッテーカー, E. T., (霜田光一・近藤都登訳)『エーテルと電気の歴史』上巻, 講談社, 1976 年.
宮下(2008)宮下晋吉『模倣から「科学大国」へ 19 世紀ドイツにおける科学と技術の社会史』世界思想社, 2008 年.
山下(1988)山下和男・木谷皓『導電性有機薄膜の機能と設計』共立出版, 1988 年.
ヤンマー(1974)ヤンマー, M., (小出昭一郎訳)『量子力学史 1』東京図書, 1974 年.

(e) 辞典・事典類(和文)

科学史技術史事典(1994)『【縮刷版】科学史技術史事典』弘文堂, 1994 年.
科学大博物館(2005)橋本毅彦・梶雅範・廣野喜幸監訳『科学大博物館　装置・器具の歴史事典』朝倉書店, 2005 年.［Robert Bud et al. eds., *Instruments of Science: An Historical Encyclopedia* (New York: Garland, 1998)］
物理学辞典(1992)『改訂版　物理学辞典［縮刷版］』培風館, 1992 年.
理化学辞典(1998)『岩波　理化学辞典　第 5 版』岩波書店, 1998 年.

索　引

【ア行】

アゥアー灯　199
アーク灯　173
アシュキナス　151, 198
アブニー　44, 49
天野清　5, 299
アーロンス　68
アンチモン-ビスマス対　149
アンペール　38
ヴァナー　53
ヴィオル　37
ウィリアム・ジーメンス　60
ヴィーン　3, 18, 60, 260, 291
ヴィーン-プランク式　173, 200
ヴィーン式　126
ヴィーン分布式　13, 265, 305
ヴィーン変位則　127, 129, 260
ヴィーン法則　130, 133
ヴェーバー, W.　5, 37, 38
ヴェーバー式　103
ヴェーバー分布式　37
ウォラストン線　97
永久機関　299
H-関数　267
エネルギー曲線　88, 131
エネルギー等分配則　264, 292, 307
エネルギー分配　305
エネルギー分布　11
エネルギー分布曲線　88
エネルギー分布式　11
エネルギー密度分布　11
エネルギー要素　285
エネルギー量子　2, 318
エリオット・ブラザーズ　66
遠赤外線　216

【カ行】

円筒形空洞輻射源　156
エントロピー　261
凹面回折格子　227
凹面格子　31
オングストローム　62, 95
温度輻射　107

カイザー　29
カイザー＆シュミット商会　72
回折格子　26, 30, 31, 227
確立期　19, 206, 311
確率論的考察　288
カリ岩塩　152, 175
カリ岩塩プリズム　118
ガルヴァノメーター　8, 62, 220
ガルバッソ　139
岩塩　152
岩塩プリズム　117
カングロー　5
干渉分光器　226
機器構成　iii, 14, 234
機器分析　16
気体の輻射　104
気体分子運動論　266
逆算　278
ギャリソン　10
共鳴子　261
共鳴子エントロピー　264
キーラー　110
キルヒホフ　27
キルヒホフ法則　106
空洞　134
空洞輻射　135
空洞輻射源　14, 156, 158, 230

クライン　2,267
グラーツ　37
クリスチャンセン　158
クルックス　83
クールバウム　viii,94
クロヴァ　5
クーン　3,267,269,275
クント　42
蛍石プリズム　108,115,172
ケイハン　5
ケヴェスリゲティ　126
ケテラー　111
ケテラー-ヘルムホルツ分散式　118,119
ケテラー(の)分散式　116,123
研究プログラム　15
構成　14
光度標準　207
コーシー　34
固体-空洞折衷型輻射源　160,229
固体輻射源　14,229
コンスタンタン-鉄対　149
コンプレキシオン　285

【サ行】

サウダース　53,94
佐野正博　299
残留線　139,196,213,241,315
シェルバッハ　48
自然輻射　263,304
実験　14
実験プログラム　iii,8,15,247,313,314,315
始動期　18,206,311
ジーメンス　42
シュテファン-ボルツマン式　103
シュテファン-ボルツマン法則　127
シュテファンの法則　260
シュラエルマハー　37
ジュール　87
準備期　18,206,311

ジルコン・バーナー　63
ジーンズ　292
ストークス　107
ストークスの法則　122
ストーニー　28
スノー　70
スノーのガルヴァノメーター　80
スペクトル欠損　120
スペクトル研究　30
スワンベルク　32
石英プリズム　118
赤外線　2,108
赤外部波長　207
赤外部輻射線　108,109
絶対黒体　128
折衷型輻射源　14
ゼーベック　31
測定　14
測光量　94

【タ行】

第一種の永久機関　308
第二種の永久機関　308
高林武彦　3
武谷三男　275
ダリゴル　261,267,269
チュービンゲン大学　187
帝国物理工学研究所　5
ティーゼン　52
ティーゼン式　178
ティーゼン分布式　175
ティンダル　5
デュザン　28
デュロン　102
電気工学協会　44
電磁的エントロピー　264
電磁波　2,11,38
ド・ラ・プロヴァステ　28
ドイツガス・水道連盟　52
ドゥ・ボア　71,97
ドゥワー　29

索引 343

トムソン 65
トムソン式ガルヴァノメーター 70
ドリフト 33
トローブリッジ 147, 197

【ナ行】

ニコルズ 37, 136
ニュートン 226
熱電対 31, 225
熱電対列 148, 224
熱輻射 ii, 2, 11
熱輻射研究 11, 266
熱輻射論 261
熱平衡 186
熱力学研究 259
熱力学第二法則 259
ノバート 31
ノビリ 31
ノーマル・スペクトル 54, 83, 94, 209

【ハ行】

ハギンズ 29
ハーシェル 26
ハッキング 9
白金-白金ロジウム合金 60
パッシェン viii, 4, 18, 78, 98, 256, 313
パッシェン式 126
ハッチンズ 105
ハートリー 29
パルツォウ 64
バルトリ 260
バルマー 29
反射ガルヴァノメーター 65
ピクテ 26
ヒットルフ 78
微弱検流計 62
ピパード卿 4
標準研究 315
ファラデー 39
フィゾー 39

フィッツジェラルド 40
フェスティング 44
フォーゲル 29
フォトメーター 54
フォルスター 43
輻射源 14
輻射測定器 14
輻射単位 207
輻射法則 11
フーコー 27
プティ 102
ブラウン 172
フラウンホーファー 26, 226
プランク 2, 259, 281, 291, 294, 307, 316, 317
プランク式 178
プランクの熱輻射論 288
プランクの方法 294
プランク分布式 13, 287, 307
フランクリン 4
ブリオ 34
ブリオの分散式 110
プリズム 256
プリズム・スペクトル 83
ブリュースター 27
プリングスハイム viii, 4, 18, 42, 98, 255, 294
ブレスラウ大学 187
ブロードゥン 54
分光器 226
分光系 14, 22, 255
分散 108
分散型分光器 226
分散式 110, 112
分析設計 15
ブンゼン 27, 28
分布法則 13, 212
ベアード 9
平面回折格子 227
ベクレル 37
ベックマン 53, 171

PTR   5, 43
ヘフナー灯   74, 97
ヘルツ   40
ヘルムホルツ, H.   18, 32, 38, 42, 48
ヘルムホルツ, R.   43
ヘルムホルツ学派   41
ヘルムホルツ電磁理論   121
ヘルムホルツの色収差理論   118
ベルリン   42
ベルリン工科大学   188
ベルリン大学   41
ベルリン物理学会   44
偏波(偏光)   67
ボーア   30
ボーイズ   87
ホイートストン・ブリッジ   56
放射量   94
法則性   130, 212, 215, 314
ボトムレー   37
ポパー   9
ホフマン   6
ボルツマン   3, 41, 260, 307
ボルツマン-マクスウェル学説   305
ホルボルン   4, 60
ボロメーター   32, 55, 116, 217

【マ行】

マクスウェル   39
マクスウェル速度分布関数   269
マクスウェル理論   39, 207, 216, 315
マグヌス   37
ミヘルゾン   5, 36, 266, 291
ミヘルゾン分布式   37
ミュラー   32
ミラー   27
無定位ガルヴァノメーター   95
メッキ   124
メローニ   31
メンデンホール   53, 94

【ヤ行】

ヤンケ   293
ヤンセン&フュグナー商会   81
ユリウス   106

【ラ行】

ライド   51, 94
ラカトシュ   15
ラザフォード, L. M.   31, 227
ラジオミクロメーター   87, 98
ラジオメーター   83, 136, 223
ラマンスキー   32
ラングレー   4, 32, 46, 228, 256
ラングレーの方法   113
リヴィング   29
リッター   26, 66
リッツ   30
リュードベリー   29
量子概念   ii, 2
量子論   2
リンネマン   63
ル・シャトリエ   60
ル・シャトリエ熱電対   60
ルーベンス   viii, 5, 18, 42, 61, 112, 281, 315
ルンゲ   29
ルンマー   viii, 4, 18, 54, 293, 314
ルンマー-プリングスハイム式   177, 179
ルンマー-ブロードゥン立方体   54, 94
ルンマー-ヤンケ分布式   175
レイリー   28
レイリー-ジーンズ式   264
レイリー-ジーンズ分布式   22, 292
レイリー卿   2, 292
レイリー式   179
レイリー分布式   13
レスリー・キューブ   35
レテンバハー   34
レトガース   6
ロゼッティ式   103

ローゼンフェルト　267
ロッジ　40
ロバーツ-オースティン　60

ローランド　31, 227
ローレンツ　52, 292

小長谷大介（こながや　だいすけ）
　1970年　静岡県藤枝市に生まれる
　2000年　東京工業大学大学院社会理工学研究科修士課程修了
　2000～2001年　国立東京工業高等専門学校専任講師・助教授
　2002年　龍谷大学経営学部専任講師
　2009年　東京工業大学大学院社会理工学研究科博士課程修了
　2009～2010年　ドイツ博物館附属科学史技術史研究所客員研究員
　現　在　龍谷大学経営学部准教授　博士（学術，東京工業大学）
　主論文　"Succcess from Different Programs: The Development of Experimental Researches on Thermal Radiation in Germany at the End of the 19th Century," *Historia Scientiarum*, Vol.20, No.2 (2010), pp.63-95.「1890年代の熱輻射分布法則導出におけるパッシェンの実験研究の先導的役割」『科学史研究』第45巻（No.240）(2006年)，229-240頁．"The Methodology of Planck's Radiation Theory," *Historia Scientiarum*, Vol.12, No. 1 (2002), pp.43-58. など多数

熱輻射実験と量子概念の誕生
2012年2月29日　第1刷発行

著　者　小長谷大介
発行者　吉田克己

発行所　北海道大学出版会
札幌市北区北9条西8丁目　北海道大学構内（〒060-0809）
Tel. 011(747)2308・Fax. 011(736)8605・http://www.hup.gr.jp/

㈱アイワード・石田製本㈱　　　　　© 2012　小長谷大介

ISBN978-4-8329-8203-1

メンデレーエフの周期律発見	梶 雅範 著	A5・422頁 価格7000円
燃料電池の電極触媒	荒又 明子 著	A5・240頁 価格4700円
鈴木章ノーベル化学賞への道	北海道大学 CoSTEP 著	四六・90頁 価格477円
男装の科学者たち ―ヒュパティアから マリー・キュリーへ―	M.アーリック 著 上平 初穂 訳 上平 恒 訳 荒川 泓 訳	四六・328頁 価格2400円
雪と氷の科学者・中谷宇吉郎	東 晃 著	四六・272頁 価格2800円
壊血病とビタミンCの歴史 ―「権威主義」と「思いこみ」の科学史―	K.J.カーペンター 著 北村 二朗 訳 川上 倫子 訳	四六・396頁 価格2800円
北の科学者群像 ―[理学モノグラフ] 1947-1950―	杉山 滋郎 著	四六・240頁 価格1800円
Organoboranes in Organic Syntheses	鈴木 章 著	B5変・238頁 価格2800円
4 ℃の謎 ―水の本質を探る―	荒川 泓 著	四六・256頁 価格2400円
[新版]氷の科学	前野 紀一 著	四六・260頁 価格1800円

――――北海道大学出版会――――

価格は税別